건물자산관리학 총서

건물자산경영관리론

김일효 · 김원규 · 유수정 공저

남두도서

남두(南斗) : 남두육성(南斗六星)

은하의 중심인 사수자리에 있는 국자모양의 여섯 개의 별로서, 인간의 탄생을 결정하는 별로 알려져 있다.

개정판을 내면서

건물자산관리는 시설관리만으로는 건물전체관리영역 관리항목들의 종합적 관리가 불가능함으로 저자는 신건물종합관리개념으로 최광의 관리개념을 개발, 도입하고 건물관리대상의 복합개념과 부동산 자산관리개념인 AM, PM, FM개념을 도입하여 AM을 지향하면서 FM을 기초로 하는 PM중심의 건물자산관리학을 학문적으로 개척하고 있다.

금년초에 이와 같은 건물자산관리학 교과서 편찬계획에 따라 기출판되었던 건물자산경영관리론이 출판 6개월만에 독자제현의 지도편달로 2쇄 인쇄의 영광을 얻은 터에 그간에 변경된 관리관계법령과 제도 및 새로이 연구된 관리이론을 보강하여 건물의 복합개념 중의 하나인 경제성과 행정성을 경영개념으로 한데 묶어 건물자산관리의 경영관리이론과 실무의 체계화를 시도하였다.

특히 PM의 중심업무인 건물임대관리에 대하여 폭넓게 다루었다. 건물자산경영관리론은 건물자산경제관리영역과 행정관리영역의 관리항목들을 체계적으로 관리하기 위한 이론과 실무지침서로서 건물자산관리학의 경제관리와 행정관리영역에 대한 각론 분야이다.

건물자산경영관리론을 전 8장으로 편성하고 제1장에서 건물자산 경영관리의 기초편을 두고 건물자산경영관리론의 개요, 건물자산경영의 일반개념과 건물자산경영관리활동 및 경영관리조직, 건물자산경영관리자의 자격조건 등을 차례대로 서술하였다.

또한 제2장에서는 PM의 중심 관리항목인 건물자산임대관리에 대하여 체계적 접근으로 임대실무를 쉽게 이해되도록 설명하였다.

그리고 제3장과 제4장에서는 건물자산경영관리에 필요한 회계관리와 세무관리에 대하여 소상히 소개하였다. 또한 제5장에서는 구매관리편을 두고 관리용품(물품)과 용역(서비스)구매 이론을 간략하게 소개하였으며 제6장에서 건물자산 보험관리를, 제7장에서 인사노무관리, 제8장에서 사무문서관리를 차례대로 설명하였다. 전망해보건대 본서가 건물자산관리학의 건물경제관리, 행정관리 영역의 관리항목에 대한 이론과 실무지침서로서, 건물자산관리학의 각론분야인 건물자산기술관리론, 건물자산법률관리론, 건물자산환경관리론, 그리고 건물자산위험관리론의 5개 분야 각론과 함께 건물자산관리학의 학문적 체계를 구축하고 건물자산관리학 발전에 다소나마 기여하게 될 것으로 판단된다. 향후 더욱 연구 정진하여 이 분야의 학문적 체계정립과 건물자산관리학의 학문적 성공을 유도하여 관련업계의 발전을 학문적으로 지원하고 건물자산관리자의 경제적, 사회적 지위향상에 기여하며 나아가 국가경제 발전에도 이바지하도록 최선을 다하고자 한다. 아무쪼록 독자제현의 지도 편달을 진심으로 바란다.

끝으로 원고를 탈고하면서 그동안 학문의 길에서 건물자산관리학전공 박사과정을 개설해주신 류택희 극동대학교 총장님과 유한수 교수 그리고 학문적으로 용기와 은혜를 베풀어주신 전 건국대학교 총장이셨던 조일문 교수님 그리고 전 건국대학교 행정대학원 부동산학과장이셨던 김영진 교수께 진심으로 감사를 드린다.

또한, 이 책의 출판을 처음부터 지금까지 헌신적으로 도와주신 남두도서 남승우 사장님과 편집부직원 여러분에게도 감사드린다.

특히 건물자산관리현장에서 현업에 종사하면서 이 분야의 학문연구에 참여하고 있는 수많은 건물관리소장과 제자 여러분들에게 진심으로 감사한다. 또한 학문의 길에서 걱정없이 연구할 수 있도록 배려해 준 가족과 언제나 어려울 때마다 힘주시고 인도하여 주신 하나님께 이 책의 모든 영광을 드리고자 한다.

2006. 6.

(사)한국건물관리학회 연구실에서

대표저자 김일효 씀

머리말

건물자산경영관리론은 최광의 건물자산관리개념에 따라 독립 관리영역으로 분류된 건물자산의 경제관리영역과 행정관리영역의 관리항목들을 한데 모아 경영측면에서 관리이론과 실무를 함께 설명하고 있는 건물자산관리학의 경제관리영역과 행정관리영역의 각론이다. 종전의 건물관리는 시설관리 차원에서 건물시설을 유지하고 보존하는 이른바 FM(Facilities Management, 시설관리)개념이었으나 현대의 건물관리는 경영관리로서 PM(Property Management, 수익중심의 경영관리) 중심의 건물자산관리개념이 정착되고 있다.

이와 같은 건물자산관리의 PM을 효율적이고 경제적 방법으로 안전하게 수행하기 위해서는 경제관리 분야와 행정관리 분야의 주요 관리항목 등에 대하여 체계적인 연구와 접근이 필요하다.

따라서 이 책에서는 이와 같은 건물의 수익관리에 부응하기 위하여 전 9장으로 편성하고 건물자산의 임대관리, 회계관리, 세무관리, 구매관리, 보험관리, 인사노무관리, 사무문서관리 그리고 전산관리 등에 대하여 이론과 실무를 함께 기술하고 있다. 그러나 건물자산경영관리실무에 필요한 학습내용을 충분히 수록하지 못한 점에 대하여 깊이 사과드리는바 독자제현의 이해와 지도 편달을 바라는 바이다. 아무쪼록 건물자산관리에 종사하고 있는 실무자나 대학에서 건물자산경영관리를 연구하거나 학습하는 학생들에게 다소나마 참고가 되기를 진심으로 희망해 마지 않는다.

이 책의 원고를 탈고하면서 이 책의 출판을 물심양면으로 지원해준 남두도서 남승우 사장님과 편집부 직원에게 먼저 감사의 인사를 드린다. 또한 이 책의 출판을 위하여 자료의 수집과 원고정리를 말없이 담당해 준 제자 여러분에게도 지면이나마 진심으로 고맙다는 인사를 전한다. 특히 이 책의 성공적인 출판을 위하여 인내하여 준 가족에게 감사하며 이 작은 책이 우리나라 건물자산경영관리 산업발전에 다소나마 이바지하는 영광이 있다면 이 모두를 하나님께 바치고자 한다.

2004. 3.
한국건물관리연구원에서
대표저자 김일효 씀

차•례

제1장 건물자산경영관리의 기초

제2장 건물자산임대관리

제3장 건물자산회계관리

제4장 건물자산조세관리

제5장 건물자산관리용품과 용역의 구매관리

제1장 건물자산경영관리의 기초

제1절 건물자산경영관리론의 개요

1. 건물자산경영관리의 의의

건물자산의 경영관리란 건물자산관리의 최광의 관리개념과 건물관리대상 복합개념에 기초하여 최광의 관리개념의 6대 관리영역과 6대 복합성 중에서 경제관리영역의 경제성과 행정관리영역의 행정성을 혼합관리대상으로 상정하고 이에 해당하는 각각의 관리항목들을 경영과정인 계획수립 · 조직화 · 지휘 · 통제의 과정을 통하여 최유효 효율성과 경제성을 창출하는 일련의 활동을 말한다.

따라서 바람직한 건물자산의 경영관리를 하기 위해서는 경영관리대상인 경제관리 항목과 행정관리 항목들에 대한 경영관리는 최소한의 관리예산과 경쟁적이고 적대적 환경 속에서 내부의 자원을 효과적으로 배분하고 활용하여 건물의 소유자나 사용자의 요구 또는 목적을 효과적으로 달성하기 위해서 필요한 건물자산경영을 계획하고 조직화하고 인적설비와 물적설비를 준비하여 목표를 설정하고, 전략을 수립하며, 절차를 수립하여 조직구성원의 업무분장을 통한 업무분담을 확정해야 한다. 또한 지휘과정을 통하여 조직구성원에게 동기를 부여하고 자율적인 Y인간 유형의 형태로 교육한 후 각 구성원의 갈등을 해소해야 한다. 통제과정을 통하여 성과를 측정분석하고 편차가 생기는 경우, 그 원인을 조사하고 편차 수정을 지시함으로써 다음 목표달성을 위한 feed back을 실시해야 한다.

이와 같이 건물자산경영관리라 함은 건물자산의 관리대상인 행정성과 경제성의 관리항목들에 대하여 경영관리목표를 계획과정, 조직화과정, 지휘과정, 통제과정을 통하여 가장 경제적인 방법으로, 가장 안전하게, 그리고 가장 효율적으로 달성하는데 필요한 일련의 활동을 의미한다.

건물자산경영관리론은 이상과 같은 건물자산경영관리의 목표를 효과적으로 달성하는데 필요한 이론체계로서 전 8 장으로 구성하고 행정성과 경제성의 관리항목에 대한 경영관리 이론을 설명하고 있다.

특히 건물자산경영관리론은 건물자산관리학총론에 대한 경제관리영역과 행정관리영역의 관리객체를 연구대상으로 하는 각론으로서 건물자산경제 · 행정관리에 필요한 실무지침서이다.

2. 학습목표

건물자산경영관리론의 학습목표는 건물복합개념인 6대 복합성 중 경제성과 행정성에 해당하는 각각의 관리항목에 대하여 그 개념을 이해하고 실무절차를 완전히 숙지하여 해당 실무를 스스로 수행할 수 있는 능력을 배양하는 데 있다.

따라서 건물자산경영관리론의 교과서를 통하여 경제관리영역의 관리항목과 행정관리영역의 관리항목들에 대한 사실지(事實知), 방법지(方法知), 행동지(行動知)를 완전히 학습하여 해당 업무를 타인의 도움없이 스스로 수행할 수 있도록 하는데 필요한 완전한 지식(完全知)을 탐구하는 데 학습목표를 두고 있다.

3. 학습대상

학습대상이라 함은 일반적으로 경영관리론의 탐구대상을 의미하는 것으로서 건물자산경영관리론의 학습대상으로는 경제관리 학습대상과 행정관리 학습대상이 있다.

(1) 경제관리 학습대상

경제관리 학습대상이란 건물자산관리의 객체인 경제성의 관리항목들을 의미한다. 주요 경제관리 학습대상에는 다음과 같은 대상이 있다.

① 건물자산임대 관리
② 건물자산회계 관리
③ 건물자산세무 관리
④ 건물관리용품 및 용역구매 관리
⑤ 건물관리관련 보험관리

(2) 행정관리 학습대상

행정관리 학습대상이란 건물자산관리의 객체의 하나인 행정성의 관리 항목들을 의미한다. 주요 행정관리 학습대상에는 다음과 같은 대상이 있다.

① 인사 · 노무관리
② 사무 · 문서관리
③ 관리조직관리

제2절 건물자산과 경영의 일반개념

1. 건물자산의 개념

(1) 건물자산의 의의

건물은 부동산학이나 법학, 건축공학 등의 측면에서는 기술과 노동력과 자본의 결합에 의하여 생산된 부동산, 물건 또는 건축물이나 경제학측면에서는 자산으로 인식하고 있다.

자산의 사전적 의미는 토지 · 건물 그리고 화폐와 같이 경제가치가 되는 재산을 의미한다. 그러므로 건물 역시 사전적 의미에서 자산이라 할 수 있다. 왜냐하면 경제적 가치가 있는 재산이기 때문이다.

종전에 우리나라의 전통적인 건물관리개념은 기술적 유지관리개념으로서 시설관리(FM : Facilities Management)를 건물관리의 전부로 인식하여 건물시설에 대한 보존과 유지 및 개량에만 모든 관리역량을 집중하여 왔다. 그러나 현대의 중심 건물관리개념은 건물의 기술관리인 건물의 보존과 유지 및 개량 기초로 하여 수익 중심의 경영관리(PM : Property Management)에 중심을 두고 있는 자산관리개념이므로 건물의 유지관리보다는 건물의 경영관리에 무게를 두고 있다.

뿐만 아니라 종전의 건물의 개념은 시설관리대상에 맞추어 건축대지와 건축시설과 건축설비로 구성된 기술적 산물로 인식되었던 것을 현대에 와서는 수익 중심의 관리개념으로 관리 인식이 옮겨옴으로써 현대의 건물개념을 자산으로, 그것도 수익창출의 투자대상으로 평가하고 인식하고 있다. 따라서 건물은 부동산의 일종으로서 자산인 동시에 수익창출의 투자대상으로서의 건물자산으로 인식하고 있다.

건물경영관리의 대상인 건물자산은 하나의 물건으로서 부동산에 해당되며 고정자산 또는 실물자산으로 분류된다. 결론적으로 건물자산이란 건물의 광의개념에 해당되는 시설물 구축을 구조물, 건축물 중 협의의 건물개념인 건축물 중 삶이나 생활 그리고 일을 위하여 필요한 건축물로서 사용수익이 가능한 공간이 있는 건축물 중 경제적 가치(사용가치와 교환가치)가 있는 주거용 건물, 상업용 건물, 산업(공업용 포함)용 건물, 업무용 건물, 그리고 특수용도의 건물 중 경제적 가치가 있는 건물 등이 이 범주에 해당된다.

(2) 건물자산의 요건

건물이 건물자산으로서 경영관리의 대상이 되기 위해서는 다음과 같은 건물자산의 성립 요건을 충족해야 한다.

1) 물건의 조건을 충족한 건물이어야 한다

건물이 자산으로서 성립하려면 우선 물건이어야 한다.

물건의 정의에 대해서는 여러 견해가 있으나 민법의 유권해석에 의하면 물건이란 유체물, 전기 기타 관리가능한 자연력을 의미한다. 따라서 물건 중 무체물이 아닌 유체물이어야 하며 내구 소비재로서 오래 사용할 수 있는 물건이어야 한다.

뿐만 아니라 건물이 자산의 가치를 가지려면 관리가 가능하고 독립된 것이어야 하며 확정되고 비인격성을 가지고 있어야 한다.

2) 경제적 가치가 있는 건물이어야 한다

일반적으로 가치라 함은 사물이 지니고 있는 의의나 중요성을 의미한다. 그러나 경제학에서는 가치에 대하여 어떤 욕망을 채워주는 정도에 따라 그 물건에 대하여 인정되는 의의나 중요성으로 설명되고 있다. 즉 교환가치와 사용가치를 경제적 가치라고 해석하고 있다. 그러므로 건물이 자산으로 인정받기 위해서는 적어도 인간의 욕망 중 교환의 욕망이나 사용의 욕망을 채워줄 수 있는 것이어야 비로소 자산의 가치가 있는 것으로 평가된다. 다시 말하면 건물이 경제적 가치가 있는 자산이 되기 위해서는 교환가치와 사용가치를 함께 가지고 있는 건물이어야 한다.

3) 소유권이나 정당한 권리가 있는 건물이어야 한다

소유권이란 특정된 건물을 직접 지배해서 배타적으로 누리는 권리로서 사용권능, 수익권능, 처분권능을 함께 가지고 있는 기본 물권을 의미한다. 또한 소유권은 교환가치와 사용가치를 함께 가지고 있는 완전한 물권을 의미한다. 그러므로, 건물이 자산으로 성립하려면 교환가치와 함께 사용가치를 가지고 있어야 한다. 교환가치는 가격으로 평가되며, 사용가치는 사용자의 만족지수로 평가된다.

이와 같은 사용가치와 교환가치가 없는 이른바 가격개념이 없거나 사용가치가 없는 건물은 경제적 가치가 있는 자산으로 평가될 수 없다. 따라서 건물이 자산으로 평가받기 위해서는 정당한 소유권이나 사용 또는 수익의 권능이 있는 건물이어야 한다.

4) 수익성 건물이어야 한다

건물은 건축법에 따라 28가지 용도로 분류되고 있다.

용도분류란 동일 또는 유사한 건물을 같은 것끼리 한데 묶어 용도라 하고, 이와 같은 방법에 따라 건물을 분류하고 있는 것을 건물의 용도분류라 한다.

이와 같은 건물의 분류 중 사찰·교회, 성당과 같은 종교시설이나, 학교·정부청사와 같은 교육시설·공공시설건물 및 묘지관련시설 등은 수익성 건물이 아니므로 건물자산으로서의 PM중심의 경영관리 대상이 될 수 없다. 즉 건물의 종류 중 사용 또는 이용함으로써 수익(법정과실)이 발생되는 건물들은 수익성 건물이라고 하고, 이와 같은 수익성 건물이라야 경영관리 대상으로서 가치가 있다.

5) 공법상 사용제한이나 규제대상이 아닌 건물이어야 한다

건물이 자산이 되기 위해서는 전술한 바와 같이 사용가치와 교환가치와 함께 담보가치가 있어야 하며, 사용·수익·처분에 전혀 문제가 없어야 한다.

그러므로 공법상 사용제한이나 규제되는 건물은 사용가치가 제한적이 되거나 사용이 불가능함으로써 자산으로서의 의의나 중요성의 의미가 없다.

6) 현존하는 자산이어야 한다

건물이 자산으로 평가받고, 경영관리 대상으로서 인정되려면 건물이 현재 실제로 존재하는 건물이어야 한다. 관념상의 건물은 건물자산경영 관리대상이 될 수 없다. 왜냐하면 관념상의 건물은 실체가 없으므로 경영이나 관리개념이 접목될 수 없기 때문이다.

(3) 건물경영 관리대상자산의 범위

건물이 건물자산으로서 건물경영관리의 대상이 되는 건물은 전술한 바와 같이 경제적 가치가 있는 재산으로서 수익성 건물이어야 한다.

따라서 건축법상 28가지 용도의 건물 중 수익성 건물의 범위로 분류되는 다음의 건물들이 주로 건물자산관리의 주요 대상이 된다.

① 주거용도 건물(단독주택·공동주택 등)
② 상업용도 건물(백화점·쇼핑몰·소매점포·임대용 오피스건물 등)
③ 산업용도 건물(공장·창고·물류센터건물 등)
④ 특수용도 건물 중 수익성 건물(콘도미니엄·오피스텔 등)
⑤ 사무실용도(업무용도) 건물

2. 경영의 일반개념

건물자산경영관리자론은 전술한 바와 같이 건물자산관리학이 채택하고 있는 최광의 관리개념에 의하여 분류된 여섯개 관리영역 중 경제관리와 행정관리영역의 주요 관리항목에 대하여 기술하고 있다. 뿐만 아니라 건물자산의 수익 중심의 경영관리(property management)에 대해서는 경영개념과 경영기법의 이론을 도입하고 건물자산관리실무에 접목하여 건물경영목표를 효과적으로 달성하도록 이론적으로 지원하고 있다.

그러므로 건물자산경영관리론은 시설관리개념과 함께 경영개념과 경영기법 등에 대하여 구체적으로 접근하고 있다. 따라서 본 장에서는 경영학 이론의 지원을 받아 경영의 일반개념을 소개하고 있다.

(1) 경영의 의의

경영(經營)이란 영어로 management 또는 business management라 표현되는 것으로 관리(管理)와 매우 유사하며, 때로는 동일한 의미로 사용되고 있는 경영학상의 용어이다.

경영을 한마디로 정의하기란 쉽지 않으나 건물자산경영관리론의 학습과 연구에 접근하기 위해서는 반드시 경영의 개념과 정의를 이해할 필요가 있다. 왜냐하면 건물자산의 경영관리영역의 관리업무를 이해하고 효율적으로 처리하기 위해서는 경영개념의 정확한 이해와 연구없이는 접근조차 어렵기 때문이다.

따라서 경영에 관한 학설 및 관계학자의 견해를 살펴보고, 건물자산의 경영관리에 합당하고 타당한 경영개념을 도출해 보고자 한다.

1) 정태적 구조론의 견해

정태적(靜態的) 구조론의 견해에 의하면, 경영이란 어떤 특정된 목적을 달성하기 위하여 활동에 참여하는 조직체를 의미한다. 즉, 활동에 참여하는 조직체를 경영이라 한다.

2) 동태적 행동론의 견해

동태적(動態的) 행동론의 입장을 취하고 있는 학자들의 견해에 의하면, 경영이란 어떤 사업을 체계적으로 그리고 계획적으로 관리하는 활동이라고 정의하고 있다.

3) 마시의 견해

마시(Massie)의 견해에 따르면 경영이란 어떤 조직이 그 조직의 사명이나 경영목표를 효과적으로 달성하기 위해서 모든 자원을 효율적으로 활용하기 위한 모든 활동들을 계획하고 조직하며 지휘·통제하는 과정이라고 정의하고 있다.

4) 페이욜의 견해

페이욜(Fayol)의 견해에 따르면 경영이란 계획・조직・명령・조정・통제를 의미한다. 페이욜의 경영개념은 관리개념과 매우 유사한 개념이라 볼 수 있다.

5) 저자의 견해

이상에서 경영의 개념에 대하여 여러 견해를 살펴본 바와 같이 통일된 경영개념을 한마디로 정의하기란 매우 어렵다는 것을 알 수 있다.

그러나 이 책의 연구주제가 건물관리의 여섯 관리영역 중 하나의 각각 독립된 관리영역인 건물경제관리영역과 행정관리영역의 관리항목들을 과학적이고 체계적이며 안전하고 경제적으로 관리하기 위해서는 경영개념의 정의 도출과 그 도출된 경영개념을 가지고 건물자산경영에 효과적으로 접근해야 할 필요성이 있으므로 경영개념 정의의 도출이 매우 중요하다.

따라서 저자는 건물자산경영관리를 위하여 여러 학자의 견해를 참고하여 건물자산의 경영개념을 다음과 같이 정의하고자 한다.

즉, 건물자산경영관리론상의 경영이란 건물자산경영관리 조직이 변화하는 외부의 경영환경에 능동적으로 대응하면서 경영관리조직의 목표를 효율적으로 달성하기 위하여 주어진 수단(직접수단과 간접수단)과 자원을 효과적으로 활용하여 양질의 경영관리 효과를 가장 경제적인 방법으로, 가장 안전하게 그리고 효율적으로 창출하는데 필요한 일련의 활동을 계획・조직・지휘・통제하는 행위 또는 과정이라 정의한다.

건물자산경영관리의 목적은 주어진 수단을 효율적으로 활용하여 가장 경제적이고 안전하며 효율적인 관리효과를 창출(달성)하는 데 있으므로 건물자산경영관리론상의 경영개념 역시 건물경영관리 조직의 목표달성에 포커스가 맞추어져야 한다.

건물경영개념을 구체적으로 분설하면 다음과 같다.

① 경영은 경영조직의 목표를 효과적으로 달성해가는 과정이다.
② 경영은 경영조직과 그 구성원이 조직의 목표를 수행함으로써 조직과 구성원, 조직목표가 경영의 요소가 된다.
③ 경영의 목표달성은 조직에 주어진 수단과 자원을 효과적으로 활용하여야 하므로 주어진 수단과 자원은 경영에 지대한 영향을 미치게 된다.
④ 경영의 목표를 효율적으로 달성하되 유용성과 경제성의 균형을 유지해가는 것이 필요하다.
⑤ 경영은 경영조직이 시간의 경과에 따라 나타나는 외부의 변화무쌍한 환경(작업환경・경제환경・기술환경 등)에 적응하는 활동이다.

⑥ 경영은 경영관리조직의 목표를 효과적으로 달성하기 위하여 주어진 수단을 활용하는 기술이다.

⑦ 건물자산경영관리 효과를 효율적으로 달성하기 위하여 계획・조직・지휘・통제하는 과정이다.

(2) 경영개념과 유사개념

경영의 개념을 보다 정확히 이해하기 위해서는 경영의 유사개념을 살펴볼 필요가 있다. 경영유사개념에는 행정개념과 관리개념 등이 있다.

1) 경영개념과 행정개념

경영개념과 행정개념은 선진국의 경우 대부분 동일개념으로 인식하여 사용하고 있다. 그러나 발전도상국의 경우 양자의 개념은 크게 차이를 나타내고 있으며, 서로 분리해서 사용하고 있다. 즉 행정은 주로 국가행정의 의미로 사용되고, 경영은 사기업(私企業) 측면에서 사용되고 있다. 경영개념과 행정개념을 이해하기 위하여 먼저 행정개념을 학설에 따라 살펴보면 다음과 같다.

가) 행정관리설

행정관리설에서는 행정을 다음과 같이 정의하고 있다.

① 행정은 사무분야(business)이다.

② 행정은 국가목적을 달성하기 위한 사람과 물건의 관리(management)이다.

나) 정치기능설

정치기능설에서는 행정의 개념을 다음과 같이 정의하고 있다.

① 행정은 정책결정이다.

② 통치는 정치와 행정, 즉 정책형성(정책결정)과 정책집행으로 이루어지는 것으로 상호협조적이다.

다) 행정형태설

행정형태설에서는 행정이란 공동목표를 달성하기 위한 합리적이고 집단적인 협동활동이라고 정의하고 있다.

라) 의사결정설

의사결정설에 의하면 행정이란 의사결정 과정이라고 정의하고 있다.

마) 발전기능설

발전기능설에 의한 행정개념은 사회를 바람직한 방향으로 발전하거나 변화시키기 위한 활동이라고 설명하고 있다.

이상에서 살펴본 바와 같이 행정은 사회안전기능, 체제유지기능, 정책결정기능, 사회적·경제적 변동기능을 갖는 것이라고 해석할 수 있다.

결국 행정은 주로 국가기관에 대한 국가활동이나 법규범을 실천하는 법적 작용이나 법규의 구체화 수단으로 인식되나, 경영은 business management라는 용어 자체에서 알 수 있듯이 주로 사기업 등에서 해당되는 용어로 인식되고 있다.

2) 경영개념과 관리개념

경영개념을 정확히 이해하기 위해서는 관리개념을 여러 각도에서 조명하고 이해할 필요가 있다. 관리개념에 관한 정의는 관리개념을 다루는 학문마다 서로 상이하게 정의하고 있어 관리개념을 폭넓게 이해하기 위해서는 관련학문의 연구가 필요하다. 따라서, 다음에서 관리개념을 다루고 있는 행정학·부동산학·법학 등의 관리개념을 살펴보고, 마지막으로 건물자산관리학의 관리개념을 살펴봄으로써 경영개념의 이해를 함께 하고자 한다.

가) 행정학 측면의 관리개념

행정학은 관리개념을 다음과 같이 정의하고 있다.

① 관리란 물건을 유지하고 지배하는 활동(活動)이다.
② 관리란 일정한 목적 달성을 하기 위하여 주어진 수단을 효과적으로 사용하는 기술(技術)이다(협의의 관리개념으로서 수단가치 형성에 주로 사용되는 개념으로 management의 뜻으로 사용된다).
③ 관리란 제활동(諸活動)의 궁극적 목적을 달성하기 위한 원리(原理)이다(광의의 관리개념으로 주로 목적가치의 형성에 작용하는 것으로 administration의 뜻으로 이해하고 사용된다).

즉, 행정학 측면의 관리개념은 물건을 지배하는 활동, 수단을 효과적으로 사용하는 기술, 목적달성의 원리 등으로 요약된다.

나) 법학 측면의 관리개념

법학(민법)은 관리를 관리권으로 이해하여 보존·개량·이용 행위를 관리로 보고 있다. 보존행위란 물건(건물)의 현존상태 그대로 유지하는 것을 의미하며, 개량은 현재 물건의 가치보다 좋게 개선하는 것을 의미한다.

또한 이용행위란 물건을 사용하여 어떤 이익(수익)을 창출하는 행위를 의미한다. 즉, 법학은 관리의 개념을 물건을 보존하는 행위, 개량하는 행위, 이용하는 행위 등으로 보고 있다.

그러나 법학은 관리행위 중 보존행위는 관리자가 무제한으로 행위할 수 있으되 이용과 개량행위는 그 관리대상 물건의 성질이나 권리 및 모양을 변경하지 아니하는 범위 내에서만 행위하도록 규정하고 있다.

다) 부동산학 측면의 관리개념

부동산학을 우리나라에서 최초로 개척한 김영진 교수는 부동산에 대한 관리개념을 다음과 같이 정의하고 있다. 경제적 · 법률적 · 기술적 관리대상에 대한 이용 · 보존 · 개량 행위이다. 부동산을 기술적 · 경제적 · 법률적 성질을 가지고 있는 관리대상으로 보고 이에 대한 이용개량 · 개량행위 · 보존행위의 총체적 행위를 부동산에 대한 관리개념으로 보고 있다.

부동산 중 토지의 관리개념으로 볼 때 매우 타당한 관리개념으로 판단된다. 즉, 부동산관리를 토지(부동산)에 대한 복합개념에 해당되는 관리대상에 대하여 각각 보존 · 개량 · 이용행위가 곧 부동산의 관리라고 보고 있다.

라) 건물자산관리학 측면의 관리개념

완성된 건물의 관리문제점을 개선하고 건물자산의 경영목표를 합리적으로 달성하기 위하여 저자에 의하여 최근에 개척된 건물자산관리학은 건물자산관리에 대하여 다음과 같이 정의하고 있다.

즉 건물자산관리라 함은 건물관리주체가 관리객체에 대하여 주어진 관리조직과 관리수단을 효과적으로 활용하여 관리대상을 보존 · 이용 · 개량함에 있어서 건물자산 이해관계자의 요구 또는 목적을 가장 안전하고 경제적이며 효율적으로 달성하는 데 필요한 경영 · 관리 측면의 종합 활동을 말한다.

이상에서 설명한 관리의 개념들은 행정학 · 법학 · 부동산학 및 건물자산관리학에서 해당 학문에 적합한 관리개념을 나름대로 정의하고 있음을 볼 수 있다.

결국 경영개념이나 관리개념을 종합적으로 분석해보면 주요 내용은 다음과 같다.

① 관리가 성립하기 위해서는 경영조직이든 관리조직이든 우선 조직이 존재해야 한다.

② 그 조직은 달성하고자 하는 목표가 있어야 한다.

③ 목표를 달성하려는 조직에는 구성원(사람)이 있어야 한다.

④ 조직의 목표를 달성하기 위하여는 관리수단(직접관리수단, 간접관리수단)이 필요하다.

⑤ 이와 같은 관리수단을 효율적·효과적으로 활용 또는 사용하는 기술이 있어야 한다.

이와 같은 일련의 활동은 사전에 계획하고 조직되며, 지휘(직행)와 통제·평가·조정 등을 거치게 되므로 경영과 관리는 주체나 대상에 따라 다소 상이하게 보이나 근본적으로는 매우 유사한 동일개념을 상호내포하고 있다.

또한 관리의 개념은 관리조직이 설정한 관리의 목표를 관리조직의 구성원을 통하여 효율적으로 달성하는 것(관리활동)이므로 경영과 매우 유사하다.

관리라는 용어 역시 management(좁은 의미의 관리)를 사용하고 있으므로 경영과 같은 용어를 사용하고 있다.

그러나 경영은 기업 측면에서 기업활동에 관한 의사결정, 정책결정, 수단확정, 영업방침결정, 투자결정과 계획·조직·지휘·통제에 주로 편중되고, 특히 지휘에 중심적 무게가 있는 상위개념인 반면 관리는 하위개념으로서 조직의 Top Management에 의해서 결정된 정책이나 의사를 효율적으로 집행하여 결과(관리효과)를 효과적으로 창출하는 활동에 주로 중심적 무게가 실려 있는 개념이라 주장하는 학자도 있다.

또한 경영은 기능적 측면에서 보면 영업적 기능, 기술적 기능, 재무적 기능, 안전적 기능, 관리적 기능, 회계적 기능 등 전문적 기능이 있고, 수행과정은 계획·조직화·지휘·통제를 통하여 수행되며, 관리기능에 비하여 상위기능을 가지고 있다.

그러나 관리는 기술적 기능, 영업적 기능, 회계적 기능, 재무적 기능, 안전적 기능을 대상으로 계획·조직·명령·조정·통제 활동을 통하여 관리를 수행하는 개념으로서, 경영에 대하여 하위개념에 해당된다.

즉, 경영개념은 경영조직의 Top Management와 관련된 것으로 경영계획수립, 정책결정, 운영방침의 결정, 이해조정 등 포괄적·거시적·유기적인 활동인 데 비하여 관리개념은 결정된 경영방침과 운영방침에 따라 인력과 자원을 적절히 배치·지시·감독하고 활용하여 업무를 효율적으로 수행하는 지엽적·미시적·기계적 그리고 단기적인 실천기능을 가지고 있다.

그러나 경영개념과 관리개념은 거의 동일한 개념으로 구분의 기준도 없거니와 구분의 실익도 없어 보인다. 따라서 동일개념으로 사용하여도 무방할 것으로 판단되나 건물자산관리에 있어서는 업무의 성격상 경영과 관리를 구분하여 사용할 필요가 있다. 왜냐하면 경영개념을 자산관리영역에 그리고 관리개념은 주로 시설관리영역에 접목되는 개념이기 때문이다.

(3) 경영의 본질

이 책에서 건물자산의 관리를 위하여 경영개념을 도입하고 접목하는 목적은 건물자산 관리활동에 경영을 접목하여 경영관리효과를 경제적이고 효율적으로 얻는 데 있다. 따라서 경영의 본질을 연구하고 파악하여 이해하는 것은 매우 중요한 연구과제라 할 수 있다. 따라서 다음에서 경영 본래의 성질에 관하여 구체적으로 접근해보고자 한다.

1) 조직과 조직목표

경영은 경영조직과 그 조직이 설정하고 달성하고자 하는 목표의 존재가 전제되어야 한다. 즉, 경영은 조직목표를 달성하기 위하여 조직에게 주어진 여건이나 수단 등을 가장 효율적으로 활용하여 경제적이고 안전하게 경영성과를 창출하는 데 있다. 건물관리에 있어서 관리조직이 설정한 관리목표에 대하여 효과적인 관리효과를 얻기 위하여 경영이론의 접근이 필요하다. 따라서, 건물자산관리조직은 반드시 달성하고자 하는 관리목표가 존재하므로 경영이 필요하고 중요한 연구대상이 된다.

그러므로 조직의 목표가 없는 경영이란 무의미하다.

2) 경영수단

경영은 조직의 목표를 달성하는 데 필요한 경영수단(직접수단과 간접수단)을 효율적으로 활용하는 기술이다.

따라서 건물자산경영을 위하여 필요한 수단을 적절히 준비하고 활용할 수 있어야 한다. 경영의 수단에는 직접수단과 간접수단이 있는데 인적 설비와 물적 설비는 전자에 해당되고, 경영관리 정책·예산·규정·방침·지침·매뉴얼·관계법령 등은 후자에 해당된다. 수단없는 경영성과는 기대할 수 없다.

3) 구성원

경영은 구성원에 의하여 추진되고 달성된다. 따라서 조직의 구성원으로 하여금 경영목표를 이해하고 수단을 활용할 수 있도록 훈련되고 준비되어야 경영에 성공할 수 있다. 구성원은 건물자산경영조직에 참여하는 하나의 수단인 동시에 인적 설비를 의미한다.

4) 효율성과 유용성 및 경제성

경영이 필요한 것은 어떤 조직의 업무나 일을 효율적으로 달성하는 데 있다. 따라서 효율성이 없는 경영은 근본적으로 필요하지 아니하다. 효율성은 투입(input)에 대하여 결과(output)가 상대적으로 높게 나타나는 것으로 경영의 접목은 곧바로 효율성과 유용성 및 경제성을 함께 얻고자 함에 있다.

5) 환경적응

경영은 조직을 둘러싸고 있는 여러 가지 환경에 능동적으로 대처하고 적응할 수 있도록 하는 데 그 본질이 있다.

건물관리조직의 환경에는 기술적 환경, 경제적 환경, 법률제도적 환경 등이 있으므로 각각의 환경에 대처하고 적응할 수 있도록 하기 위하여 경영의 접목이 필요하다.

6) 경영과정

경영과정은 어떤 종류의 조직이든간에 조직목표를 효율적으로 달성하기 위하여 계획수립 · 조직화 · 지휘 · 통제 등의 과정을 통하여 순환적으로 활동하는 것을 의미한다. 경영과정은 어떤 계층이나 조직에서 조직의 목표를 달성하기 위하여 가장 보편적으로 이루어지는 경영활동의 패턴이라 할 수 있다.

경영과정 중 첫번째의 활동은 계획수립으로서 목표를 설정하거나 목표를 달성하기 위한 전략수립과 최선의 방법과 절차를 결정하는 단계라 할 수 있다. 경영과정의 내용을 분설하면 다음과 같다.

가) 계획수립

계획수립(planning)은 경영자에게 유효성을 유지하도록 하고, 구성원에게는 어떤 업무를 어느 시간대에 누가 달성할 것인가에 대하여 미리 알려주는 역할을 하게 된다. 특히 계획수립은 조직목표의 달성을 위하여 준비될 수 있는 여러 가지 방법과 의사 중에서 꼭 필요한 방법과 행동(활동)을 선택하고 의사를 결정하게 된다.

나) 조직화

조직화(organizing)는 경영과정 중 계획수립 다음의 과정으로서 작업방법을 결정하고 수행과제를 선택하며, 예산을 확정하며 조직의 틀을 결정하여 필요한 담당직원을 선발 · 교육 · 배치하는 등의 경영과정을 의미한다.

즉, 조직화 과정은 수립된 계획을 실천 또는 달성하기 위한 활동이나 수단 등을 효과적으로 통합하고 배분하는 활동이다. 업무분장 · 지휘체계 등을 계획에 맞게 설정하게 된다.

다) 지 휘

지휘(leading)란 조직의 구성원이 조직의 목표를 달성하기 위하여 활동하게 하는 과정을 의미한다. 구성원으로 하여금 바람직한 방향으로 활동하게 하기 위해서는 또한 지시하고 조정하기 위해서는 적절한 동기부여, 갈등해소, 의사소통(커뮤니케이션), 인간관계, 리더십 등의 활용이 필요하다.

라) 통 제

통제(controlling)과정이란 처음 계획된 조직의 목표달성 계획에 대한 조직구성원의 업무성과를 측정·감시하는 활동을 의미한다. 즉, 계획과 성과 사이에 편차가 있는 경우 그 원인을 분석하여 수정·보완하고 수정하는 활동을 하게 되는 과정이다. 즉, 통제는 성공적인 성과를 달성하기 위해서 필요한 효율성과 유용성을 확보해주는 과정이다.

(4) 자산경영관리의 개념

경영관리의 개념에는 2가지의 의미가 있다.

건물자산경영관리개념에는 투자관리중심의 AM(Assets Management)개념과 경영관리중심의 PM(Property Management)개념 그리고 시설관리 중심의 FM(Facilities Management)개념 등이 있다. 이와 같은 자산관리 개념 중에서 포괄적이고 지시적인 투자나 수익창출 수단정책의 의사결정 등을 건물자산소유자나, 경영자 level의 top management에 의해서 AM개념이나 PM개념으로 다루어지고 경영층에서 결정된 정책이나 의사를 관리층(management level)에서 미시적·기계적으로 집행하는 활동은 FM개념으로 수행되고 있다. 즉 투자관리와 수익관리는 경영층(top management)에서 주로 투자경영관리개념으로 처리되고, 시설관리는 관리층에서 관리개념으로 처리된다.

건물자산관리 업무 중에 이와 같은 내용을 달리하는 세 종류의 업무는 서로 상이하게 보이나 사실은 하나의 건물자산관리범주의 업무로서 경영사고와 경영관리개념과 경영순환과정 등의 이론으로 처리하여 보다 효과적인 결과를 창출하는 경영관리개념이다.

또 하나의 경영관리개념은 건물자산의 관리개념 중 최광의 관리개념에 따라 건물자산관리영역을 6가지 관리영역으로 대분류하고, 그 중 경제관리영역과 행정관리영역에 각각해당하는 관리항목을 한데 묶어 경영관리영역이라는 관리영역을 새로 설정하여 건물자산 경제관리항목과 행정관리항목을 다루고 있는 관리영역의 신개념이다. 건물자산 경영관리론은 건물자산관리학총론에 대한 행정·경제관리영역의 각론 성격을 가지고 있는 점에 비추어 볼 때 후자의 개념이 이 책에서 말하는 경영관리개념과 동일한 개념에 해당된다.

제3절 건물자산경영활동과 관리활동

1. 경영관리활동의 의의

건물자산의 경영관리활동이란 전술한 바와 같이 건물자산에 대한 경제관리활동과 행정관리활동을 의미한다. 다시 말하면 건물자산위에 존재하는 건물복합개념의 하나인 경제성과 행정성을 경영의 개념과 경영과정 및 경영기법을 접목하여 건물자산관리의 경제관리효과와 행정관리효과를 효율적이고 체계적으로 동시에 창출하는 경영 측면의 종합활동을 의미한다.

경영관리활동의 의미와 내용을 요약하면 다음과 같다.

① 건물자산의 경영관리활동이란 경제관리활동을 의미한다.
② 건물자산의 경영관리활동이란 행정관리활동을 의미한다.
③ 그러므로 건물자산의 경영관리활동이란 건물자산의 경제관리활동과 행정관리활동이 복합된 종합관리활동을 의미한다.

2. 경영관리활동의 분류와 업무내용

경영관리활동에는 전술한 바와 같이 경제관리활동과 행정관리활동이 있다. 각각의 활동에는 구체적 관리대상인 경제관리항목과 행정관리항목 등이 있다. 이를 분설하면 다음과 같다.

(1) 건물경제관리활동

건물자산의 경제관리활동의 영역에는 다음과 같은 경제관리항목 등이 있다.

경제관리활동의 대상은 건물자산의 수익관리에 관계되는 관리항목들로서 임대관리·회계관리·세무관리·구매관리·보험관리 등이 있으며 주로 수입과 지출에 관한 관리항목의 성격을 가지고 있다.

경제관리대상은 다음과 같으며 구체적인 내용은 제6장에 걸쳐 설명하기로 한다.

1) 임대관리활동

임대관리활동은 수익성건물의 수익극대화 및 투자금의 조기회수를 위한 경영관리활동을 의미한다. 건물을 임대목적물로 상정하고 계약당사자 일방이 건물자산을 상대방에게 명도하여 사용수익하게 약정하고, 그 대가로 상대방을 일정한 임대료를 지불하도록 약정함으로서 성립하는 계약을 중심으로 임대수익을 창출하는 경제관리활동을 말한다.

임대대상은 건물자산관리의 대상인 건물 중 수익성 건물이 그 대상이 되며, 주요 임대대상건물에는 주거용도건물・상업용도건물・산업용도건물(공업용도건물 포함)과 특수용도의 건물 중 수익성 건물 등이 있다. 건물자산관리에서 가장 대표적인 경제관리활동에 해당된다. 구체적 내용은 제2장 임대관리활동편에서 설명키로 한다.

2) 회계관리활동

회계관리활동이란 수입(보증금수입・임대료수입, 관리비수입 등)과 지출에 대한 회계처리와 일일회계업무, 월별회계업무, 연간회계업무 등을 통하여 재무정보를 생산하고 경영정보를 제공하는 수치상의 관리활동을 말한다.

회계에 대한 구체적 내용은 제3장 회계관리활동편에서 기술하고자 한다.

3) 세무관리활동

건물자산은 부동산이므로 취득・보유・양도에 관한 각종 세금과 임대활동에 의하여 부과되는 임대소득세 등 부동산조세 관리활동을 말한다.

세무관리활동은 제4장에서 구체적으로 설명하고자 한다.

4) 구매관리활동

건물자산관리는 인적 설비와 물적 설비의 관리수단에 의하여 관리된다.

다시 말하면 건물자산관리업무 종류 중 시설관리인 FM에는 부품・원료에너지・재료・자재・장비・공구 등 여러 가지 물품과 청소용역・경비용역 등 여러 가지 용역이 필요하다.

이와 같은 시설관리용도의 물품과 용역은 구매의 대상이 되며, 이들을 최유효조건으로 구매하여 자산관리에 적절히 활용해야 한다.

이와 같은 물품과 용역에 대한 구체적인 구매관리를 위한 실무상의 활동은 구매관리활동이라 한다. 구체적 내용은 제5장에서 설명하고자 한다.

5) 보험관리활동

건물자산관리에 있어서 관계법령상 또는 건물자산의 경영관리상 반드시 가입해야 하는 화재보험과 책임배상보험 및 관리종사자를 위한 사회 4대보험(국민건강보험 · 산재보험 · 고용보험 · 국민연금 등)에 대한 가입과 사후관리 등에 대한 관리활동을 건물자산 보험관리활동이라 한다.

구체적 내용은 제6장에서 설명하기로 한다.

(2) 건물행정관리활동

건물행정관리활동이란 건물의 복합개념 중 행정성을 체계적으로 관리하는 활동을 의미한다. 건물행정관리활동의 주로 관리항목에는 인사 · 노무관리활동, 문서 · 사무관리활동 등이 있다.

1) 인사 · 노무관리활동

건물자산관리에 필요한 각종의 관리종사자들을 모집 · 선발 · 배치 · 훈련 · 퇴직 등에 대한 일련의 인사규범 체계에 대한 관리활동과 근로계약, 취업규칙 등 노무관리에 관한 활동을 인사 · 노무관리활동이라 한다.

건물자산관리는 관리종사자의 손에 의하여 관리되므로 인사 · 노무관리가 또 하나의 관리활동의 대상이 된다.

인사 · 노무관리활동은 제7장에서 구체적으로 설명하기로 한다.

2) 문서 · 사무관리활동

건물자산관리(특히 시설관리)에 있어서 필요한 장표(장부와 전표) 등을 효율적으로 관리하여 사무능률을 제고하고 자료정보의 생산보관 등 일련의 사무업무에 대한 관리활동을 의미한다. 문서 · 사무관리는 제8장에서 구체적으로 접근하기로 한다.

3) 전산행정지원활동

전산시스템을 활용하여 사무자동화나 각종 시설의 자동제어 · 감시 · 기록 · 통합방범관리 · 임대료 · 관리비 등의 청구수납, 인건비 정산 등을 효율적으로 처리하는 행정지원활동을 말한다. 전산행정지원은 대단히 중요한 업무이므로 2007년도 제6차 교과서개편 작업시 별도의 교과서로 개발하고 보급할 예정이다.

3. 경영관리활동의 원칙

건물자산관리에 있어서 지켜야 할 행동준칙이나 지침이 있듯이 건물자산경영관리에 있어서도 지켜야 할 행동준칙이나 지침이 있다. 이를 건물자산경영관리활동 원칙이라 한다.

건물자산의 경영관리에 있어서 지켜야 할 원칙의 종류와 내용은 대체로 다음과 같다.

(1) 안전성 우선의 원칙

모든 건물자산관리활동에 있어서 위험성을 관리하여 안전성이 우선되어야 한다는 원칙이다. 안전성 확보를 위한 위험관리는 어떤 관리업무의 원칙보다 우선 적용되어야 한다는 원칙을 안전성 우선의 원칙이라 한다.

(2) 경제성 고려의 원칙

경제성이란 최소의 비용으로 최대의 이익을 얻고자 하는 경제원칙으로서 경제목적의 합리적 달성을 추구하는 원칙을 말한다. 경영이나 관리활동을 할 때 언제나 경제적 이익이 고려되고, 또 높여나가야 한다는 원칙을 경제성 고려의 원칙이라 한다.

또한 경제성 고려원칙이란 건물관리활동을 함에 있어서 반드시 경제성을 고려하여 손실을 방지하고 경제적 이익을 높이거나 극대화되도록 관리해야 한다는 원칙을 말한다. 따라서 관리활동에는 언제나 경제성이 고려되어야 한다.

(3) 효율성 제고의 원칙

효율성이란 투입에 비하여 산출이 높은 것을 의미한다.

효율성 제고의 원칙이란 관리활동의 비용(예산)이나 노력(관리활동)보다 관리효과(결과)가 언제나 높게 나타나도록 경영해야 한다는 원칙을 말한다.

(4) 작업 능률화의 원칙

능률이란 단위시간에 대한 작업량의 비율을 말한다. 건물관리활동에 있어서도 단위시간에 양적이나 질적으로 보다 많은 작업량 또는 서비스를 생산해서 고객(입주자 등)을 만족시켜야 된다는 원칙을 작업 능률화의 원칙이라 한다.

(5) 기술성과 전문성 적용의 원칙

기술성이란 어떤 일을 정확하고 능률적으로 처리하는 솜씨를 말하며, 과학과 지식을 생산·가공 및 일에 응용하는 방법이나 기술을 의미한다. 전문성이란 어떤 특정분야에 몰두 연구하여 그 분야의 지식과 경험 및 정보를 가지고 그 분야의 일을 쉽게 그리고 정확히 처리하는 능력을 의미한다.

기술성과 전문성 적용의 원칙이란 경영관리활동을 함에 있어서 기술관리활동에는 기술성을, 행정 · 경영관리활동에는 전문성을 반드시 적용(사용)하여 관리해야 한다는 원칙을 말한다.

건물자산관리는 자기방식과 자기경험만을 가지고 주먹구구식으로 관리해서는 안 된다는 원칙이다.

(6) 내구성 지향의 원칙

건물의 경제적 · 물리적 수명이 법정 내용연수보다 연장 또는 오래 지속되어야 한다는 원칙이다. 내구성이 오래 지속되고 연장되도록 관리활동을 해야 한다는 원칙을 내구성 지향의 원칙이라 한다.

(7) 선 계획, 후 관리의 원칙

관리활동을 함에 있어서 언제나 먼저 계획 · 준비하고 나중에 집행해야 한다는 원칙이다.

(8) 예방관리의 원칙

문제가 발생되기 전에 사전에 문제의 원인을 제거하여 피해나 사고를 방지해야 한다는 원칙이다.

건물관리에 있어서 사후수습보다 예방관리가 우선되어야 한다는 원칙이다.

(9) 과학적 관리의 원칙

과학이란 어떤 특정영역을 객관적 방법으로 체계적이고 계통적으로 연구하거나 활동하는 것으로 그 활동의 성과를 의미한다. 즉, 타당성과 정확성이 있는 활동의 결과를 의미한다.

건물자산관리활동을 함에 있어서 주관적 · 비체계적 관리를 해서는 안 된다는 원칙이다. 관리종사자가 자기방식 · 자기경험만으로 관리해서는 안 된다는 원칙을 과학적 관리의 원칙이라 한다. 즉 타당하고 정확성이 있는 방법으로 관리해야 한다는 원칙이다. 과학적 관리의 원칙은 기술성과 전문성 적용의 원칙과 맥을 같이 하는 원칙이다.

(10) 신뢰성 확보의 원칙

건물자산관리는 사람과 기계 등의 설비, 사람과 장소, 사람과 사람의 관계를 통하여 이루어진다. 이와 같은 관계에서 신뢰가 무너지면 사고가 생기거나 관리효과가 저감되거나 상실된다. 따라서 건물자산관리활동에는 반드시 신뢰가 있어야 하고, 상호 믿음이 있어야 한다.

특히 조직의 상하, 사람과 기계, 기술성 · 회계 · 구매 · 전문성 · 안전 · 환경 등 건물자산관리활동의 관계마다 신뢰가 있어야 한다는 원칙을 신뢰성 확보의 원칙이라 한다.

(11) 책임관리의 원칙

관리종사자는 자기가 맡은 업무에 대해서는 반드시 자신이 최종 책임져야 한다는 원칙이다.

(12) 법정기준 적합성의 원칙

건물자산관리는 관계법령·관리기준·관리규정·관리계약 등에 적합하게 관리되어야 한다. 이를 법정기준 적합성의 원칙이라 한다.

(13) 경영사고 적용의 원칙

경영사고(經營思考)란 조직의 목표를 달성하기 위하여 변화하는 환경에 능동적으로 대처하면서 계획수립·조직화·지휘·통제 등의 경영 순환과정을 통하여 일을 진행하는 지적 체계와 행동의식을 가지고 임하는 태도를 의미한다. 건물자산을 관리함에 있어서 어떤 종류의 관리업무를 수행할 때도 관리자는 이와 같은 경영사고를 가지고 관리해야 한다는 원칙을 경영사고 적용의 원칙이라 한다.

(14) 관리업무 표준화 원칙

관리업무를 할 때 표준화 작업이 가능한 업무나 작업은 그 내용과 절차를 매뉴얼화하고 단순화·표준화하여 효율적으로 관리해야 한다는 원칙이다.

(15) 최유효관리의 원칙

관리활동의 목적은 최고의 관리효과를 얻기 위하여 실시된다. 즉 유효한 관리결과(관리효과)를 얻기 위하여 관리활동이 행해지는 것이다. 따라서 경영관리활동시 최고의 경영관리효과를 얻기 위하여 반드시 적용되어야 할 원칙이다.

(16) 현장중심 관리의 원칙

건물자산관리는 건물현장을 중심으로 시작되고 종결되는 관리업무이다. 따라서 건물관리현장을 중심으로 관리되어야 한다는 원칙이다.

(17) 고품질 서비스 생산의 원칙

건물자산관리는 눈에 보이지 않는 서비스(용역)를 창출하는 활동이므로 그 서비스의 품질을 최고의 것으로 창출해야 한다. 이와 같은 원칙을 고품질 서비스 생산의 원칙이라 한다.

(18) 관리효과 순기능 원칙

관리활동을 할 때 관리목적에 맞는 기능이 나타나도록 관리해야 한다는 원칙이다. 즉, 관리활동이 의도하는 기능이 나타나도록 관리해야 한다는 원칙이다. 이와 같은 순기능이 나타나지 아니하고 반대로 역기능이 나타날 경우 관리상에 여러 가지 문제점이 발생하게 된다.

(19) 계속관리의 원칙

건물자산관리시 관리대상 항목을 관리할 때 일시적 일회용으로 처리하지 아니하고 중단없이 관리해야 한다는 원칙이다. 점검보수 일상화 원칙과 맥을 함께 하는 관리원칙이다.

(20) 사회공공성의 원칙

완성된 건물은 소유 자체를 떠나 사회의 기반시설이 되거나 마을과 도시의 구성단위가 된다. 따라서 건물을 사회성 또는 공공성 등의 기능을 갖거나 역할을 나타내게 된다.

따라서 건물자산관리활동시에 이와 같은 사회성과 공공성의 기능을 유지하거나 고려하여 관리해야 한다는 원칙을 사회공공성의 원칙이라 한다.

(21) 윤리성의 원칙

모든 건물자산관리 종사자는 건물자산관리활동에 있어서 사람과 사람, 사람과 물건, 사람과 장소에 필요한 도덕과 규범을 지켜 타인(소유자 또는 사용자 및 이용자 등)에게 손해를 끼치지 않도록 해야 한다는 원칙이다.

이와 같은 윤리성의 원칙은 관리활동 전후 또는 활동 중에도 반드시 지켜져야 할 원칙이다.

(22) 경영합리화의 원칙

경영합리화의 원칙이란 건물자산의 경제관리활동이나 행정관리활동에 있어서 수익성을 높이는 것을 근본으로 삼아야 한다는 원칙을 말한다.

임대관리활동을 중심으로 건물수익을 극대화하고, 구매관리나 세무관리・보험관리・회계관리 등에 있어서도 수익성을 높이는 방향으로 촉진되고 실시되어야 한다는 원칙이다. 경영합리화의 원칙은 경제성 고려의 원칙과 맥을 같이 하는 원칙이다.

(23) 손실최소화의 원칙

건물자산의 경영관리나 시설관리에 있어서 언제나 위험사고가 발생될 수 있으므로 보험관리나 각 관리항목별 위험관리를 통하여 그 피해(인적 · 물적 피해)를 최소화하여야 한다. 이와 같은 행정지침이나 준칙을 손실최소화의 원칙이라고 한다.

4. 경영관리활동의 목표

경영관리활동의 결과를 얻고자 하는 것, 달성하고자 하는 것을 경영관리활동의 목표라 한다.

경영관리활동에는 다음과 같은 목표가 있다.

(1) 수익극대화 목표

수익성 건물은 임대나 매각 등을 통하여 수익을 창출하거나 건물투자금을 회수하게 된다. 이와같이 수익창출수단인 임대나 매각에 있어서 수익을 최대화할 수 있도록 경영관리활동을 강화해야 하는데 이를 수익극대화 목표라 한다.

건물자산의 경영관리나 시설관리는 경제활동의 한 방편이자 행위(활동)이기 때문에 수익의 극대화는 당연히 설정되어야 할 경제활동의 첫 번째 목표라 할 수 있다.

(2) 경영합리화 목표

건물자산의 임대 · 구매 · 회계 · 세무 · 인사 · 노무 · 보험 · 사무문서 등의 관리활동을 함에 있어서 수익성을 재고시키는 방향으로 노력하고 촉진하여 각 항목별 수익목표를 달성해야 하는데 이와 같은 목표를 경영합리화 목표라 한다.

(3) 경영위험 제로화 목표

건물자산의 경영관리에는 각 해당 항목별로 위험이 존재하고 있거나 생성되고 있다. 이와 같은 위험은 어떤 환경이나 인적 · 물적 결함과 결합하게 되면 사고로 나타나고 재해로 연결된다.

재해발생의 경우 인적 · 물적 손실이 유발되므로 건물의 경영위험은 1년 365일 제로화해야 한다. 이와 같은 목표를 경영위험 제로화 목표라 한다.

(4) 업무표준화 목표

건물자산의 경영관리나 시설관리에 있어서 약 90% 이상의 업무는 표준화가 가능한 일상적으로 처리하는 업무에 해당된다. 그러므로 표준화가 가능하며, 매뉴얼에 의한 관리가 가능하다. 따라서 경영관리 각 해당 관리항목이나 각각의 행정업무에 대하여 매뉴얼화하고, 표준화하여 자동적으로 업무가 체계적이고 효율적으로 진행되어야 한다. 이와같은 목표를 업무표준화 목표라 한다.

제4절 건물자산경영관리조직

1. 경영관리조직의 의의

건물자산경영관리조직이라 함은 건물자산을 경영관리하기 위하여 조직된 2인 이상의 행동 또는 여러 힘의 집합체를 의미한다. 즉, 건물경영관리의 특정한 목표달성을 위하여 공식적 구조를 지닌 집합체라 할 수 있다.

경영관리조직은 건물의 경영과 관리를 위하여 의사소통 체계를 가지고 구성원을 조직하며 계층적 권한과 규범적인 질서 등의 체계를 가지고 있는 집합체를 의미한다. 또한 건물자산의 경영과 관리를 위하여 일정한 권한과 역할을 가진 사람이 모인 질서있는 자산관리 집합체를 말한다. 건물자산관리에 있어서 경영관리조직의 필요 배경에는 첫째, 건물자산관리는 한사람에 의한 경영관리를 불가능하다는 점. 둘째, 건물자산소유자나 사용자의 욕구충족은 제한된 자원과 적대적 환경때문에 개인의 능력만으로 달성될 수 없으므로 2인 이상의 조직을 통하여 경영함으로서 경영의 결과로 얻어진 경영 또는 관리효과를 가지고 욕구를 충족하게 된다. 따라서 건물자산관리에 있어서도 이와 같은 건물자산경영의 문화적 배경에 의하여 경영조직의 탄생이 나타나게 되고 또한 필요하게 된다.

2. 경영관리조직의 종류

건물자산경영관리조직은 건물자산소유자의 종류에 따라 개인건물자산경영관리조직, 기업건물자산 경영관리조직, 외국투자회사 건물자산경영관리조직 및 국유재산경영관리조직 등으로 분류된다. 그리고 건물자산경영관리조직은 관리방법이나 관리성격에 따라 직영(자치)관리조직, 위탁관리조직 및 혼합관리조직 등으로 분류된다.

(1) 소유자의 성격에 의한 분류

1) 개인소유 건물자산경영관리조직

건물소유자 개인의 권한과 책임과 비용으로 구성된 관리조직을 의미한다. 즉 개인 건물자산경영관리조직이란 개인 소유의 건물자산을 소유자가 직접 개인의 책임과 비용(임대건물은 관리비로 관리)으로 관리하는 형태의 조직을 의미한다. 개인소유 건물자산경영 관리조직은 대체로 [그림 1-1]과 같다(참고, 연건평 10,000평 업무용 빌딩을 기준함 : 개인소유).

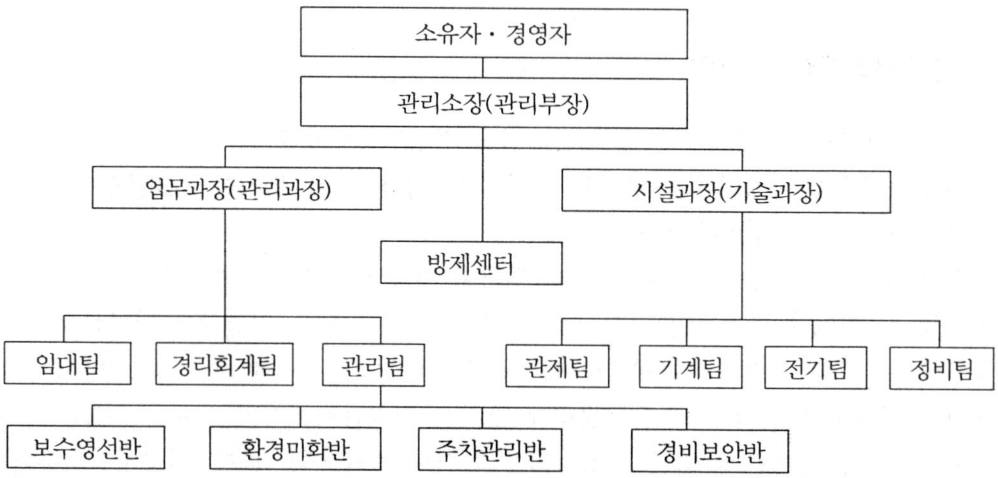

[그림 1-1] 개인 건물자산경영관리조직

2) 기업건물자산 경영관리조직

기업건물자산 경영관리조직이란 경영대상건물이 국내기업 소유인 경우 소유 기업의 고유 또는 신설 독립조직에 의하여 경영관리되는 조직이다. 기업건물자산 중 건물의 일부는 기업사옥용도로 사용하고 나머지 잔여 평수를 임대하는 경우와 소유 건물 전체를 임대하여 자산을 경영하는 두 가지 경우가 있다.

기업건물자산은 기업사옥용을 제외한 나머지 평수에 대한 경영관리는 통상 회사(기업)조직에 의하여 경영관리되나 독립된 건물자산은 별도의 독립된 경영관리팀을 구성하여 건물자산을 관리하는 경우가 일반적이다.

다음에 예시하는 기업자산경영조직을 대형건물자산의 경우로서 기존 회사조직이 아닌 독립된 자산관리부서에 의하여 경영관리되는 경우의 조직임을 참고하기 바란다.

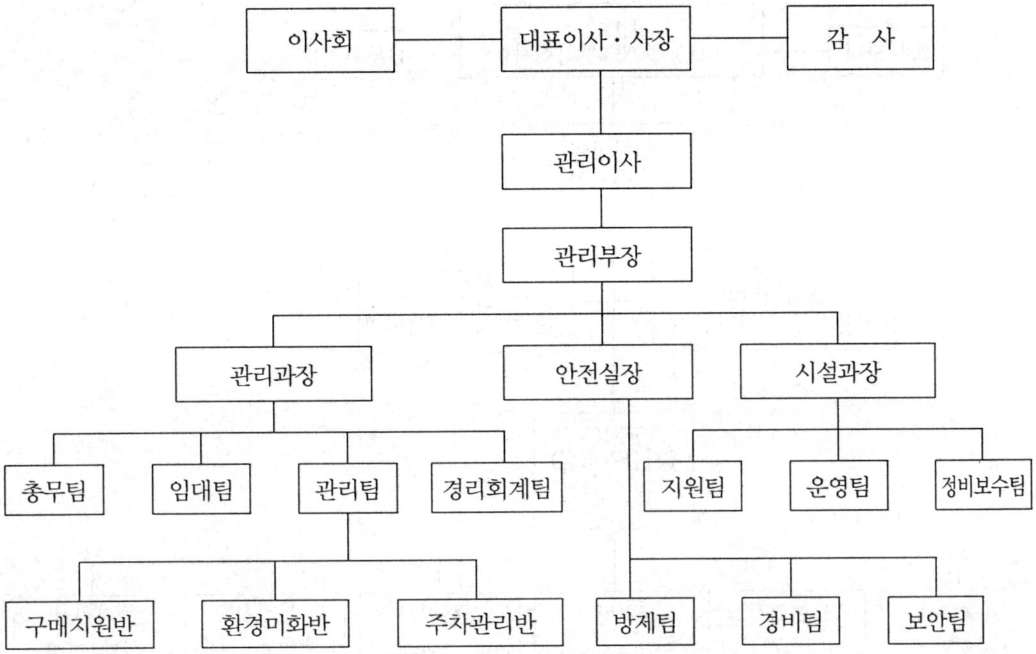

[그림 1-2] 기업건물자산 경영관리조직(예)

※참고 : 기업건물자산 경영관리조직은 연건평 20,000평 규모의 수익성 업무용 빌딩을 기준으로 작성된 조직임.

3) 국내부동산투자 외국기업 건물자산경영관리조직

외국에 본사를 두고 있는 부동산 투자개발 회사가 우리나라 국내 건물자산에 수익을 목적으로 투자하여 경영관리하는 국내부동산투자 외국기업의 관리조직의 형태는 대체로 [그림 1-3]과 같다.

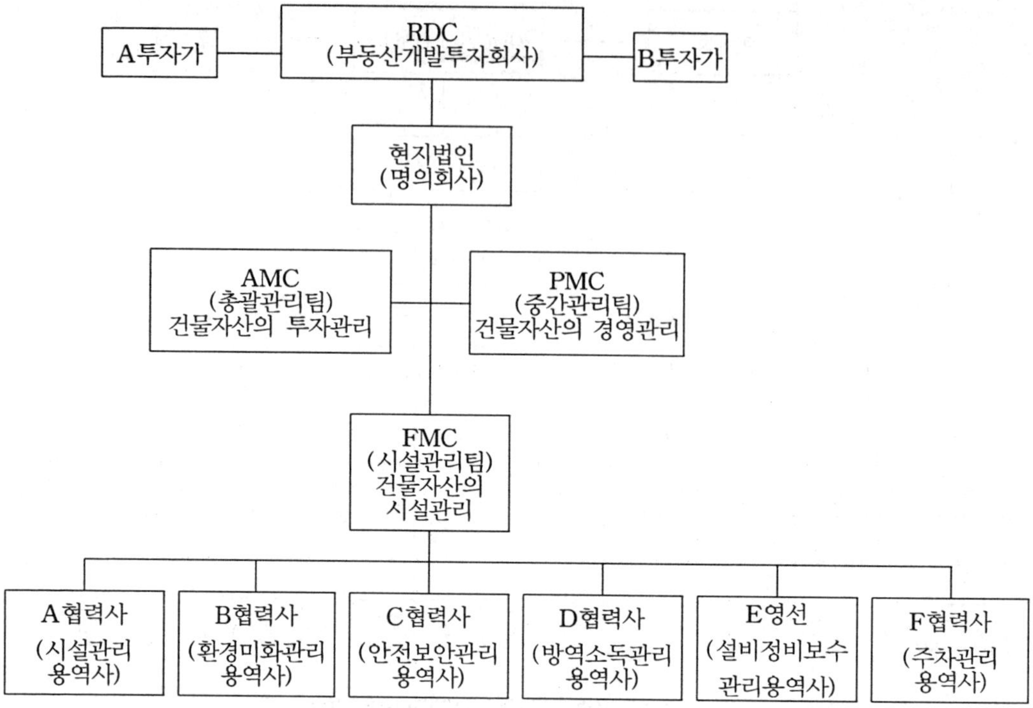

[그림 1-3] 국내부동산투자 외국기업 건물자산 경영관리조직(예)

4) 국유재산 경영관리조직

국유재산 관리조직은 국유재산법 제6조에 따라 [그림 1-4]와 같은 경영관리조직을 편성운영하고 있다.

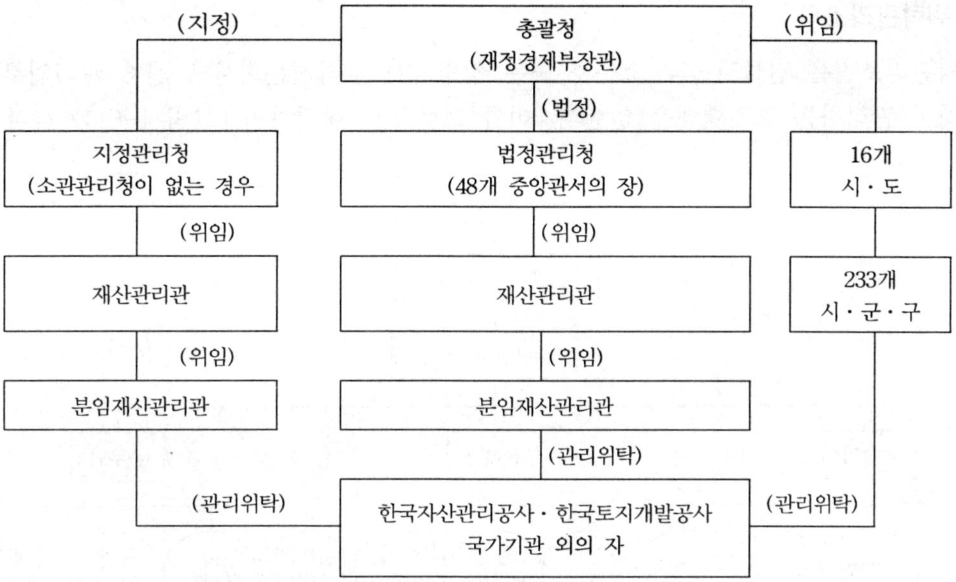

[그림 1-4] 국유재산경영관리조직

(2) 경영관리방법에 의한 분류

경영관리조직은 관리방법에 따라 자치관리조직, 위탁관리조직, 혼합관리조직 등으로 분류된다.

1) 자치관리조직

사업주체 또는 입주자대표회와 관리단 등의 자치관리기구를 구성하고 관리소장 또는 관리인을 선임하고, 관리규약 또는 관리관계법령에 정한 기준에 따라 관리하는 조직형태를 말한다.

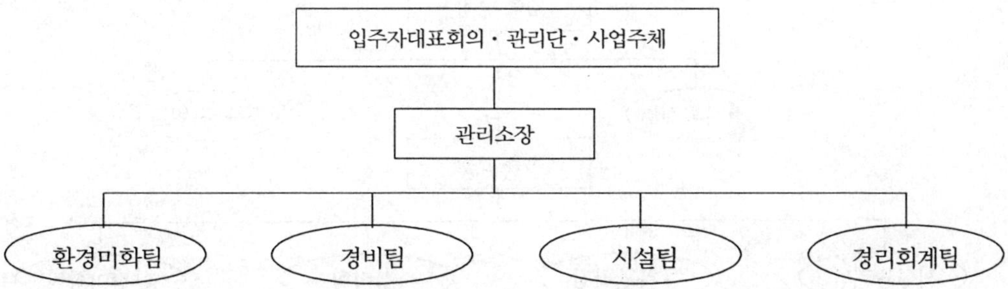

[그림 1-5] 자치관리조직(예)

2) 위탁관리조직

위탁관리조직은 건물자산의 소유자 또는 경영자가 관리전문회사에 전체 관리업무를 위탁하여 관리하는 조직형태를 말한다. 이를 그림으로 표시하면 [그림 1-6]과 같다.

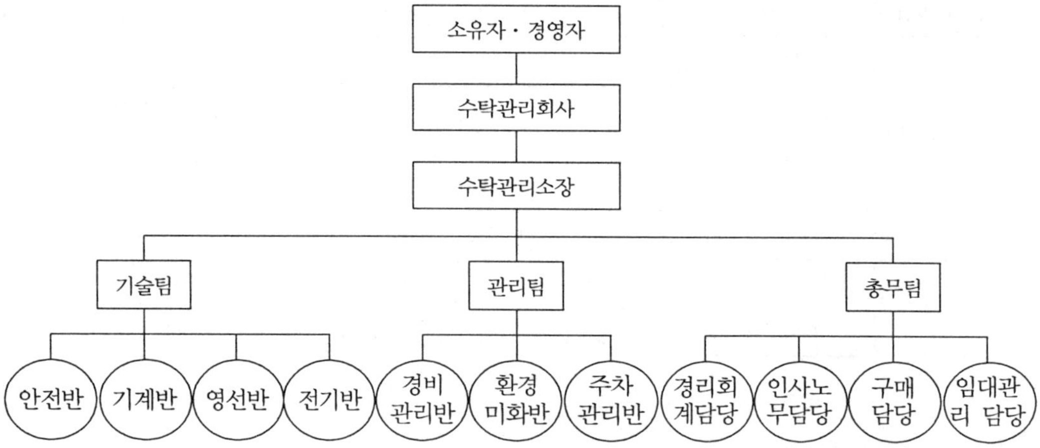

[그림 1-6] 위탁관리조직(예)

3) 혼합관리조직

혼합관리조직이란 관리업무 중 중요한 인사회계(경리), 임대관리, 구매 · 계약 관리업무 등 건물의 경영자(소유자)가 직접 경영자의 책임과 비용으로 조직한 관리조직에 의하여 관리하고 청소 · 경비 · 소독, 기계전기설비 및 E/L관리 등은 관리전문회사에 일부 위탁(용역 · 외주)하여 관리하는 혼합관리 조직형태를 의미한다. 이를 그림으로 표시하면 [그림 1-7]과 같다.

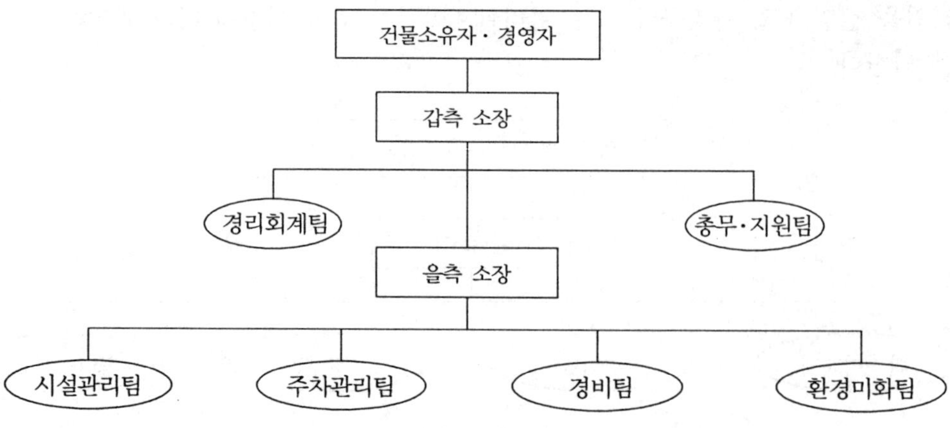

[그림 1-7] 혼합관리조직(예)

3. 경영관리조직의 필요기능

경영관리조직이 자치관리조직이든 위탁관리조직이든 혼합관리조직이든간에 건물자산의 경영관리업무를 담당하는 조직이라면 반드시 다음과 같은 경영관리조직의 필요기능을 가지고 있는 것이 바람직하다. 그러나 경영관리조직의 성격에 따라 다음의 기능 중 일부 기능이 결여된 조직도 있을 수 있다. 경영관리조직의 필요기능은 대체로 다음과 같다.

① 관리업무 전반에 걸쳐 관리에 필요한 정책을 입안·결정할 수 있는 관리정책 결정기능이 있어야 한다.
② 정책결정에 따라 그 업무를 집행할 권한과 지휘기능이 있어야 한다.
③ 전기설비, 기계설비, 통신설비, 소방설비, 공기급배기설비, 급수배수설비 및 영선에 필요한 기술분야를 담당할 기술적 기능이 존재해야 한다.
④ 법률·세무·노무·회계·임대관리 등 행정사무를 담당할 수 있는 행정기능이 있어야 한다.
⑤ 청소·경비·주차관리·안내·순찰 등 전문성과 서비스 성질이 복합된 노무기능이 있어야 한다.
⑥ 각 조직의 업무에 대해 분석·감독·통제·조정할 수 있는 감독기능이 있어야 한다.
⑦ 각 직종의 구성원들을 정기·부정기적으로 교육과 훈련할 수 있는 교육기능이 있어야 한다.
⑧ 화재·안전사고·재해·절도·강도·설비사고 등 안전관리를 위한 예방적 위험관리 기능과 안전사고 수습기능이 함께 있어야 한다.
⑨ 입주자 및 항시 근무인원, 출입인원에 대해 눈에 보이지 않는 통제를 통하여 질서유지 기능이 있어야 한다.
⑩ 체계적인 민원처리 기능이 있어야 한다.
⑪ 비상위기 대처기능이 있어야 한다.
⑫ 보고·판단 기능이 있어야 한다.
⑬ 조사·분석·평가, 계획하는 기획기능이 있어야 한다.
⑭ 관리주체와 각 부서간, 관리자와 관리종사자간, 관리주체와 용역회사간, 수직과 수평간 건물관리에 관계되는 정보나 의사결정의 정책이나 인지된 사고요인, 순찰 중에 발견된 시설들의 이상현상이나 계기에 나타난 이상변화, 기기작동의 비정상적 현상, 입주자의 사후관리대상이 되는 입주자의 도산징후나, 기타 급격한 변화 등 관리직원의 애로사항이나 어떤 형태든간에 건물관리에 직

접 또는 간접으로 영향을 주는 정보를 전파하고 전파받는 이른바 커뮤니케이션 기능이 항상 존재해야 한다.

⑮ 인사 · 예산 · 회계처리 및 평가 기능이 있어야 한다.

경영관리조직을 구성, 편성하고 운영함에 있어서 전술한 경영관리조직의 필요기능을 확보하고 발휘할 수 있도록 구성하는 것이 바람직하다. 그러나 경영관리조직은 관리대상 건물의 용도 · 성격 · 규모 · 업무내용에 따라 필요기능은 가감될 수 있다.

4. 경영관리조직의 성격

건물자산관리 업무를 담당하는 경영관리조직의 성격은 관리주체로부터 그 권한을 위임받은 대리제도와 유사한 성격을 갖는다. 민법에서 말하는 대리제도의 대리행위는 특정 법률관계를 처리할 수 있는 권한을 특별히 수권하지 않는 경우, 그 대리인은 본인을 위하여 관리행위만을 할 수 있는 자이므로 건물을 보존하고 제한된 범위 내에서 개량 · 이용하는 행위밖에 할 수 없다.

관리조직은 건물소유자나 법률의 규정에 의하여 권한을 수여받은 자로부터 관리업무를 수임한 경우이므로 민법에서 말하는 대리제도와 유사한 성격을 갖고 있다. 특히 위임받은 자가 집행한 업무가 적법한 것인 경우에는 관리주체가 책임을 지나, 관리조직의 구성원이 불법한 업무집행을 하는 경우 관리주체가 책임지지 아니하고 행위자가 책임을 져야 하므로 이런 점에서도 민법의 대리제도와 유사한 성격을 가지고 있다.

그러나 법인제도에 있어서 법인과 그 기관인 이사간의 위임과는 다르다. 왜냐하면 이사는 그의 고유권한으로 그 법인을 각자 대표하고, 대내적으로 업무집행권이 있으며, 법인의 업무에 관하여 적법 및 불법한 행위를 하여도 법인이 이사와 함께 책임져야 하는 관계이므로 건물관리조직의 성격과는 다른 점이 있다. 한마디로 경영관리조직의 성격은 위임과 유사한 대리의 성격을 갖고 있다고 하겠다.

5. 경영관리조직의 목표

건물관리 업무를 수행하기 위하여 제일 먼저 선행되어야 할 업무는 관리주체의 관리업무를 효율적이고 체계적으로 달성하는데 필요한 관리조직의 구성과 관리조직의 목표를 설정하는 문제이다.

경영관리조직의 1차적 관리목표는 완공된 건물을 가장 효율적인 방법으로 경영관리하여 관리목표를 달성하는 일이다. 즉, 경영관리행위를 통하여 건물소유자에게 적정한 투자비의 회수와 투자이익을, 건물사용자에게는 건물사용 목적을 달성할 수 있도록 편리성과 안전성 · 쾌적성을 제공하여 건물사용에 만족하도록 정상적인 건물기능을 제공하는 데 있다.

6. 경영관리조직의 구성

경영관리조직은 관리업무 집행부로서 관리객체의 성질상 유지와 보수, 운전과 정비업무를 위한 기술관리조직과 권리보존과 예산관리, 임대, 사무, 문서, 인사, 회계 등 경영을 위한 행정관리조직으로 구성된다.

현대건물은 현대건물의 특징인 대형화 · 고층화 · 첨단화로 인하여 고도의 관리기술과 관리능력이 필요하다.

소유형태 역시 단독소유개념에서 구분소유개념으로의 변화는 관리상 각종 분쟁을 발생시키는 문제 외에 사용자간의 이해 또한 상반된 것이 있을 수 있으므로 소유자와 사용자, 사용자와 사용자간의 이해조정과 분쟁의 해결을 위한 입주자관리 역시 고도의 민원처리능력과 문제해결의 기술이 요구되고 있다.

건물의 경영관리조직은 기술관리조직과 행정관리조직으로 구성된다.

(1) 기술관리조직의 구성

기술관리조직은 전기직 · 기계직 · 소방설비직기사(또는 산업기사 · 기능사) 외에 고압가스취급자, 열처리기능사, 안전관리자, 방화관리자(일정규모 이상인 건물의 경우) 및 영선과 보수를 담당하는 자 등으로 구성된다(구체적인 내용은 《건물자산관리학총론》의 관리수단편, 인적 설비편을 참고하기 바란다).

(2) 행정관리조직의 구성

행정관리조직은 회계담당자, 업무담당자, 인사담당자, 임대관리담당자, 용역관리담당자 및 보험, 노무관리담당자, 구매담당자 등으로 구성된다. 즉 관련 총무 · 관리업무 · 담당자로 행정관리조직이 편성된다. 각 빌딩관리 현장의 사정에 따라 구성의 수와 보직의 겸직 등으로 차이가 날 수 있으나 한마디로 기술성과 전문성의 결합으로 관리조직이 구성된다.

7. 경영관리조직의 구성체계

경영관리조직의 구성체계란 관리조직을 지휘·명령·통제·조정할 수 있는 관리조직 체계를 의미한다. 경영관리구성체계는 직책상 전술한 기술직·행정직 근무자와 총괄책임자 및 경영자 등으로 편성된다. 그러나 시설관리조직은 직급상, 관리소장(관리자), 관리감독자 그리고 기술직·행정직·노무직 등의 관리근무자들로 구성된다.

이와 같은 기술관리조직과 행정관리조직을 통합조정하고 지휘감독하는 관리책임자로서 총괄관리자(관리소장, 관리부장, 관리팀장 등)가 있다. 총괄관리자의 기능과 역할은 기술적 관리내용과 행정적 관리내용, 노무직 관리내용 등을 조화되게 조정하거나 지휘감독함으로써 완전한 관리효과를 창출하는 데 있다.

8. 경영관리조직의 변화

현대건물의 특성(고층화·대형화·첨단화)으로 인하여 종전의 관리개념인 기술관리의 기술관리조직에서 경영관리조직으로 개편 변화되고 있다. 따라서 관리조직은 고도의 기술성과 전문성을 두루 갖춘 관리조직이 되지 않으면 안 된다. 또한 종전의 단순 기술관리(유지관리)의 조직에서 지금은 기술·경제·법률·환경·안전 행정 등을 함께 관리해야 하는 종합관리조직으로 변화되고 있다.

조직형태 역시 직영관리(자치관리)조직 형태에서 혼합관리조직 형태로 변화되어오다가 최근에는 위탁관리조직 형태로 변화되어가고 있다.

제5절 건물자산경영관리자의 자격

1. 의 의

건물자산관리란 전술한 바와 같이 건물을 자산으로 상정하고 건물자산위에 경영의 개념을 접목하여 수익을 창출하고 양질의 경영관리효과를 얻어 건물소유자나 사용자·이용자에게 최유효 만족을 제공하는 활동이라 할 수 있다. 이와 같은 활동을 건물자산경영관리 권한과 책임을 가지고 직접 담당하는 자를 일반적으로 건물자산관리자 또는 건물자산경영관리자라고 호칭하고 있다.

이와 같은 호칭은 정형화된 호칭이 아니므로 건물자산 관리현장에는 시설관리 중심의 관리소장이나 임대중심의 임대관리자 등으로 불려지고 있다.

우리나라 건물자산시장은 미국이나 일본, 싱가포르, 유럽 등의 외국자본인 대형 펀드가 상륙하기 전만 하더라도 주로 시설관리를 위한 시설관리 용역업이 건물자산의 유지나 보존차원의 기술관리활동을 주도하고 있었다.

그러나 지난 1997년 IMF 이후 외국 부동산 투자자본의 대규모 상륙으로 건물을 자산으로 인식하고 투자의 대상으로 평가하면서 건물자산 투자시장이 형성되었으며, 현재는 막대한 수익창출의 거대 건물자산투자시장으로 변모하게 되었다. 따라서 건물의 시설관리개념은 건물자산의 수익관리를 위한 지원관리개념으로 후퇴하여 건물자산 경영관리개념이 건물자산의 수익사업을 주도하고 있다.

다시 말하면 건물관리의 개념이 FM에서 PM으로 급속히 이동되면서 건물의 유지나 보존은 건물자산의 수익을 위한 하위지원 관리개념으로 인식하게 되었다. 또한 현재의 건물 관리개념은 건물의 보존이나 유지를 위한 시설관리개념이 아니라 수익창출을 위한 건물자산관리개념으로 일대 변화하여 FM보다 PM을, PM보다 AM(Asset Management)쪽으로 자산관리개념 역시 변화 발전하고 있다.

따라서 건물자산의 경영관리자란 건물의 수익관리를 담당하는 자이고, 자산임대관리를 담당하여 수익을 극대화하거나 자산가치의 보존 또는 재고를 전문적으로 담당하는 자를 지칭하는 말로 인식되고 있다. 다만 안타까운 것은 소수의 자산관리현장을 제외하고는 이와 같은 전문자산경영관리자가 없다는 점이다. 그러므로 변화하는 건물자산 투자시장에 대응하고 건물자산의 PM을 효과적으로 담당할 유능한 자산관리전문가 양성은 시급한 연구과제라 판단된다.

그러나 다행스러운 점은 극동대학교 경영행정대학원(석사과정, 건물자산관리전공)을 중심으로 국내 수개 대학에서 건물자산의 경영과 관리에 대한 연구와 학습이 진행되고 있다는 점이다.

결론적으로 건물자산경영관리자란 건물을 자산으로 상정하고 경영개념을 접목하여 건물자산의 경제가치를 유지·보존하고 수익을 극대화하는 데 있어서 경영권과 관리권을 가진 자를 말한다.

2. 건물자산경영관리자의 자격

현대 건물자산관리개념은 건물시설관리개념에서 건물자산 경영관리개념으로 변화·

발전되고 있다. 다시 말하면 종전의 건물시설의 유지・보존에서 건물자산의 수익관리로 중심관리개념이 이동하고 있다. 따라서 바람직한 건물자산관리개념은 건물시설관리개념과 수익관리개념이 접목된 FM&PM개념이 되어야 한다. 즉 건물자산관리는 건물수익관리개념을 상위개념으로 두고 건물시설관리개념을 하위에 두어 이를 상호 보완하거나 통합하는 것이 바람직한 건물자산개념이라 볼 수 있다.

또한 상위개념의 수익관리는 경영과정을 통하여 관리하고 하위개념의 시설관리는 관리과정을 통하여 처리해야 한다. 그러므로 현대 건물자산관리자는 건물자산의 경영개념과 건물시설의 관리개념을 모두에 대하여 충분히 이해해야 할 뿐 아니라 경영과 관리에 관한 경험과 전문성을 두루 갖춰야만 한다. 건물의 수익관리와 시설관리도 병행처리가 가능하여야 한다.

건물자산경영관리자의 자격요건은 대체로 다음과 같다.

(1) 전문성을 갖춘 자이어야 한다

전문성이라 함은 일반적으로 어떤 특정분야에 몰두・연구하여 얻어진 지식과 경험과 정보를 가지고 그 분야의 일을 쉽게 그리고 정확하고 능률적으로 처리하는 능력을 의미한다. 따라서 건물자산의 경영관리자는 수익관리와 시설관리에 있어서 기술성과 전문성을 확보하고, 정확하고 능률적으로 처리하는 능력을 갖춘 자이어야 한다.

(2) 충분한 건물경영관리경험을 가진 자이어야 한다

경험이란 어떤 일을 직접 당하거나 겪어서 그로부터 스스로 알거나, 스스로 얻은 체험 및 지식 등을 말한다. 따라서 건물자산경영관리자는 경영관리(PM)나 시설관리(FM) 등에 충분한 직접경험이나 간접경험을 두루 갖춘 자이어야 한다.

(3) 대인・대물 관리능력을 갖춘 자이어야 한다

건물자산관리는 기술관리나 법률관리 등의 여러 종류의 관리영역이 있으나 크게 보면 사람과 물건의 경영과 관리로 함축된다. 즉 건물자산관리란 대인관리와 대물관리로 요약된다. 따라서 대인과 대물관리 관련 경영과 관리에 대한 처리능력을 갖추어야 한다.

(4) 경영관리능력이 있어야 한다

경영관리능력이란 건물자산경영에서 최대이익을 창출할 수 있도록 해당 업무의 진행상태를 관리하는 능력을 의미한다. 건물자산관리자는 반드시 이와 같은 경영관리능력을 갖춘 자이어야 한다.

(5) 행정처리능력이 있어야 한다

행정은 일반적으로 사무문서의 처리와 같이 전문성을 가지고 처리하는 업무나 절차 등을 의미한다. 즉 행정은 사무분야이고, 사람과 물건의 관리이고 정책의 결정, 의사결정과정 등을 의미한다. 건물자산관리에 있어서도 이와 같이 사무나 문서를 통하여 처리하는 임대·구매·회계·세무·보험·인사·노무 등은 주로 행정업무에 해당된다.

이와 같은 행정업무가 건물자산관리에 있어서 행정관리영역에서 다루어지게 된다.

따라서 건물자산경영관리는 기술관리능력과 함께 경영관리의 중심이 되는 행정처리능력이 있어야 한다.

제2장

건물자산임대관리

제1절 임대의 기초개념
제2절 임대료 산정방법
제3절 관리비 산정방법
제4절 임대실무 진행절차
제5절 임대차관계법 고찰
제6절 임대차 계약서식
제7절 임대마케팅
제8절 임대광고

제1절 임대의 기초개념

1. 서 설

건물자산임대관리활동은 임대목적물[주거용 건물, 상업용 건물, 공업용건물(산업용 건물 포함), 특수용도의 건물 중 수익성 건물]에 대하여 임대목적물의 공간(사용하고 남은 공간 및 임대용으로 용도가 정해진 공간)을 임대상품으로 하여 타인에게 일정한 조건으로 사용·수익하도록 약정하고 그 대가로 지불받는 차임(임대료)을 통하여 건물자산경영목표(수익극대화 목표)를 달성하는 수익창출활동을 말한다.

건물자산임대는 자산관리개념 중 PM(Property Management, 투자자산의 경영관리)의 목적을 달성하는 본질적인 활동에 해당된다.

건물자산임대관리는 건물자산관리에 있어서 가장 기본적 활동이므로 고도의 전문성을 요할뿐 아니라 전문가(임대 관리자)가 담당해야 할 건물경영관리업무이다.

건물자산임대관리는 임대계획, 광고를 포함한 마케팅 활동을 함께 동원하여 가장 빠른 시간 내에 가장 유리한 조건으로 임대를 완료하고 이를 통하여 임대소득을 적정하게 유지하며 수익을 극대화해야 한다.

2. 임대의 의의

건물자산임대란 수익성 건물에 있어서 건물의 임대활동을 통하여 투자금의 조기회수와 투자이익의 극대화를 꾀하는 건물자산경영활동을 의미한다. 즉, 임대란 법률적으로는 부동산(건물) 임대차를 의미하나 건물자산임대 실무상으로는 법적인 임대차계약활동과 함께 임대실무활동을 합한 복합업무개념의 건물자산경영실무활동을 의미한다.

따라서 건물자산임대 개념을 정확히 이해하기 위해서는 민법상의 임대차 개념과 빌딩임대현장의 임대실무절차를 함께 연구해야 한다. 결론적으로 건물자산임대란 임대관리대상건물(실제는 건물의 공간이나 임대목적건물 평수임)을 임차인에게 사용수익의 대가로 일정한 차임(보증금 및 임대료)을 받기로 약정한 계약(임대차)을 의미하며, 이와 같은 임대차계약을 체결하기 위하여 선행되는 임대계획(광고, 마케팅 포함), 임차인 모집, 상담, 적격판단, 계약체결과 계약금 수령 등과 사후관리대상이 되는 중도금·잔금 등의 입금·입주, 사용 중에 임대료·관리비 등의 징수·수납, 임대기준개정 또는 임대기간연장 또는 재계약·해지와 해제 그리고 임대차 종료 후 임대목적물 반환과 원상복구 후 명도, 퇴거(이사)와 보증금 반환까지의 일련의 업무와 입주자 사후관리 등의 실무를 의미한다.

3. 임대의 연구목적

건물자산임대업무는 수익성 건물의 경영관리업무 중에서 매우 중요한 위치를 점하고 있으며, 업무의 성격상으로 고도의 전문성을 요하는 업무이다.

뿐만 아니라 건물자산임대관리업무는 건물의 시설유지 관리업무와 위생환경(청소 포함) 관리업무, 보안경비업무와 함께 협의의 건물관리용역개념에서 볼 때 건물자산관리 4대 업무에 속하는 주요 관리업무이다.

이와 같이 건물자산임대관리업무는 고도의 전문성을 요하는 업무이자 매우 중요한 건물의 주된 업무이기 때문에 임대관리업무의 효율성과 경제성 및 안전성을 위하여 임대관리대상 건물마다 적용하기 쉬운 임대관리절차와 업무체계가 확립되어야 할 필요성이 있다.

또한 임대관리업무에 관한 연구를 통하여 업무의 체계가 확립되고 업무기준이 설정되어 업무의 표준 매뉴얼이 작성되는 경우 건물 임대관리자는 이를 빌딩현장 관리업무에 적용함으로써 건물자산임대관리의 효율성을 높일 수 있을 뿐 아니라 임대관리업무의 시행착오를 미리 막아 물적 손실을 방지할 수 있게 된다.

이와 같이 건물자산임대업무에 관한 연구의 목적은 각 건물마다 적용되는 임대관리방법이 서로 상이하거나 비효율적인 임대관리의 체계를 개선하고 표준을 정하여 임대업무를 표준화하고, 임대관리업무의 매뉴얼을 통하여 신속하고 정확한 임대업무창출로 임대관리업무의 효율성을 재고하며, 임대계약 사고를 미연에 방지하여 물적 손실을 방지하며, 건물경영목표를 달성하고 수익을 극대화하는 데 있다.

4. 임대관리의 필요성

수익성건물에 있어서 임대활동은 건물투자금에 대한 수익창출 수단으로서 전술한 바와 같이 건물에 대한 투자비 조기회수와 투자이익의 창출 및 극대화를 위한 활동이므로 건물경영목표 달성을 위한 최고의 관리활동이라 할 수 있다.

이러한 건물경영의 목표달성은 목적물의 매각을 통하여 달성될 수도 있으나 주로 건물의 임대관리를 통하여 이루어진다. 그러므로 임대관리는 수익성건물의 수익창출의 수단이 되며, 이를 통하여 건물경영의 목표를 달성하게 된다. 따라서 건물자산임대관리는 수익성건물의 수입제고를 통해 투자이익을 극대화하고 수익의 개선을 통하여 경영의 목표를 합리적으로 달성하는 데 중요한 수단이 되며, 가장 중요한 위치를 점하고 있다. 또한 건물관리업무 중에 정점에 위치하고 있어 건물 기타 관리업무는 경영목표 달성을 위한 종적인 수단이 되고 있다. 따라서 건물자산임대업무는 건물경영목표 달성과 건물 수익개선을 위하여 건물자산경영 합리화에 절대적으로 필요한 업무라 할 수 있다.

5. 임대차의 개념

(1) 임대차의 의의

건물의 임대차란 임대인과 임차인 사이에 체결되는 부동산 대차계약으로서 임대인이 임차인에게 임대목적물을 명도하여 사용수익하는 대가로 일정한 비용을 받기로 약정함으로서 효력이 발생하는 계약을 말한다.

임대차는 채권법에서 규정하고 있는 계약의 종류 중에서 소비대차 · 사용대차와 함께 대차에 속하는 전형계약의 일종이나 임대목적물로부터 사용수익의 대가를 받는다는 점에서 사용대차와 다르며, 임대기간 만료 후 명도한 동일목적물을 반환하고 반환받는다는 점에서 소비대차와 상이하다.

(2) 임대차의 목적물

임대차의 목적물이란 임대차계약의 대상이 되는 물건을 의미한다. 따라서 동산이나 부동산 모두 임대차의 목적물이 될 수 있다. 임대차의 목적물은 소유권이 있는 물건이든 타인의 물건이든 임대의 목적물이 될 수 있다. 그러나 임대의 목적물이 되기 위해서는 유체물이어야 하고, 어느 정도 내구성이 있어야 하며, 비인격성이어야 한다. 또한 특정되고 관리가 가능하며 확정할 수 있는 물건이어야 한다.

특히, 건물 임대차의 목적물인 건물은 일정 토지 위에 정착된 것으로 경제적으로 사용, 수익의 가치가 있는 건물로서 이동이 용이하지 않은 건물이어야 한다. 따라서 임시가설 건물이나 이동 또는 철거가 용이한 비닐하우스 등은 건물 임대차의 목적물이 될 수 없다(주거에 공하는 건물은 예외임).

건물(빌딩)이라 함은 토지 위에 정착된 고정성 있는 건축물로서 기초 · 기둥 · 벽 · 지붕이 있는 3차원의 공간을 의미하고 건물로서 사용이 가능한 최소한의 기능이 있어야 한다. 뿐만 아니라 임차인이 사용수익 목적에 부합하는 용도가 있어야 하고, 행정적 제재의 대상이거나 건물관계법령으로부터 사용수익하는 데 자유로워야 한다. 결론적으로 건물은 기술적으로 하자(누수 · 고장)가 없어야 하며, 법률적으로 권리상에 문제가 없어야 하며 행정적으로도 사용제한, 사용중지, 철거 등의 규제가 없는 건물이라야 임대차의 온전한 목적물이 될 수 있다. 건물자산관리의 임대목적물에는 전술한 바와 같이 주거용 건물, 상업용건물, 산업용건물과 공업용건물, 특수용도의 수익성 건물(극장·백화점·콘도미니엄·오피스텔 등) 등이 있다.

(3) 임대차의 법률적 배경과 성질

임대차계약은 민법이 규정하는 전형계약의 일종이자 법률행위의 이론적 배경을 가지고 있다. 왜냐하면 임대차는 계약의 일종이고 계약은 법률행위의 일종이기 때문이다. 그러므로 임대차를 정확히 이해하기 위해서는 임대차에 관한 법률적 이론의 배경이 되는 법률행위와 계약에 관하여 살펴볼 필요가 있다.

임대차의 법적 성질에는 채권계약이면서 낙성·쌍무·유상·불요식 계약의 성질을 가지고 있다.

1) 법률행위

법률행위란 일정한 법률효과 발생을 목적으로 하는 한 개, 두 개 또는 수개의 의사표시를 불가결의 구성요소로 하는 법률요건을 말한다. 법률행위에는 단독행위·계약·합동행위 등이 있다. 건물의 임대는 부동산(물건)의 임대차이므로 법률행위로서 계약에 해당된다.

한 개의 의사표시로 구성되는 법률요건을 단독행위라 하고, 단독행위는 상대방이 있는 단독행위와 상대방이 없는 단독행위로 분류된다.

두 개의 의사표시로 구성되는 법률요건을 계약이라 하고, 청약의 의사표시와 승낙의 의사표시의 합치로 주로 이루어진다. 우리나라 민법은 채권편에서 임대차를 포함하여 14종류의 전형계약(유명계약)을 규정하고 있다. 수개의 의사표시를 구성요소로 하는 법률요건을 합동행위라 하고, 그 대표적인 예는 사단법인의 설립행위가 이 범주에 해당된다.

2) 계 약

임대차는 계약에 속하는 전형계약의 일종이므로 계약의 의미를 이해하는 것이 필요하다. 계약이라 함은 반대되는 두 개의 의사표시가 마침내 한 방향으로 만나서 합치되는 것을 의미한다. 즉 청약의 의사표시와 승낙의 의사표시가 만나서 합치되는 것을 의미한다. 이와 같이 합치는 청약자에 대한 승낙자의 합치, 즉 사람에 대한 합치의 의미를 갖는 주관적 합치와 청약내용과 승낙내용의 합치, 즉 객관적 합치 등 모두의 합치를 필요로 한다.

건물의 임대차는 계약의 일종으로서 부동산 계약이므로 낙성·쌍무·유상·불요식

계약의 성질이 있다. 낙성계약이라 함은 청약과 승낙의 의사표시가 합치는 순간 계약의 효력이 발행되는 계약을 의미하며, 쌍무계약은 청약자와 승낙자 모두 일정의무를 부담하는 계약이며, 유상계약은 청약자・승낙자 모두 일정한 대가를 부담하는 계약의 성질이 있는 계약을 의미한다. 또한 불요식 계약은 계약 이후 또다른 이행이 불필요한 계약을 의미한다.

6. 임대차방식

(1) 우리나라 건물임대차방식

임대차방식에 관하여 우리나라 민법이 특별히 규정하고 있는 내용은 없다.

임대차에 관한 장・단기 등의 기간이나 차임, 수선의무 임대인과 임차인의 권리의무와 계약의 성질이 낙성・쌍무・유상・불요식 계약 정도를 규정하고 있을 따름이다. 그러나 우리나라 건물자산임대시장에서 활용되고 있는 임대방식은 다음과 같이 여러 가지 종류로 사용되고 있어 임대실무를 위하여 체계적으로 연구할 필요가 있다.

1) 일반건물 임대제도

건물 임대차제도에는 임대차 목적물에 따라 일반건물 임대제도와 주택임대제도, 상가건물임대제도 및 토지임대제도 등이 있으나 이 책의 연구범위가 건물이므로 건물임대제도를 주로 설명하고자 한다. 일반건물과 주택임대제도는 유사하나 그 성격이나 내용이 다소 상이하다. 일반건물 임대제도에는 보증금부 월세방식, 무보증금부 월세방식, 미등기 전세방식(채권적 전세방식) 그리고 전세권방식(물권적 전세) 등이 있다.

가) 보증금부 월세방식

한마디로 차임을 보증금 얼마에 월임대료 얼마로 정한 임대방식이다. 건물 임대시장에서 가장 일반적으로 사용되고 있는 방식이다. 보증금과 임대료의 산정방식은 후술하는 임대료 산정방식에서 설명하겠으나 임대료 산정방식에 의하여 나타난 임대료를, 일정지분을 보증금으로 하고 나머지 일정지분을 월임대료로 산정하여 지불하는 제도이다.

보증금은 통상 일 년분의 월임대료 합계금액 중 약 50% 정도를 보증금으로 산정하는 것이 통상적인 배분방법이겠으나 지역마다, 건물마다 사정에 따라 차이가 있다.

보증금부 월세제도에서 언급되는 보증금은 월세(월임대료)의 지불을 담보하고 임대료 미지급시 임대료에 충당하는 기능을 가지고 있다.

임대료는 민법의 규정에 따르며, 반드시 현금으로 할 필요는 없으나(미곡・과일 등 재산적 가치가 있는 재화로 대체 가능함) 건물 임대시장에서는 임대료를 현금으로 지불하도록 관습상 강요되고 있다. 임대료의 지불일자는 특별한 경우를 제외하고는 매월 말일을 기준으로 후불제로 하고 있다. 지불방법은 지참채무방식을 주로 사용하고 있으나 오늘날에는 전산입금방식이나 은행구좌를 통하여 입금처리하고 있다. 연체요율은 통상 연체일수 기준으로 통상 19%로 하고 있으나 첫 달 연체요율은 연체금액의 5%, 다음 달부터 2%로 고지하다가 3개월 연체시 해지통지하는 경우도 있다. 연체요율은 각 건물자산 임대조건과 사정에 따라 다소 차이가 있다.

나) 무보증금부 월세방식

보증금 없이 매달 지정된 날짜에 월세만 선불로 지불하는 방식이다.

통상 비정상적인 임대목적물이거나 목적물을 임시 사용하거나 단기간(6개월 미만) 임대시에 주로 사용되는 방법이다. 대구지방의 도지세나 서울지방의 깔세도 이 방식과 비슷하나 다만 1년분의 월세를 미리 예치하고 매월 정한 금액을 임대료로 감하는 방식이므로 무보증금 월세제도에서 월임대료를 매월마다 선불하는 것과 차이가 있다.

미국이나 일본에서 사용되고 있는 하우징 렌털 방식에서 3개월분의 월세(임대료)를 선납하고 매월 임대료를 지불하는 방식과도 유사하나 무보증금부 월세제도가 해당월의 차임을 선불하는 데 비하여 미국·일본 등의 하우징 렌털 제도에서는 3개월분 또는 6개월분의 차임을 선납으로 지불하므로 차이가 있다.

다) 전세방식

전세방식이란 임대차방법 중에서 계약기간 임대료 전부를 기대이자나 임대수익을 곱하여 산출된 금액 전부를 임대보증금으로 예치하고 월 임대료를 납부하지 아니하는 임대방법이다.

전세방식은 물권법에서 말하는 전세권과는 상이하다.

물권법에서 규정하고 있는 전세권은 채권이 아닌 물권으로서 용익물권이면서도 담보물권의 성질을 동시에 가지고 있는 용익물권으로 우리나라에만 존재하는 독특한 물권계약방식이다. 전세권이 미등기 전세방식과 다른 점은 전자는 물권계약이나 후자는 채권계약이라는 점에서 상이하다.

그러나 전세보증금 전부를 임대인에게 계약시에 예치하는 것은 동일하다. 그러나 채권의 성질을 가지고 있는 전세방식에서는 임대인의 동의를 받아 임차권 등기를 하는 경우와 임대목적물이 주택인 경우 주택 임대차계약을 체결하고 이사를 한 후 전입신고 익일부터는 채권적 주택전세권이 되어 물권의 지위와 비슷한 우선보호를 받게 된다.

앞에서 이미 언급한 바와 같이 전세권은 미등기전세방식에서 보았듯이 전세보증금을 일괄 지급하는 점에서는 상호 동일하나 물권이므로 채권인 미등기전세방식의 임대차와는 크게 다른 점이 있다. 전세는 미등기전세 또는 채권적 전세라 부르기도 한다.

전세권에 관하여 설명하면 다음과 같다.

라) 전세권 방식

전세권 방식은 채권적 전세와 계약체결과 보증금 일괄납부 등은 동일하나 전자가 채권계약인데 반하여 후자인 후자인 전세권 방식은 먼저 채권계약을 한 후 물권적 합의(전세권 등기설정 합의)를 하고, 이를 근거로 전세권 설정등기를 임대목적물 소유권 위에 등기하고 임대목적물을 사용수익하는 임대방식이다.

전세권은 물권이므로 임대인이 임대기간 만료시 보증금을 반환하지 않을 경우 임차인은 경매신청할 수 있으며, 경락대금으로부터 우선 보호를 받을 수 있는 임대방식이다.

전세권은 물권적 전세방식이라 할 수 있으며, 주요 내용은 다음과 같다.

① 전세권은 물권이다.

② 전세권은 물권적 합의와 전세권 설정등기로서 효력을 갖는다.

③ 전세권은 임대인의 동의없이 전대 또는 양도가 가능하다.

④ 전세권은 전세권을 가지고 담보제공이 가능하고 금융이용의 수단이 된다.

⑤ 목적물이 위치하는 곳에 주소를 이전할 필요가 없다.

⑥ 임대목적물의 경매시 경락대금으로부터 우선적으로 보호를 받을 수 있다.

⑦ 일반 임대차의 최장기간이 20년이나 전세권의 최장기간은 10년으로 제한되어 있다.

⑧ 최단기간 역시 일반 임대차는 법률의 규정이 없으나(단 주택은 2년, 상가건물자산임대차보호법의 적용을 받는 상가건물은 1년), 전세권은 1년(건물)으로 규정되어 있다.

⑨ 전세권자는 경매청구권이 있고, 우선 변제받을 수 있는 권리가 있다.

⑩ 전세권제도는 우리나라에만 있는 특수한 제도이다.

⑪ 전세권은 타인의 부동산(건물)에 대한 권리이다.

2) 주택 임대제도

주택 임대차와 일반건물 임대차를 구별하는 목적은 주택임대차보호법의 규정 때문이다. 주택임대차보호법의 목적은 주택임차인을 보호하는 데 있고, 임차인 보호를 위하여 조건을 갖추는 경우 대항력이 생기므로 임차인은 등기없이 물권과 같은 보호를 받을 수도 있으며, 확정일자를 받고, 주소를 유지하는 경우 순위보존이 되어 경락대금으로부터 우선보호를 받을 수도 있으며, 주택임차권이 선택적 권리가 될 경우 최우선보호를 받게 되는 특징이 있다.

주택 임대차방식에서도 일반건물 임대차제도에서와 같이 ① 보증금부 월세방식, ②

무보증금부 월세방식, ③ 전세방식, ④ 전세권방식, ⑤ 도지세방식 등이 있다.

다만 임대차 대상이 주택이라는 점에서, 그리고 최단기간이 2년으로 규정(주택임대차보호법)되어 있는 점에서 또한 우선보호 대상이 되며 소액임차보증금 최우선보호라는 측면에서 일반건물 임대차와 차이가 있다.

경북 대구지방에서 널리 사용되는 도지세 방식이란 건물자산임대 방식으로서 1년의 임대료 전부를 임대차 계약시에 임대인에게 보관하고 월임대료를 매월 정리하는 방법으로 임대 종료시에 임대 보증금 전부가 임대인에게 귀속되는 주택임대방식이다.

임대료를 3개월, 6개월 단위로 하는 일본·미국 등의 하우징 렌털 방식과 비슷하나 임대기간의 전체 임대료를 예치하는 점에서 차이점이 있다.

그러나 서울지방의 임대목적물이 토지인 경우에 널리 사용되는 깔세 임대방식과는 동일하나 임대목적물이 도지세는 주택(건물)이 임대대상이나 깔세는 나대지(토지)라는 점에서 차이가 있다. 임대기간 역시 도지세 방식에서는 통상 1년으로 되어 있으나 깔세 방식에서는 임대기간이 통상 2년 이상으로 되어 있는 점에서도 차이가 있다.

3) 상가건물 임대제도

상가건물[보증금이 일정기준 이하의 상가건물(예 서울지역 임차보증금(환산보증금 포함)이 2억4천만원 이하 상가건물]의 임대차제도 역시 일반건물 임대차제도와 유사하나 대상과 내용이 다소 상이하다. 이상과 같은 임대차제도와 임대방식을 비교하여 정리하면 <표 2-1>과 같다.

<표 2-1> 임대제도 비교

임대제도와 임대방식	임대 목적물	목적물 소유형태	임대기간	권리설정	보호방법	임대료관리비납부형태		
						보증금	월세	관리비
(1) 일반건물 임대제도								
①보증금부 월세방식	건물 (부동산)	본인소유	최장20년 최단규정 없음	채권	원칙적으로 없음 (임차권은 등기하는 경우 우선보호 받을 수 있음)	O	O	O
②무보증금부 월세방식		타인소유				×	O	O
③전세방식(채권적전세, 미등기전세)						O	×	O
④전세권방식(등기전세)	토지(농경지는 원칙적으로 제외) 건물	본인소유	최장10년 최단1년 (건물)	물권	경매신청권 우선보호권	O	×	O

임대제도와 임대방식	임대 목적물	목적물 소유형태	임대기간	권리설정	보호방법	임대료관리비납부형태		
						보증금	월세	관리비
(2) 주택임대제도 ①보증금부 월세방식 ②무보증금부 월세방식 ③전세방식(미등기전세) ④도지세방식 ⑤전세권방식(등기전세)	건물 중 주택	본인소유 타인소유	최장20년 최단2년	채권이나 조건 갖추면 물권대우 물권우선보호	①순위해당 경우 우선보호(확정일자) ②조건을 갖춘 경우 소액임차보증금 최우선보호 ③후순위보다 우선보호	O × O O O	O O × × ×	O O O O O
(3) 상가건물 임대제도 ①보증금부 월세방식 ②전세방식(미등기전세) ③무보증금부 월세방식 ④수입비율 임대방식 (백화점 쇼핑몰) ⑤전세권방식	상가건물(임대차 보증금 일정조건 이하 상가) 예 서울지역 2억4천만원 이하 보증금 해당 상가건물	본인소유 타인소유 본인소유	최장20년 최단1년 (5년보장) 최장1년 최단1월 최단1년	채권이나 일정조건 갖추는 경우 물권 대우	관할세무서 확정일자 경매시 권리신고 우선보호 소액임차보증금 우선보호 우선보호	O O × × O	O × O O ×	O O O × O

(2) 미국의 건물임대차 제도방식

자산관리제도의 선진국인 미국의 경우 건물 임대방식은 우리나라의 임대방식과는 매우 상이한 제도를 사용하고 있다. 미국 임대방식의 특이한 점은 임대부동산(자산)을 임대할 때 임대인이 임대료를 받는 조건으로 임대대상건물의 관리비나 보험료 등을 부담하는 점과 임대대상 건물자산이 주거용 건물인 경우 대부분의 생활도구나 그릇, 집기 비품 등을 갖추어 임대한다는 점이 우리나라의 경우와 차이가 있다.

임대에 관한 구체적 이해를 돕기 위하여 미국의 임대방식을 소개하면 다음과 같다.

1) 임대기간 기준에 의한 임대방식

임대기간을 기준으로 임대하는 방식에는 다음과 같은 임대방식이 있다.

가) 확정기 임대차방식

임대기간의 개시일과 만료일이 계약기간으로 확실하게 정해지는 계약방식이다.

미국에서는 이와 같은 계약방식을 estate for years라 한다. 이와 같은 임대차방식은 임대차 계약당사자가 누구도 계약기간종결에 대하여 통지할 의무가 없으며 계약기간 만료시 임차인은 임차목적물을 임대인에게 원상회복하여 명도해 주어야 한다.

이와 같은 임대차방식의 임차권은 계약당사자가 사용해도 상실되지 아니하며 상속이 가능하다.

나) 기간 임대차방식

기간 임대차방식은 계약이나 관계법령에 의해서도 성립할 수 있는 계약방식으로 미국에서는 estate from period to period라 한다.

기간 임대차방식은 계약기간 만료 전에 통보하지 않는 한 그 기간만큼 자동연장되는 특징이 있다. 이 경우 임대계약기간은 주간, 월간, 연간으로 계속되며, 사전통지의무는 1주일 전 또는 6개월 전으로 정해져 있다.

이와 같은 계약의 효력은 계약당사자의 사망으로 인해서도 종결되지 않으며 주로 주거용건물일 때에 사용된다.

다) 합의 임대차방식

합의 임대차방식은 계약당사자가 합의하는 기간만큼만 임대차가 유효한 계약방식으로 미국에서는 이를 tenancy at will이라 한다. 이 계약은 정확한 계약기간이 정해져 있지 않으며 해지나 해제시 사전통지하도록 요구하고 있다.

라) 묵시 임대차방식

임대기간의 종료 후 명도가 지연되는 경우 임대인의 묵시에 의하여 진행되는 임대차방식으로 미국에서는 이를 tenancy at sufferance라 한다. 이 방식은 임대인의 법적 대응을 하거나 임차인 스스로 명도할 때까지 진행된다.

2) 임대료 지급방법에 의한 임대방식

가) 그로스 임대방식(gross lease)

임차인은 확정된 임대료를 고정된 날에 지급하고 임대인은 관리비 · 보험료 · 광열비 등 자산관리비용을 지원하는 임대방식이다. 주거용건물에 널리 사용되고 있다.

나) 네트 임대방식(net lease)

임차인은 약정한 임대료 외에 자산관리비용의 일부나 전부를 지원하는 방식으로 이에는 net방식, net-net방식 그리고 triple net방식 등이 있다.

① net 임대방식

임차인이 임대료 외에 광열비, 부동산관련세금 등을 지불하는 임대방식이다.

② net-net 임대방식

위의 net방식의 지불항목 외에 보험료를 추가로 지불하는 임대방식이다.

③ triple net 임대방식

net-net 지급조건 외에 합의에 따라 수리비용까지 임차인이 부담하는 임대차계약 방식이다.

다) 오버리지(퍼센티지) 임대방식[overage(percentage) lease]

매출비율 임대방식 또는 percentage lease방식이라고 한다.

임대료지급방식은 약정기본임대료 외에 매출비율에 따라 추가로 임대료를 납부하는 임대방식이다. 매월말 계산하거나 연말에 정산한다. 주로 쇼핑몰이나 백화점, 소매점포 등에서 활용되고 있다.

제2절 임대료 산정방법

1. 임대료의 의의

건물의 임대료는 좁은 의미의 임대료와 넓은 의미의 임대료로 구분된다. 전자는 보증금(이자)과 월임대료만을 의미하며, 후자는 보증금과 월임대료 그리고 관리비, 사용료 등을 모두 포함하는 개념이다.

임대료 산정은 부동산 감정평가방식으로부터 출발해야 한다. 부동산 감정평가방식에는 비용성 · 시장성 · 수익성 등 3가지 측면을 고려하여 비용성에 기초하는 원가방식과 시장성에 기초하는 비교방식, 그리고 수익성에 기초하는 수익방식이 있다.

원가방식이란 어느 정도의 비용을 투입하여 건물을 만들 것인가의 비용성에 기초를 두고 당해 부동산의 완성에 소요되는 원가에 착안하여 그 가격과 임대료를 구하는 방식을 의미한다.

비교방식은 시장에서 어느 정도의 가격으로 거래되는가의 시장성에 기초하여 부동산 거래사례의 비교에 착안하여 가격과 임대료를 구하는 방식이다.

마지막으로 수익방식은 당해 부동산을 이용하여 얼마의 수익을 얻을 수 있는가의 수익성에 기초하여 부동산으로부터 발생될 수 있는 수익에 착안하여 가격과 임대료를 구하는 방법이다.

2. 임대료 산정방법

임대료 산정방법에는 부동산 감정평가방식에 따라 원가방식에 의한 적산법, 비교방식에 의한 임대사례 비교법, 수익방식에 의한 수익분석법 등 3가지가 있다.

이를 분설하면 다음과 같다.

(1) 적산법

1) 의 의

적산법이라 함은 부동산 감정평가방식의 하나인 원가방식에 기초한 임대료 산정방법으로서 가격시점에서 대상물건의 가격을 기초가격에 기대이율로 곱하여 산정한 금액에 대상 건물을 계속하여 임대하는 데 필요한 경비를 가산하여 임대료를 산출하는 방식이다.

2) 내 용

여기서 기초가격이라 함은 적산법에 의한 임대료를 계산하는 데 기초가 되는 가격으로서 임대료의 가격시점에 대상 부동산(목적 부동산)이 가지고 있는 원본 가치를 의미한다.

예를 들면 완성된 건물의 가격이 토지 80억, 건물 120억인 경우 200억이 기초가격이 된다. 기대이율은 임대에 제공되는 물건을 취득하는 데 투입한 일정한 금액의 자본에 대하여 기대되는 임대수익 비율이다. 대체로 기대이율은 15%를 적용하는 경우가 일반적이다.

필요제경비의 내용은 임대대상 건물을 유지하는 데 필요한 경비를 임대료산정에 고려해야 하는바, 여기서는 건물 감가상각비, 유지관리비, 제세공과금, 손해보험료, 결손준비금 공식에 따른 손실상당액 등이 포함된다.

건물 감가상각비는 국세청의 당해 건물과 설비의 법정 내용연수를 참고해야 하며, 유지관리비는 관리예산을 참고하여 산출해야 한다.

(2) 적산임대료 산출공식

적산법에 의한 임대료 산출공식은 다음과 같다.

(기초가격＋기대이율)＋필요경비＝연 임대료

※ 참고 : ① 기대이율＝15%(예)
② 필요제경비＝감가상각비＋유지관리비
③ 기초가격＝예시하면 200억(건물 120억, 토지 80억)

(3) 임대사례 비교법

1) 의 의

임대사례 비교법이라 함은 부동산 감정평가방법인 비교방식에 기초하여 임대료를 구하는 방법으로서 대상건물과 유사성이나 동일성이 있는 인근지역의 다른 건물의 임대사례와 비교하여 대상건물에 맞게 사정보정과 시점수정을 가하여 임대료를 산출하는 방법을 의미한다.

2) 내 용

가) 사정보정

수집된 건물의 임대사례에 거래 상대방의 특수한 사정이나 개별적인 동기가 개입되어 있거나 시장사정 등의 원인으로 그 건물의 임대료가 적정하지 못할 경우에는 사정보정을 통하여 정상 임대료수준으로 정정할 필요성이 있는데 이를 사정보정이라 한다.

나) 시점수정

선택된 건물의 임대사례 자료에서 얻어진 임대료는 대상건물의 가격시점과 시차가 발생되는 경우에 시점수정을 통하여 사례 임대료를 가격시점의 임대료 수준으로 수정해야 하는데 이를 시점수정이라 한다.

다) 개별요인과 지역요인 분석

건물의 거래사례가 유사지역에 위치하는 경우는 개별요인과 지역요인을 동시에 비교하여 격차를 판단해야 한다. 건물 거래사례가 인근지역에 맞는 경우 지역요인은 같다고 할 수 있으므로 지역요인 분석은 생략하고 개별적 요인만 비교작업에 고려하면 된다.

3) 임대사례 비교법의 임대료 산출공식

임대사례 비교법에 의한 임대료 산출공식은 다음과 같다.

- 비교임대료＝사례임대료×사정보정치×시점수정치×지역요인비교치×개별요인×비교치×면적비교치

(4) 수익분석법

1) 의 의

수익분석법이란 부동산 감정평가방법의 하나인 수익방식에 기초하여 임대료를 구하는 방법으로 일반 기업경영에 의하여 산출되는 총수익을 분석한 후 대상건물로부터 일정한

기간에 산출될 것으로 기대되는 순이익을 구한 다음 대상건물을 계속해서 임대하는 데 필요한 제경비를 가산해서 대상건물의 임대료를 산정하는 방법을 의미한다.

2) 내 용

수익순임대료는 통산 1년을 단위로 산정되며, 연간 순수익에 일반관리비, 판매비매출액, 정상 운전자금의 이자상당액과 기타 공제해야 할 공제금액을 공제해야 한다.

수익임대료는 수익순임대료에 임대료가 포함되어지는 필요제경비, 즉 이를테면 조세공과금, 유지관리비, 감가상각비, 손해보험료, 결손준비금, 공실손실상당액을 가산하여 임대료를 구해야 한다.

3) 수익분석법의 임대료 산출공식

수익분석법에 의한 임대료 산출공식은 다음과 같다.

• 수익임대료＝수익순임대료＋필요제경비

제3절 관리비 산정방법

1. 일반건물 관리비 산정방법

(1) 관리비의 의의

관리비라 함은 건물을 사용하거나 점유한 자가 필요로 하는 건물의 기능 및 사용상의 편리를 위하여 제공되는 관리용역비, 에너지 사용료, 청소비, 쓰레기 수거비, 경비비 그리고 일반관리비 등에 대하여 지불되는 비용을 말한다. 다시 말하면 사용자나 점유자가 요구하는 안전성・편리성・쾌적성・보건성 등의 건물기능에 대한 보상적 성격을 가지고 있는 비용을 의미한다. 또한 건물관리비는 건물관리자의 무형의 관리 서비스에 대한 비용이라고도 할 수 있다. 관리대상건물을 직영관리(자치관리)하는 경우는 관리비의 성격이 유지비의 성격을 띠게 되나 관리대상건물이 수익성 건물인 경우에는 추상적인 관리 서비스 제공에 대한 대가성의 성격을 띠게 된다. 결론적으로 건물관리비란 건물을 유지・관리하는 데 필요하거나 소요되는 총비용을 의미한다.

또한 양질의 관리 서비스를 요구하는 입주자나 점유자는 그에 상응하는 관리비 납부를 원하고 있으나 그 양질의 기준을 임대인과 임차인 사이에 객관적으로 정하기는 쉽지 아니하므로 관리비의 적정 여부가 항상 분쟁의 대상이 된다.

임대건물의 관리는 입주자 스스로 할 수 없기 때문에 부득이 소유자체에 의하여 관리업무가 대행 형태로 운영되고 있다. 그러나 공동주택인 아파트나 집합건물인 오피스텔의 경우 구분소유자들에 의하여 구성된 관리자치기구나 관리단에 의하여 관리대상건물을 관리하게 되는데 이 경우에는 관리비의 성격이 유지 쪽에 비중을 두게 된다.

건물관리비는 넓은 의미의 임대료 범주에 포함되나 좁은 의미의 임대료에는 제외되는 것이므로 반드시 적정한 관리비 산정이 요구된다.

(2) 건물관리비의 분류

건물관리비의 분류는 관리비 성격에 의한 분류, 사용면적에 의한 분류, 관리비 징수방법에 의하여 다음과 같이 분류된다.

1) 관리비 성격에 의한 분류

가) 직접관리비

건물관리에 직접 사용되는 관리비를 말한다. 건물의 유지관리에 있어서 소요되는 에너지 사용료, 인건비, 용역비, 재료비, 원료비 등을 말한다.

나) 간접관리비

건물유지관리에 간접적으로 필요로 하는 관리비용을 말한다. 예컨대 제세공과금, 보험료, 특별수선충당금, 회의비용, 광고비, 사무용품비 등이 이에 해당된다.

2) 건물사용면적에 의한 분류

가) 전용관리비

건물(특히 공동주택) 사용자(임차인, 테넌트)가 건물을 사용함에 있어서 독립적으로 사용하는 면적에 발생되는 관리비용을 말한다. 예컨대 독립적으로 사용하는 면적의 수도요금, 가스요금, 전기요금 등이 이 범주에 해당된다.

나) 공용관리비

공동주택과 같이 구분소유자가 공동소유형태의 공유면적이나 공동시설 등의 관리에 소요되는 유지관리비용을 말한다. 예컨대 공동전기료, E/L 유지보수비, 공동수도료 등이 이 범주에 해당된다.

3) 관리비 징수방법에 의한 분류

관리비 징수방법에 의한 관리비의 종류에는 고정관리비, 실비관리비, 혼합관리비 등으로 분류된다.

이를 분설하면 다음과 같다.

가) 고정관리비

고정관리비란 연간 건물관리비의 지출비용을 예상하여 관리비 총액을 미리 산정한 후 건물의 연면적으로 나누어 평당 관리비를 산정하고 사용면적을 곱하여 납부관리비를 확정한 후 사용자에게 부과징수하는 관리비를 말한다. 따라서 연중물가 변동요인이 발생하더라도 변동없이 고정하여 부과징수하므로 정액제관리비라고도 한다.

고정관리비 징수방법은 전술한 바와 같이 연간 관리비 총액에 연건평을 나누어 평당 관리비를 산정하고 이를 임차인(테넌트)에게 임차면적에 곱하여 나타난 금액에 부과세 10%를 추가하여 부과징수하게 된다.

건물관리비산정시 관리대상건물의 시설 수준과 인근 경쟁 대상건물의 관리비 수준을 고려하여 책정해야 한다.

고정관리비의 적용 대상건물에는 개방검침이 곤란한 빌딩이나 업무용빌딩(오피스용도빌딩) 등에 적용된다. 서울의 경우 대부분의 오피스빌딩이 이에 해당된다. 따라서 관리비 종류 중 가장 많이 사용되고 있는 관리비 부과징수방법이라 할 수 있다.

고정관리비의 장·단점은 다음과 같다.

① 장 점

- 매월 동일방법으로 관리비를 부과징수하므로 관리비 관련 업무가 단순하고 용이하다.
- 최소인원으로 관리비 처리가 가능하다.
- 관리비 부과징수에 관한 테넌트(입주자, 임차인)의 불만이나 민원 발생이 줄어든다.
- 관리주체 및 입주사 공히 연간 관리비 예산편성이 쉬워진다.
- 관리비의 선청구와 선입금이 가능하여 관리주체의 관리비 자금부담이 줄어든다.
- 물가상승이나 관리비 인상요인에 관계없이 입주사의 관리비는 동일하므로 부담이 일정하다(단, 관리계약서에 물가상승률 반영조건시 예외임).

② 단 점

- 관리주체는 계절적 요인(여름, 겨울)으로 인한 관리비 상승에도 추가관리비를 인상할 수 없다. 따라서 계절적으로 추가적으로 관리비 자금부담이 발생한

다.

- 입주사의 사정에 관계없이 산정된 평당금액으로 관리비를 부과하므로 입주사는 불평등하게 된다.
- 관리비 절감의 혜택이 입주사에게 돌아가지 아니한다.
- 관리비 사용내역을 입주사의 요청시 합리적인 근거자료 제출의 어려움이 있다.
- 관리비의 증감에 관계없이 동일한 관리서비스 제공으로 입주사가 손해보는 경우가 있다.

나) 실비관리비

실비관리비란 다른 말로 실비정산제 관리비라고도 하며, 관리기간 매월 말일까지 발생된 관리비 총금액을 각각 해당 입주사(테넌트)별로 실제 사용량과 면적으로 계산하여 부과징수하는 관리비를 말한다.

관리비 산정방법은 항목별로 발생된 비용을 면적 구분이 가능한 항목은 면적으로 계산하고, 검침이 가능한 항목은 사용량만큼 해당 입주사에 부과징수하면 된다.

실비정산제 관리비에 대한 부과방법은 대체로 다음과 같다.

① 검침 가능한 개별사용량

－가스료・전기료・수도료・층별 투입인원 총액÷총사용량＝사용단가

－사용단가＋세대별 사용량＝입주자별 부과관리비

② 검침 불가능한 면적

－인건비・일반관리비・수선유지비・공용에너지비용・특별수선충당금・용역비・도급비와 같이 공동사용하는 비용 중 면적으로 구분이 가능한 비용 총액÷총면적＝평당단가

－평당단가×사용면적(임대면적)＝입주자별 부과관리비

③ 사용 수혜자 부담

입주자 개별요청에 의해 발생된 관리비용은 수혜입주자가 별도 부담

④ 잡수입의 계산

－주차장・자판기 등의 잡수입은 총액 ÷ 총면적＝평당 공제단가

－부과면적 평당 금액－평당 공제단가＝관리비 부과단가

－관리비 부과단가×면적＝청구관리비

실비관리비의 부과 일정은 다음과 같이 처리하면 편리하나 관리대상 건물의 사정에 따라 융통성있게 처리하면 된다.

① 전월 1일에서 말일까지 인건비나 수도광열비 등을 각 항목별로 개별 취합하고
② 전월 말일에서 금월 초일에 세대별(입주사별) 검침량을 일제히 조사하고 입력해야 하며
③ 당월 2일에서 10일 사이에 관리비 부과내역서 작성, 부과내역 내부결재 및 전산입력하고 고지서 · 세금계산서 또는 계산서 등을 출력하여 개별 발송해야 하며
④ 입금확인 및 당월 미수에 대하여 20일에 일제히 확인하고
⑤ 당월 21일자로 미수관리비 독촉장을 개별 발송한 후 개별사후 관리한다.

실비관리비 적용대상 건물에는 대형상가나 개별 검침이 가능한 대형 집합건물 및 아파트 · 분양건물 등이 있다.

실비관리비의 장 · 단점은 다음과 같다.

① 장 점

- 사용면적과 사용량에 따라 청구하므로 입주사의 부당청구에 의한 손해가 없다.
- 관리비 청구 근거가 확실하고 투명하다.
- 입주사는 스스로 관리비 에너지 절약의 노력을 하게 된다.
- 임대인과 임차인 사이에 관리비에 대한 신뢰가 증대된다.
- 차년도 관리비 예산산정이 용이하게 된다.
- 관리비 청구 시스템 도입시 관리비 청구 등의 시간이 절약된다.

② 단 점

- 계절적으로 관리비가 상승되어 입주자가 상승된(여름 전기료, 겨울 가스료) 에너지 비용을 추가로 부담하게 된다.
- 관리비 사용 금액과 사용료 매월 말일 기준으로 확인하므로 관리비 청구와 납부가 늦어진다(통상 익월 10일 청구, 20일 납부).
- 납부의 지연으로 세금계산서 등 행정처리의 어려움이 있다.
- 관리비의 보증금을 미리 별도로 징수하므로 입주사의 추가 부담이 생긴다.
- 에너지 검침을 위한 별도 설비 설치로 임대인 추가부담이 발생한다.
- 매월 상이한 관리비 청구로 민원의 소지가 증대되고 분쟁이 자주 생긴다.
- 입주사의 관리비 예산 책정은 매월 다른 관리비 내역으로 인하여 어려움이 생긴다.

다) 혼합관리비

건물의 관리비 산정에 있어서 일부항목은 고정관리비로 적용하고 검침 가능 또는 변동이 있을 수 있는 관리항목은 추가로 계산하여 관리비를 부과징수하는 관리비를 혼합관리비라고 한다.

다시 말하면 일반관리 항목에는 고정관리비를 적용하고 전기·수도·가스 등 검침이 가능한 것은 실비관리비 방법을 적용하여 사용량만큼 해당 입주자에게 부과하여 징수하는 관리비로서 고정관리비 단점의 하나인 사용자 고정부담 원칙을 보완, 실제 사용부분에 적용하는 관리비를 말한다. 적용대상건물은 대형 빌딩의 아케이드에 주로 적용된다.

혼합관리비의 장·단점은 고정관리비와 실비관리비의 장·단점을 참고하기 바란다.

(3) 관리비의 내역

건물의 용도와 관리비의 성격에 따라 관리비 내역이 조금씩 차이가 있을 수 있으나 일반 임대용 건물을 기준하여 관리비 내역을 기술하면 다음과 같다.

① 관리종사자 인건비 등의 일반관리비
② 전기·수도·가스 등의 사용료
③ 제세공과금
④ 냉난방비 및 급탕료
⑤ 전기설비, 냉난방설비, 위생설비, 이동설비, 통신설비, 방재설비 등 유지보수비 및 검사비
⑥ 자재비·원료비·소모품비·비품비·사무용품비
⑦ 조경시설 관리비
⑧ 보험료
⑨ 수선유지비(임차인 부담분)
⑩ 청소비·소독비·오물수거비
⑪ 위탁관리시 위탁수수료 및 용역비
⑫ 기타 관리항목에 관계된 제비용

(4) 적정 관리비 부과징수

수익성 건물임대에 있어서 적정한 관리비를 산정하고 이를 부과징수하는 문제는 단순한 업무가 아니며, 또한 쉬운 문제가 아니다. 왜냐하면 전기·수도·가스 같은 에너지 사용료는 직접 눈으로 확인할 수 있는 사항이나, 건물관리 업무는 대부분 눈에 보이지 않는 추상적이고 무형의 관리 서비스에 대한 보상적 성격을 가지고 있으므로 임차인의

입장에서 볼 때 언제나 임대인이 부과하는 관리비가 과도한 관리비로 인식되기 쉽기 때문이다.

이와 같은 관리비 과다징수에 대한 불만 표출은 임대인과 임차인 사이에 항상 존재하는 이해관계가 서로 상반되고 있기 때문이며, 입주자(임차인)는 항상 입주한 건물로부터 양질의 관리 서비스와 쾌적성・안정성・편리성・보건성과 같은 양질의 건물기능을 얻고자 하기 때문이다. 이와 같은 관리상의 분쟁을 미연에 방지하기 위하여 임대인과 임차인이 입주 계약시에 관리대행 계약을 동시에 맺게 되지만 입주하고 있는 동안 관리서비스의 질에 대하여 계속적으로 분쟁이 발생하게 된다.

따라서 임대인(관리자)은 인근 지역의 유사한 건물의 관리비를 조사하여 관리비가 과다 책정되지 않도록 비교해야 하고, 관리대행 계약시에 관리비 내역의 종류와 관리 서비스의 질에 대하여 상호 합의를 하도록 해야 한다.

또한 관리 계약시에 관리비 종류를 분명히 해야 하며 적정한 관리비의 기준과 금액을 정하여 관리대행 계약서에 서명 날인하고, 후일에 관리비 집행내역에 대한 공개요구가 있을 시 이를 공개할 수 있도록 관리내역마다 증빙서류를 항상 비치해야 한다. 관리비는 좁은 의미의 임대료에 해당되지 않기 때문에 과다 책정과 부과징수는 법률적 분쟁으로 확대될 가능성이 있으므로 세심한 주의를 요하는 관리항목이다(경우에 따라 형법상 횡령에 해당될 수 있음).

실비관리비를 채택하고 있는 공동주택의 경우는 관리비 과다 징수는 전혀 발생될 수 없으나 고정관리비나 혼합관리비만 관리비 과다 문제가 발생된다. 일반건물의 관리비 산정내역은 현재로서 가장 체계적이고 모든 관리비의 구성요소가 포함된 것으로 보이는 공동주택 관리비 산정내역을 참고하는 것이 타당하나 각 건물의 규모와 설비 및 사정에 따라 다소 가감하는 것이 바람직해 보인다.

2. 공동주택 관리비 산정방법

(1) 공동주택 관리비의 개념

일반건물이나 공동주택을 관리하는 관리자는 관리대상 건물의 관리에 관한 비용을 미리 산출하고 그 필요경비를 조달할 방안을 수립해야 한다. 공동주택의 경우 구분소유자가 전용부분과 공용부분, 기타 주거목적 외의 부대시설 등 이용시설에 대한 유지관리를 위하여 의무적으로 부담하는 비용을 관리비라 한다. 또한 관리비란 관리주체나 관리종사자들의 관리서비스에 대한 대가의 의미도 가지고 있다.

일반건물에 있어서도 전용부분 사용자가 건물을 이용함에 있어서 그 편의시설을 직접

관리운영을 감당할 수 없으므로 건물소유자와 임대차계약을 체결할 때 동시에 관리에 관한 계약을 별도로 체결하여 건물관리를 위임하게 되고, 이 위임관리계약에 근거하여 직접관리비와 간접관리비를 함께 부담하게 되는데 이와 같은 관리부담금이 일반건물의 관리비이다.

유의해야 할 점은 공동주택 관리에서는 실제로 투입되는 필요비용만이 구분소유자가 부담하기 때문에 관리주체가 추가비용에 관하여 책임이 없는 반면(실비관리비제이기 때문) 일반건물의 관리비는 고정관리비의 성격을 가지고 있으므로 부족한 경우 관리주체가 책임을 져야 하는 점이다.

다시 말해서 관리비란 공동주택의 경우 공용시설, 주거의 편익에 제공되는 공유시설물 등의 유지보수, 공용공간의 청소, 경비 등의 인건비, 수선유지비, 난방비, 급탕비, 승강기유지비를 포함한 제경비를 의미한다.

(2) 공동주택 관리비의 종류

일반건물에 있어서는 고정관리비, 실비관리비, 혼합관리비 등으로 분류된다. 그러나 공동주택에 있어서는 공용관리비와 전용관리비로 구분된다. 또한 공동주택 관리비는 직접관리비와 간접관리비로 구분된다.

직접관리비라 함은 건물관리에 직접 사용되는 전기나 냉난방의 재료비, 수도사용 경비나 엘리베이터의 유지에 직접 사용되는 직접경비를 의미하고, 간접관리비란 이러한 시설을 작동하고 유지·보수하는 데 필요한 인건비·용역비·공과금 등을 의미한다.

공용관리비란 공동주택에 있어서 공용부분과 그 단지와 부대시설 등의 유지관리에 필요한 비용으로서 각 구분소유자가 공동으로 사용하는 것에 대한 비용을 말한다. 전용관리비란 사용자 또는 거주자개별용도의 계량기에 의하여 세대별로 사용량을 계량할 수 있거나 비용귀속이 분명한 비용을 말한다(예 수도·전기·가스 사용료 등). 일종의 사용료의 성격이 있는 비용을 말한다.

(3) 공동주택 관리비의 구성내역

관리비의 구성항목은 공동주택의 경우 기본항목과 예외항목으로 나누어진다.

1) 공동주택 관리비의 기본항목

공동주택의 관리비 기본항목은 다음과 같다.

① 일반관리비
② 청소비

③ 경비비
④ 소독비
⑤ 승강기유지비
⑥ 급탕비
⑦ 수선유지비(난방시설 청소비 포함)

2) 공동주택 관리비의 예외항목

공동주택의 관리비의 예외항목은 다음과 같다.

① 장기수선충당금
② 시특법상의 안전점검의 대가
③ 안전점검 비용, 안전진단 실시비용

3) 공동주택 사용료

공동주택 사용료는 관리비의 항목이 아닌 것으로서 입주자 본인이 사용한 에너지비용이나 공과잡비 등을 말하며 관리비 납부시에 관리주체가 징수자를 대행하여 부과징수하는 일종의 본인사용료이다.

공동전기료나 공동수도료 등은 입주자가 부담해야 하는 관리비의 일종이다. 입주자 부담사용료는 다음과 같다.

① 전기료
② 수도료
③ 가스사용료
④ 지역난방 방식인 공동주택 난방비와 급탕비
⑤ 정화조 오물수수료
⑥ 생활폐기물 수수료
⑦ 건물전체대상 보험료
⑧ 입주자 대표회의 운영비

(4) 공동주택 관리비 세부내역

1) 주택법시행령상의 관리비 세부내역(주택법시행령 제58조제1항)

공동주택관리비 세부내역은 <표 2-2>와 같다.

<표 2-2> 공동주택 관리비의 세부내역(제58조제1항 관련)

비 목	구 성 내 역
① 일반관리비	· 인건비 : 급여 · 제수당 · 상여금 · 퇴직금 및 산재보험료 · 고용보험료 · 국민연금 · 의료보험료 · 식대 등 복리후생비 · 제사무비 : 일반사무용품비, 도서인쇄비, 교통통신비 등 관리사무에 직접 소요되는 비용 · 제세공과금 : 관리기구가 사용한 전기료 · 전화료 · 우편료 및 관리기구에 부과되는 세금 등 · 피복비 · 교육훈련비 · 차량유지비 : 연료비 · 수리비 및 보험료 등 차량유지에 직접 소요되는 비용 · 그밖의 부대비용 : 관리용품 구입비, 회계감사비, 그밖에 관리업무에 소요되는 비용
② 청소비	용역시에는 용역금액, 직영시에는 청소원 인건비 · 피복비 및 청소용품비 등 청소에 직접 소요된 비용
③ 경비비	용역시에는 용역금액, 직영시에는 경비원 인건비 · 피복비 등 경비에 직접 소요된 비용
④ 소독비	용역시에는 용역금액, 직영시에는 소독용품비 등 소독에 직접 소요된 비용
⑤ 승강기유지비	용역시에는 용역금액, 직영시에는 제부대비 및 자재비 등. 다만, 전기료는 공동으로 사용되는 시설의 전기료에 포함한다.
⑥ 난방비	난방 및 급탕에 소요된 원가(유류대 · 동력전기료 · 난방 및 급탕용수비)에서 급탕비를 뺀 금액
⑦ 급탕비	급탕용 유류대 · 동력전기료 및 급탕용수비
⑧ 수선유지비	· 보수용역시에는 용역금액으로 하고, 직영시에는 자재 및 인건비 · 정화청소비 · 냉난방시설의 청소비 · 소화기충약비 · 옥상방수공사비 · 외부대장비 등 공동으로 이용하는 시설의 보수유지비 및 제반검사비

(5) 공동주택 관리비의 각 비목별 관리비 산출과 산출방법

공동주택 관리비 세부내역에 따라 공동주택 관리현장에 적용하여 해당 관리비내역을 산출하면 대체로 다음과 같다. 다만 각 현장의 규모 · 성격 · 사정 등에 따라 각 비목이 일정하게 적용되지 않으며, 비목별 관리비 산출내역은 <표 2-3>과 같다.

<표 2-3> 공동주택 관리비 세부내역과 비목별 관리비 산출내역(예)

항목 \ 구분		11월 발생금액	12월 발생금액	발생 차익 내역
일반관리비		7,929,200	7,644,300	
청소비		2,145,000	2,145,000	변동사항 없음
소독비		331,500	331,500	변동사항 없음
경비용역비		3,800,000	3,800,000	2003. 12월분 경비용역비
수선유지비		273,890	162,390	단지 수선비용으로 인하여 다소 변동 있음
보험료		77,720	77,720	2004. 5. 30까지 단지 보험료 (12개월 분할부과됨)
전기료	공동전기료	1,938,170	1,779,770	단지 내 공동전기 시설물, 가로등, 관리소, 마을회관, 지하주차장
전기료	승강기 전기료	528,514	555,024	3층 이상 승강기 사용 전기요금
전기료	동력 (급수)	778,890	834,690	상수도, 정화조 동력전기요금
전기료	기화기실 사용요금	10,480	16,880	신한가스 부담
전기료	MDF	86,386	80,937	한국통신 부담
사용료	세대전기료	10,621,190	13,867,000	세대별 전기사용 요금
사용료	TV수신료	850,000	850,000	장애인, 유공자 사용 50kW 미만 사용세대는 공제됨
사용료	세대수도료	3,625,860	3,724,380	2004. 1월부터 수도료 인상됨
사용료	유선방송비	495,000	495,000	세대 유선방송 공급요금 (공동계약, 부가세 포함)
사용료	주차관리비	570,000	570,000	1대 이상 차량보유 세대 관리비
승강기유지비		841,500	762,300	9대 승강기 정기점검 유지비
위탁관리수수료		331,580	331,580	변동사항 없음
전기안전대행료		440,000	440,000	단지 전기 정기점검 유지비
특별수선충당금		1,004,800	1,507,200	특별한 수선을 위한 충당금 (2004. 1월부터 시행, 평당 150만원)
정화조유지비		350,000	350,000	단지 정화조 정기점검 유지비
총 계		37,029,680	40,325,671	

1) 일반관리비 산출방법

① 인건비 산출방법

구 분	금 액	내 역
급 여	3,832,500	관리소장 외 3인 급여 지급
상여금	958,130	관리소장 외 3인 상여금 지급(급료 × 300% ÷ 12월)
월차수당	151,600	관리소장 외 3인 월차수당 지급
제수당	582,130	자격 및 직책수당, 보건수당, 연장수당 지급
계	5,524,360	

② 충당금 산출방법

구 분	금 액	내 역
연차충당금	126,300	(급여+상여금) ÷ 30 × 10 ÷ 12
퇴직충당금	470,000	(급여+상여금+연·월차+자격수당) ÷ 12
계	596,300	

③ 복리후생비 등 산출방법

구 분		금 액	내 역
복리후생비	중식보조비	200,000	관리소장 외 3인 식대비
	의료보험료	105,590	주민부담금(직원 4명)
	국민연금	230,850	주민부담금(직원 4명)
	산재보험료	82,840	994,030÷12회차 중 10회차 주민부담금
	고용보험료	54,440	860,360÷12회차 중 10회차 주민부담금 71,700－직원부담금(17,260)
	소계	673,720	
제경비	공기구비품 감가상각비	36,670	(사무실 컴퓨터 : 1,320,000)×1/36 : 25회차
	통신비	106,970	전화요금 및 우편발송
	교통비		
	사무용품비	11,140	A4규격 봉투, 1000판압핀, 컬러파일 구입 외 1건
	소모품비	111,000	염화칼슘 구입 외 8건

<table>
<tr><th colspan="2">구 분</th><th>금 액</th><th>내 역</th></tr>
<tr><td rowspan="7">제
경
비</td><td>지급수수료</td><td>120,050</td><td>(전기안전 점검검사 수수료 : 702,310)÷1/6
3회차 및 갑근세 수수료</td></tr>
<tr><td>판공비</td><td>100,000</td><td>소장 12월 판공비</td></tr>
<tr><td>입주자대표업무비</td><td>240,000</td><td>입주자 대표회의 12월 업무추진비</td></tr>
<tr><td>교육훈련비</td><td>10,000</td><td>경비원 직무교육비</td></tr>
<tr><td>잡비</td><td>84,090</td><td>컴퓨터 수리비 외 6건</td></tr>
<tr><td>도서인쇄비</td><td>30,000</td><td>12월분 관리비고지서 인쇄비</td></tr>
<tr><td>소계</td><td>849,920</td><td></td></tr>
<tr><td colspan="2">계</td><td>1,523,640</td><td></td></tr>
</table>

- 평형별 부과내역 :
  ①+②+③/총평수=평당단가 7,644,300÷10,048=760,80원/평
- 평형별 부과금액

평 형	평 단 가	세대금액	세 대 수	금 액	비 고
24	760.80	18,260	160	2,921,600	
32	760.80	24,350	194	4,723,900	
계			354	7,645,500	+1200

2) 청소비 산출방법

- 산출내역 : 2,145,000÷10,048=213.48원/평
- 용역업체 : 00회사
- 평형별 부과금액

평 형	평 단 가	세대금액	세 대 수	금 액	비 고
24	213,48	5,120	160	819,200	
32	213,48	6,830	194	1,325,020	
계			354	2,144,220	-780

3) 소독비 산출방법

- 산출내역 : 331,500÷10,048=33원/평

- 용역업체 : 00방역
- 평형별 부과금액

평 형	평 단 가	세대금액	세 대 수	금 액	비 고
24	33	790	160	126,400	
32	33	1,060	194	205,640	
계			354	332,040	+540

4) 수선유지비 산출방법

항 목		금 액	내 역
충당금	정화조청소비	70,760	850,000÷12 ; 12회차
	물탱크청소비	91,630	1,100,000÷12 ; 12회차
	계	162,390	

- 산출내역 : 162,390÷10,048=16.16원/평
- 평형별 부과금액

평 형	평 단 가	세대금액	세 대 수	금 액	비 고
24	16.16	390	160	62.400	
32	16.16	520	194	100.880	
계			354	163.280	+890

5) 보험료 부과방법

- 산출내역 : 932,600×1/12=77,720÷10,048=7.73원/평
- 평형별 부과금액

평 형	평 단 가	세대금액	세 대 수	금 액	비 고
24	7.73	190	160	30,400	
32	7.73	250	194	48,500	
계			354	78,900	+1,180

6) 전기요금 산출방법

전월 지침	금월 지침	지 차	배 율	총사용량(Kw/h)
823.46	1097.72	274.26	480	131.645

내 역	사용량(Kw/h)	집 행 금 액	부 과 금 액	비 고
공 동 전 기	18,977	1,779,770	1,779,750	-20
승 강 기	5,918	555,024	555,010	-14
동 력 급 수	8,900	834,690	834,890	+200
세 대	96,807	13,867,000	13,867,000	
TV수신료	340세대	850,000	850,000	
기 화 기 실	180	16,880	16,880	신한가스 부담
MDF	863	80,937	80,937	한국통신 부담
계	131,645	17,984,300	17,984,467	+166

① 공동전기료 단가

(총사용요금－세대 사용요금)÷(총사용량－세대 사용량)

(17,984,310－14,717,000)÷(131,645－96,807)＝93.7858

② 공동전기 사용요금

사용량×공동전기 단가

18,977w/h×93.7858＝1,779,770원

③ 전기단가

공동전기 사용요금÷사용평수

1,779,770÷10,048＝177.13원/평

④ 평형별 부과금액

평 형	평 단 가	세대금액	세 대 수	금 액	비 고
24	177.13	4,251	160	680,160	
32	177.13	5,668	194	1,099,590	
계			354	1,779,750	-20

⑤ 승강기사용 요금

사용량×공동전기 단가

5,918 Kw/h×93.7858＝555,024원

⑥ **승강기사용 요금 단가**

승강기 사용요금÷사용평수

555,024÷9,264평=59.91원

⑦ **평형별 부과금액**

평 형	평 단 가	세대금액	세 대 수	금 액	비 고
24	59.91	1,438	146	209,950	
32	59.91	1,917	180	345,060	
계			326	555,010	－14

- 기화기실 사용요금 : 사용량×공동전기 단가/180kW/h×93.7858원=16.880원
- MDF실 : 사용량×공동전기 단가/863kW/h×93.7858원=80,937원
- 동력 사용요금 : 사용량×공동전기 단가 / 8,900kW/h×93.7858원
  =834,690원
- 동력 사용요금 단가 : 동력 사용요금÷사용평수 / 834,690÷10.048=83.07원

⑧ **평형별 부과금액**

평 형	평 단 가	세대금액	세 대 수	금 액	비 고
24	83.07	1,994	160	319,040	
32	83.07	2,659	194	515,850	
계			354	834,890	＋200

7) 수도요금 산출방법

[단위 : 톤(t)]

전 월 지 침	금 월 지 침	메인계량기 지차	비 고
382,865	389,175	6,310	

내 역		세대계량기 누계	집 행 금 액	부 과 금 액	비 고
세대	상수도	5,659	2,677,440	2,677,440	
	하수도		756,620	756,620	
공동 상 · 하수도			290,320	290,290	
계			3,724,380	3,724,350	－30

	사용량(t)	적용단가	금 액
수도요금	6,310	460	2,796,400
		550	
		680	
	관정요금		115,380
	합계		2,911,780

	사용량(t)	적용단가	금 액
하수도요금	3,540	1톤당120	424,800
	2,770	140	387,800
		170	
	합계		812,600

- 요율적용표(가정용)

	단 계 별 요 금	
	사용량	요금
수도요금	0~20	460
	21~30	550
	31 이상	680

	초 과 사 용 요 율	
	사용구분(m^2원)	m^2당 단가(원)
하수도요금	1~10	120
	11~20	140
	21~30	170
	31~40	220
	41~50	290
	51 이상	360

① **공동수도요금(공동수도료 ÷ 총평수 = 평당단가)**

② **평형별 수도요금 부과금액(평당단가×평형별 = 부과금액×세대수 = 세대부과 금액)**

평 형	평 단 가	세대금액	세 대 수	금 액	비 고
24	28.89	693.36	160	110,940	
32	28.89	924.48	194	179,350	
계			354	290,290	-30

8) 승강기유지비 산출방법

- 용역업체 : W엘리베이터
- 산출내역 : 762,300÷10,048평=75.87원/평
- 평형별 부과금액

평 형	평 단 가	세대금액	세 대 수	금 액	비 고
24	75.87	1,820	160	291,200	
32	75.87	2,430	194	471,420	
계			354	762,620	+320

9) 위탁관리 수수료 산출방법

- 용역업체 : 00(주)
- 산출내역 : 331,580÷10,048평=33.00원/평
- 평형별 부과금액

평 형	평 단 가	세대금액	세 대 수	금 액	비 고
24	33.00	790	160	126,400	
32	33.00	1,060	194	205,640	
계			354	332,040	+460

10) 전기안전 대행료 산출방법

- 용역업체 : 전기안전기술(주)
- 산출내역 : 440,000÷10,048평=43.79원/평
- 평형별 부과금액

평 형	평 단 가	세대금액	세 대 수	금 액	비 고
24	43.79	1,050	160	168,000	
32	43.79	1,400	194	271,600	
계			354	439,600	−400

11) 특별수선충당금 산출방법

- 산출내역 : 1,507,200÷10,048평=150원/평
- 평형별 부과금액

평 형	평 단 가	세대금액	세 대 수	금 액	비 고
24	150	3,600	160	576,000	
32	150	4,800	194	931,200	
계			354	1,507,200	

12) 정화조유지비 산출방법

- 용역업체 : 00(주)
- 산출내역 : 350,000÷10,048평=34.83원/평
- 평형별 부과금액

평 형	평 단 가	세대금액	세 대 수	금 액	비 고
24	34.83	840	160	134,400	
32	34.83	1,120	194	217,280	
계			354	351,680	+1,680

13) 유선방송비 산출방법

- 용역업체 : C유선방송
- 산출내역 : 495,000÷354세대=1,400원
- 평형별 부과금액

평 형	세 대 단 가	세 대 수	금 액	비 고
24	1,400	160	224,000	
32	1,400	194	271,600	
계		348	495,600	+600

14) 주차관리비 산출방법

- 근거 : 2002년 12월 28일 입주자 대표회의 결의에 따라 세대당 1대초과 차량을 보유한 입주자 등에게 월 10,000원 부과
- 세대별 부과금액

평 형	세 대 단 가	세 대 수	금 액	비 고
24	10,000	16	160,000	
32	10,000	41	410,000	
계			570,000	

15) 경비용역비 산출방법

- 용역업체 : 00관리
- 산출내역 : 3,800,000÷10,048=378.18원/평
- 평형별 부과금액

평 형	평 단 가	세대금액	세 대 수	금 액	비 고
24	378.18	9,080	160	1,452,800	
32	378.18	12,100	194	2,347,400	
계			354	3,800,200	+200

(6) 관리비의 수납과 지출

1) 관리비의 수납

① 공동주택의 경우 납부고지서는 동호 입주자의 성명, 관리비 등의 비목별 금액, 납부기한 및 납부장소 등을 명시하여 납기일 7일 전에 입주자에게 도달하여야 한다.

② 일반건물의 경우에는 납부고지서는 층별 호수와 사용자의 회사명, 대표자명을 기재하고, 당월 관리비 금액과 납기일 · 납부장소를 명기하여 납기일 10일 전에 입주자에게 발송하여야 한다.

③ 공동주택의 경우 입주자 대표자회의 회장과 관리소장이 공동으로 지정한 금융기관에 납부하여야 한다. 그러나 임대용 건물의 경우 지정은행 또는 관리사무소에 납부한다.

④ 납기일이 국경일이거나 공휴일인 경우 그 다음날 납기일로 하며, 매월 말일을 납기일로 정한다.

⑤ 관리비 등을 납부하지 못할 경우 일정한 연체료를 내야 한다. 연 25%를 초과할 수 없다.

2) 관리비의 지출

① 관리비 지출은 배정된 예산의 범위 내에서 관리주체의 책임하에 지출원인 결의서를 작성하여야 한다.

② 공동주택의 경우 서울시 표준관리규약에 의하면 지정시설 사용료 해당시설관리 소요비용을 충당하고 남은 잔액, 기타 잡수입 등은 특별수선충당금으로 적립하여야 한다.

③ 공동주택 관리비는 매월말 잔고증명을 발급받아 대조하여야 한다.

3) 관리비 법적 규제

공동주택 관리비는 다음과 같은 관계법의 규제조항에 따라 관리되어야 한다.

① 징수업무에 있어서 선량한 관리자의 주의의무

② 장부작성 열람의무

③ 관리규약에 세대별 부담액, 부담액 징수, 보관, 예치 사용절차 미납자 조치사항을 반드시 포함

④ 예산의 확정공시 의무화

⑤ 관리비 산정내역방법 법정화

제4절 임대실무 진행절차

1. 임대실무의 의의

임대는 임대에 관한 실무활동을 말한다. 그러므로 임대에 관한 이론이나 전문지식 등을 바탕으로 실제적인 업무를 처리해야 한다.

이와 같이 임대관리자가 임대목적물을 인수하고 파악하며, 임대환경이나 임대시장, 임대조건 등에 대하여 조사·분석하고 임대계획을 세우며, 마케팅 전략과 홍보전략을 수립하고 준비하여 임차인을 모집, 상담, 계약, 사후관리하는 일련의 업무를 임대실무라 한다.

임대실무는 임대업무의 중심업무로서 건물경영계획에 명시하고 있는 수익을 직접 발생시키는 활동이며, 자산관리개념 중 PM(Property Management) 활동으로 분류된다.

또한 임대는 임대에 관한 법률적 배경과 실무적인 업무가 병존하므로 임대실무를 성공적으로 수행하기 위해서는 임대에 관한 법률적 지식도 함께 연구되어야 한다. 아울러 임대업무는 단계적으로 진행되어야만 임대업무를 효율적으로 처리할 수 있다. 따라서 임대실무는 임대업무의 단계적 처리과정을 의미하기도 한다.

결론적으로 임대실무는 임대 전문지식과 임대경험을 바탕으로 진행되는 일련의 임대업무를 의미한다.

2. 임대실무의 단계별 진행절차

건물임대실무는 일반적으로 5단계 과정을 거쳐 진행된다. 진행단계를 순서에 따라 살펴보면 임대목적물 인수분석 및 임대시장 조사단계, 임대계획 수립단계, 입주자 모집단계, 임대계약 체결단계, 임대계약 사후관리단계 등으로 진행된다.

각 단계별 임대실무 내용을 분석하면 다음과 같다.

(1) 임대목적물 인수 및 물건분석과 임대시장 조사단계

건물임대실무의 첫 시작은 임대목적물의 인수와 인수된 임대목적물에 대한 물리적 상태와 시설개요 및 법적 현황과 경제가치에 대한 조사·분석부터 시작된다.

다시 말하면, 위임되고 인수된 임대목적물에 대한 기술적·법률적·경제적 조사와 분석작업이 선행되어야 한다. 또한 목적물에 대한 물건분석과 함께 임대계획 등 임대시장 조사를 철저히 해야 한다.

1) 임대목적물 물건분석

① 기술적 조사·분석

인수된 목적물에 물리적 또는 기술적으로 하자가 없는지, 현존 상태대로 임대가 가능한지와 보수보강의 필요성은 있는지 등에 대하여 조사·분석해야 한다.

또한 인수된 임대목적물의 하자보수 기간이 남아 있는지와 얼마나 경과된 상태인지를 확인해야 하고, 향후 임대시에 필요한 장치나 미관상의 작업에 대한 필요 여부도 판단해야 한다. 건축물관리대장(현장 작성)과 시공상의 차이점이나 인수 전 보수보강 내용도 함께 조사해야 한다. 편의시설과 문제시설 및 selling-point나 merit-point 등도 기술적으로 조사해야 한다.

이와 같은 조사·분석 작업의 결과는 후일 진행되는 임대계획 수립에 반영해야 한다.

② 법률적 조사·분석

뿐만 아니라 인수된 임대목적물에 대한 법률적 현황을 등기공부나 행정공부를 통하여 조사하고, 권리분석 작업도 병행해야 한다. 다시 말하면 권리상으로 토지·건물의 소유권이 온전한 상태로 유지되고 있는지, 아니면 소유권이 허유권의 상태인지를 판단하고, 임대계획시에 이를 반영해야 한다.

특히 등기공부상에 제한물권(전세권·저당권·지상권 등) 외에 기타 등기사항(임의경매·압류·가압류·가처분 등)이 있는지도 꼼꼼히 조사해야 한다. 이와 같은 제한물권이나 기타 권리가 등기되어 있는 경우 임대활동에 여러 가지 제약과 함께 임대추진에 결정적인 장애가 된다.

따라서 인수한 임대목적물에 대한 법률적 조사작업을 통하여 권리상태를 확인하고, 해결할 내용이 있는 경우 적절히 해결하거나 개선해야 한다.

③ 경제적 조사·분석

인수된 임대목적물에 대한 경제적 조사와 분석작업이 기술적 분석과 법률적 분석과 함께 진행되어야 한다. 인수된 임대목적물에 대한 현재의 가치와 미래의 가치도 함께 검토되어야 한다.

뿐만아니라 투자총액은 얼마이며 적정임대수익은 어느 정도가 타당한지와 세법상 감가상각 상태가 어느 정도 진행되었는지(신축건물은 해당없음)와 임대료와 관리비의 적정성은 어느 정도인지도 함께 조사·분석해야 한다. 이와 같은 경제적 분석의 결과도 다음 단계의 임대계획 수립시 반영해야 한다.

결론적으로 제1단계인 임대목적물 인수 및 조사·분석, 임대시장 조사단계에서 인수한 임대목적물은 기술적 측면에서 건물의 실체(토지와 건물 및 부속시설)와 함께 건물이 신축 준공된 경우, 준공도서 기존건물인 경우 관리현장에서 작성된 건축물관리대장, 작업일지와 근무일지 등을 함께 조사해야 한다.

또한 법률적 측면에서 등기공부와 행정공부, 고문변호사에 관한 사항이나 각종 계약서와 규정 등을 접수해야 한다. 뿐만아니라 경제적 측면에서 경제가치를 측정하기 위한 정보나 자료(예컨대 감가상각상태나 공시지가 등)들을 확인하여 건물경영목표를 수립하고, 일정기간 내에 이를 달성하기 위한 임대계획을 수립해야 한다.

이와 같이 임대목적물의 기술적·법률적·경제적 조사·분석 외에 임대목적물의 현재의 임대기준과 임대조건(관리범위·임대면적·공실면적·임대료·관리비·주차료·연체료율·계약기간)과 인근 경쟁관계 건물의 편의시설·특수시설·장점·규모·층수 등을 함께 파악해 두어야 한다.

2) 임대시장 조사

임대계획을 수립하기 위해서는 임대목적물의 물건분석과 함께 인근지역의 임대시장에 대하여 조사해야 한다. 임대시장의 조사항목은 대체로 다음과 같다.

- 주요 사업체 분포현황
- 지역개발 현황과 계획
- 임대건물의 공급현황과 수요전망(임대건물 수급현황)
- 인구분포와 통계
- 최근 5년간의 변화추이
- 교통망·교통시설·통신·편의시설·관공서·학교·은행 등 분포현황 및 주요 교통수단
- 지역경제 사정
- 장래의 지역경제 전망
- 지역상권 현황과 변화추이
- 토지이용 현황
- 지역발전 가능성
- 임대건물의 임대현황과 공실률
- 경쟁건물의 임대료, 관리비, 주차사용료 수준과 연체료율 등

임대시장의 조사방법은 ① 기초자료 조사는 공공기관 자료(각종 통계연감, 국토종합개발계획 등)와 각종 간행물(각종 총람, 전문잡지, 부동산정보), 각종 신문 등을 통하여 조사가 가능하며, ② 현장방문 조사는 부동산 중개업자, 대상건물 관리사무소, 대상건물 입주업체나 그 본사를 통하여 조사해야 한다.

이상과 같은 작업을 통하여 임대목적물의 ① 시설개요 현황, ② 물건 조사·분석표, ③ 임대시장 조사표 등을 작성하여 임대계획 또는 임대실무에 활용해야 한다.

(2) 임대계획 수립단계

임대계획 수립단계란 임대실무상 두번째 단계로서 건물경영목표 중 수익목표를 달성하는 임대업무의 세부적인 진행과 절차를 수립하는 단계를 말한다.

임대계획 수립단계는 약 11가지의 세부적인 과정을 거쳐 비로소 임대계획이 수립된다. 임대계획 수립단계에서 진행되는 업무를 구체적으로 소개하면 다음과 같다.

1) 임대면적 산출 및 확정

건물의 임대평수는 일반적으로 연건평을 의미하기도 하나 인근지역에 있는 건물의 공실이 과다한 경우 경쟁이 예상되므로 주차장 같은 면적을 서비스 면적화하여 임대면적에서 제외하고 전용률을 높여 건물의 전용면적을 인근 빌딩보다 크게 하여 입주자 유치를 쉽게 해야 하는 경우가 있다. 따라서 인근지역의 유사 빌딩과 비교하여 임대조건과 가격이 경쟁력이 있도록 임대면적을 산출 확정해야 한다.

임대면적의 산출은 보통 다음과 같은 기준에 의하여 산출되고 확정된다.

(방법 1) 건물연면적(전용면적+공용면적)=임대면적
(방법 2) 건물연면적(전용면적+공용면적)－서비스면적=임대면적

임대면적은 건물임대에 있어서 가장 기초가 되는 자료이므로 전체 또는 층별 임대면적현황표를 작성, 비치해야 한다.

2) 임대료 산정

임대료는 건물경영목표 달성에 매우 중요한 수익이긴 하나 인근 유사 빌딩이나 지역조건, 지역특성, 지리적 여건, 건물 수급현황, 주변 임대시세, 임대목적물의 시설수준 등을 감안하여 결정하여야 한다. 기본층의 임대료를 기본임대료로 정하고, 이를 토대로 각 층별·용도별·위치별 임대평수의 평당임대료를 미리 산정해두어야 한다. 참고로 1층의 임대료는 기준층의 약 3배, 2층의 임대료는 기준층의 약 2배 정도로 임대료를 산정하

고 임대료는 평당 또는 ㎡ 기준으로 책정해야 한다. 임대료가 산정되면 임대료 기준표를 작성, 비치해야 한다.

3) 관리비 책정

임대료와 함께 관리비는 적정하게 책정해야 하고, 관리비 부담방법(고정관리비, 실비관리비, 혼합관리비)도 선택해야 한다.

4) 건물용도 확정

건물사용허가서에 이미 명기된 내용대로 건물용도를 확정하고 용도에 맞는 입주자를 유치해야 한다.

5) 임대기준 확정

임대기준이란 임대에 기본이 되는 표준을 의미한다. 임대관리자는 다음과 같은 임대기준을 임대계획 수립단계에 확정해야 한다.

- 보증금 · 월세 범위 결정
- 전세금 산정[(평당임대료×12개월)/이율]
- 임대기간 설정
- 임대차 업종 확정
- 관리비 산정범위 확정
- 연체료율 결정
- 부가세 부담범위 확정(원칙적으로 임대보증금은 임대인의 부담으로 하고 월임대료와 관리비는 임차인 부담)
- 보험 종류 및 부담범위 확정
- 주차사용료 사전 결정
- 입주 전 실내장식 등 무상 사용기간 기준과 조건 확정
- 제소전 화해조서 업종 확정
- 임대료와 관리비의 납부일, 납부장소, 납부방법 등 결정

6) 임대추진 방법 및 임대기간 설정

임대계획 수립단계에서 임대방법과 임대추진 기간을 설정해야 한다.

임대방법에는 적극적인 임대방법과 소극적인 임대방법이 있다. 적극적 임대방법은 임차대상자를 상대로 광고하거나 방문하여 임대목적물의 장점을 알려주고 입주하도록 설득하여 임차인을 유치하는 방법이다.

소극적 임대방법은 임대대상건물 전면 또는 측면에 임대광고 현수막만을 부착하고 임차인을 유인하여 임대목표를 달성하는 임대방법이다.

임대담당자는 임대대상건물의 인근시장 조사, 인근지역 조사, 경제여건, 경쟁관계 등을 면밀히 검토하여 임대추진 방법을 결정해야 한다. 또한 임대기간은 임대 대상건물이 신축인 경우에는 건물경영목표에 따라 일정기간을 정할 수 있으나 임대목적물이 기존건물인 경우에는 공실 발생이 예상되는 2개월 전에 미리부터 임대기간을 설정해두고 수시 임대를 추진해야 한다.

7) 임대소요 예산확보

임대추진 계획을 수립할 때 임대소요 예산을 확정하고 임대계획에 반영해야 한다.

임대방법에 따라 광고비 · 인쇄비 · 임대수수료, 기타경비 등을 항목별로 확정하고 이를 임대계획에 반영해야 한다.

8) 임대추진 주체 결정 및 업무분장과 진행절차 수립

임대계획을 작성할 때 임대추진 조직과 업무분장, 의사결정 방법, 담당자와 담당 업무내용 그리고 보고절차 등 단계별 진행순서를 정하여 절차대로 추진하도록 계획되어야 한다.

9) 홍보수립 절차 확정

임대대상건물의 임대촉진을 위한 임대광고 및 광고전략이나 홍보방법 등을 정하고 임대계획서에 반영해야 한다.

10) 임대시장 조사 · 분석 결과 반영

임대대상건물의 인근지역이나 유사지역의 부동산 임대가격, 지리적 특성, 관리비 현황이나 수준, 경쟁관계 등을 사전에 조사하고 그 결과를 계획서에 반영해야 한다.

11) 임대소요 서식 등 준비

임대를 추진하기 위해서 임대에 필요한 홍보물, 임대차계약서, 영수증, 관리계약서 등을 사전에 확정하고 인쇄하는 등 필요 서식들을 미리 준비해두어야 한다.

(3) 입주자 모집단계

입주자 모집단계는 임대실무 제3단계로서 임대대상물의 현황과 조건 및 장점 등을 광고, 홍보하고 중개인(중개회사)에게 알리는 등 입주자를 모집하는 단계이다. 이때 임대예산이 허락하는 범위 내에서 과감하고 공격적인 임대마케팅 전략을 구사해야 한다.

입주자 모집단계에서 실시해야 할 업무의 종류와 내용은 대체로 다음과 같다(임대업무는 임대목적물의 성격·용도·규모·사정 등에 따라 다소 상이함).

1) 임대목적물 임대광고

임대관리자는 임대예산이 허락하는 범위 내에서 임대목적물의 임대평수, 층수, 용도, 건물의 장점, 편의시설과 편리한 교통, 유리한 지역특성을 입주예상 임차인을 상대로 알리는 작업을 수행해야 한다.

임대목적물을 알리는 방법에는 TV나 신문광고가 효과적이긴 하나 광고비가 비싸다는 단점도 있다. TV나 신문광고 외에 현수막이나 팸플릿, DM 광고방법도 유용한 광고방법이 될 수 있다.

짧은 시간 내에 경제적인 방법으로 모든 광고수단을 동원하여 임대목적물을 표적시장의 예상임차인에게 알려서 입주희망자를 모집해야 한다.

2) 예상입주자 방문, 상담 및 현장안내와 현장 브리핑

입주가 예상되는 회사 앞으로 홍보물(팸플릿·DM 등)을 사전에 보낸 후 임대관리자가 직접 방문하여 임대목적물을 홍보해야 한다.

특히, 예상입주자의 현장방문시에는 임대기준과 조건, 경쟁력있는 임대료와 관리비, 지역특성과 임대건물의 장점, 좋은 점(selling point) 등을 소상히 설명할 수 있어야 하고, 특히 임대목적물의 소유권이 온전한 경우 권리상에 하자가 없는 점도 크게 강조할 필요가 있다(임차시 임대보증금 반환에 문제가 없을 것임을 강조해야 한다).

특히, 전용면적이 공용면적보다 크며 서비스면적이 많다는 점도 강조할 필요가 있다. 한 번의 방문으로 끝나는 경우도 있긴 하나 두세 번 정도의 재방문도 고려할 필요가 있다. 방문시에 고려해야 할 점은 방문자의 복장이나 언행, 예의바른 태도, 신뢰성있는 행동 등에 신경을 써야 한다. 예정임차인이 현장방문시(답사시) 좋은 점(selling point)만 소개하고 청소상태, 안전, 편리성 등을 강조해야 하며, 대상목적물(공간)과 비교가 되는 다른 임대대상물을 한두 곳 정도만 안내해야 한다(여러 곳을 안내하는 경우 임차인을 혼란스럽게 한다).

임대시장에 공급되는 건물의 수가 많을수록 방문자의 방문 예절과 방문 전에 사전의 약속, 방문 준비를 철저히 하여 방문 결과가 건물임대계약으로 반드시 연결되도록 해야 한다. 방문은 생산성있는 과정이 되어야 하며, 시간의 낭비나 소비가 되지 않아야 한다.

3) 중개 의뢰

건물임대 중개인 또는 건물임대 전문중개회사에 안내문을 보내어 임대목적물의 현황과 장점 등을 홍보하여 임대협조 또는 임대추진을 의뢰해야 한다.

4) 희망 입주업체 적격판단 및 결정

광고 · 홍보 · 방문 · 의뢰 등으로 수집된 입주희망자에 대하여 희망입주자 명단을 작성하고 임대조건에 적합성 여부를 판단해야 한다. 이를 입주자 적격판단이라 한다.

입주자 적격판단을 해야 할 필요성은 양질의 임차인을 가려내어 입주시킴으로써 건물 임대 사후관리에 문제점이 발생되지 않게 하기 위함이다. 또한 적격판단의 목적은 경제적인 방법으로 양질의 임차인을 유치함으로써 장기적으로 안정적 수입을 보장하기 위함에 있다. 입주자 적격판단의 기준은 다음과 같다.

① 임차인 재무상태 및 신용상태
② 임대계약 사항 이행 가능성 여부
③ 임차시 출입차량 · 인원 증가 가능성 여부
④ 임차시 시설과 설비 손상 가능성 여부
⑤ 건물의 이미지 손상 여부
⑥ 임차인 업종이 건물용도 적합성 여부
⑦ 임차시 위험물 반입 취급 가능성 여부
⑧ 타 입주자와 분쟁유발 가능성 여부 등

이상과 같은 기준으로 입주예정자에 대한 적격 여부를 판단하여 양질의 입주자를 선정 결정해야 한다.

5) 계약준비 및 계약일정 통보

양질의 입주예정자가 결정되면 임대가격과 조건 등을 상담을 통하여 합의한 후 계약스케줄을 임차인에게 통보한다. 이때 임대인은 임차계약서, 관리계약서, 주차장 사용계약서 영수증, 사용인감 등을 사전에 준비하고 대기해야 한다.

(4) 임대계약 단계

임대계약 단계는 임대실무상 제4단계에 해당하는 업무추진 단계로서 법률적으로 하자 없이 계약업무를 처리해야 하는 단계이다.

임대계약 업무는 임대관리 업무 중에서 가장 중요한 업무로서 다음과 같은 업무가 진행된다.

1) 계약서 조건 및 조항 재검토

임대준비 단계에서 작성 인쇄된 계약서를 고문변호사의 자문을 받아 다시 한번 검토하여 필요한 경우 수정 보완해야 한다.

특히 계약서상의 필요적 기재사항에 대해서는 다시 한번 면밀히 검토해야 한다. 임대차계약서상 반드시 기입되어야 할 필요적 기재사항은 대체로 다음과 같다.

① 임대목적부동산(건물)의 표시

임대목적물이 건물인 경우 빌딩명 · 주소 · 층수 · 호실 · 임대평수(전용평수 · 공용평수) · 용도 등이 표시되어 있는지 확인해야 한다.

② 임대차 계약기간

임대차가 일반건물인 경우 최장기간은 20년(단 토지는 예외), 최단기는 민법상 규정이 없으나 최소한 1년으로 하는 것이 바람직하다(상가건물임대차보호법의 대상 상가건물은 1년임).

특히 주택임대차의 최단기간은 2년으로 규정(주택임대차보호법)되어 있음을 참고해야 한다. 특히 계약일과 목적물 명도일, 계약 종료일과 목적물 반환일을 반드시 계약서 서면에 기재하여야 한다.

③ 임대보증금과 월임대료

임대보증금의 총액과 월임대료 납부일, 납부방법, 납부장소, 연체료율 등을 명기해야 한다. 그리고 보증금 반환조건과 일자를 기입해야 한다. 특히 임대보증금의 월임대료, 부가세 납부에 대하여도 명기해야 한다.

④ 관리비

관리비의 총액과 납부일자, 납부방법, 납부장소, 연체료율 등을 명기해야 한다. 특히 관리비를 일정기간 연체시 단전, 단수, 출입차량 통행금지 조항을 상호 합의하여 명기해두는 것이 임대인 입장에서 유리하다. 또한 관리비의 부가세 부담자를 명기해야 한다(단, 관리계약을 별도로 체결하는 경우는 관리비 조항만 명기하고 상세한 내용은 관리계약서에 위임).

⑤ 보험료

건물의 화재보험료 등에 관한 조항을 별도로 두고 화재보험 또는 기타 보험의 종류와 부과금액을 명시하고, 화재 기타 보험의 보험료, 납부일자 등을 명기해야 한다.

⑥ **무단 권리양도 · 전대금지**

임차인은 임대인의 동의 없이 무단양도나 무단전대가 금지되고 있음을 명기하고, 동의 없이 양도나 전대시 임대차계약 해지사유가 됨을 기입하는 것이 바람직하다.

우리나라 민법에서는 임대차의 무단양도와 전대는 원칙적으로 금지하고 있으나 임차목적물 중 그 일부는 임대인 동의 없이 양도 또는 전대가 가능하다. 그러나 전세권제도에서는 특약이 없는 한 양도나 전대가 언제나 가능하다.

⑦ **임차인의 준수사항과 의무**

임차인이 지켜야 할 의무사항을 명기해야 한다. 우리나라 민법에서는 다음 사항을 임차인의 의무로 규정하고 있다.

㉮ **차임 지급의무**

차임을 두 번 이상 연체하면 해지사유가 된다. 차임 지급시기는 특별한 규정이 없는 한 월말 후불제로 한다. 약정이 있는 경우 약정된 날에 지불한다.

㉯ **통지의무**

임차인은 임차목적물에 수리를 요하는 사항이 발생되거나 타인이 임차목적물에 권리를 주장하는 자가 있을 경우 임대인에게 반드시 통지해야 할 의무를 이행해야 한다.

㉰ **보전행위 인용의무**

임대인이 임대목적물에 보전행위를 하는 경우 인용해야 한다. 보전행위로 인하여 임대목적물의 사용 수익이 불능할 경우는 그러하지 아니한다.

㉱ **임차물을 용법대로 사용 수익해야 할 의무**

임차인은 건물의 성질이나 정해진 용도에 따라 사용 수익해야 한다. 타용도로 사용 수익하는 경우 해지사유가 된다.

㉲ **무단양도나 전대 금지의무**

무단양도 · 전대시 해지사유가 된다.

㉳ **임차목적물 보관(보존)의무**

임차목적물을 현상대로 보존해야 할 의무가 있다.

㉴ **임차목적물 반환의무**

임대차 종료시 임차목적물을 원상회복하여 임대인에게 반환해야 한다.

임대보증금 반환과 동시이행 관계에 있다.

⑧ 계약해지

임대인과 임차인은 해지조항을 약정하고 불이행시 해지할 수 있다. 예를 들면 차임 2기 연체나 불법용도 사용, 무단양도나 전대 등은 법정 해지사유에 해당된다.

⑨ 임대인의 권리 및 면책사유

임대인의 권리에는 다음과 같은 것이 있다.

- 차임청구권
- 목적물 반환청구권
- 차임증감청구권
- 목적물 보존 권리
- 법정 담보물권

임대인의 면책사유로는 천재지변에 의한 목적물 멸실, 불가항력에 의한 목적물 멸실, 실화에 의한 멸실 등이 있다.

⑩ 임차인의 손해배상

임차인이 고의로 임차목적물을 훼손·손괴·파손·고장 또는 멸실시켰을 경우 손해를 배상해야 한다는 조항을 명기해야 한다.

⑪ 관리규정 준수의무

건물의 사용에 관한 관리규정을 준수하도록 명기해야 한다. 관리규정은 임대계약서의 일부로서 계약시 첨부 또는 별도로 교부해야 한다.

⑫ 건물 내 수선유지비 부담

건물의 주요 구조부나 설비 등의 수선비는 임대인이 부담해야 하고, 전용부분의 고장은 임차인이 부담해야 한다.

⑬ 공용시설의 사용제한

입주자가 임차목적물의 사용을 정해진 시간의 범위 내에서는 사용이 가능하나 관리규정에 의하여 사용가능 범위와 시간 등을 참고하여 사용에 제한을 하게 된다. 보안관리상 또는 에너지 절약 차원과 질서유지 차원에서 시설의 사용을 제한하게 되는바 이를 준수하도록 계약서에 기재해두는 것이 계약 후 분쟁을 막을 수 있다.

⑭ 보증인

임차목적물이 최첨단 건물이거나 임차인이 신용상태가 다소 불량한 경우 임대차계약시에 보증인을 세우도록 요청하여 만일의 손해 발생에 대비하는 것이 현명하다.

⑮ 계약기간 자동연장

계약만료일 6월~1월 사이 임대인이나 임차인이 임대기간의 만료나 연장 또는 거절의 의사표시가 없는 경우 종전과 동일한 조건으로 자동연장됨을 표시하는 것이 현명하다.

⑯ 계약체결일 및 효력발생

계약체결일 및 효력발생일자를 특별히 정한 경우 이를 명기해야 한다.

⑰ 관할법원

임대계약에 분쟁이 발생하는 경우 이를 해결할 방법으로 재판을 해야 할 경우를 대비하여 관할법원을 정해야 하는바 이를 미리 약정해두는 것이 편리하다.

⑱ 임대인 · 임차인 서명날인

권리나 권한있는 임대인과 임차인이 반드시 서명하고 날인해야 하는바 이를 필요적 기재사항에 명기해야 한다.

2) 예상임차인 적격 재판단

입주자 모집단계에서 입주희망자로 분류된 입주예정자에 대한 마지막 적격판단을 실시하여 확실한 임차인으로 판명되는 경우 임대계약을 체결하는 것이 바람직하다. 통상 임대차계약 기간을 1년으로 정하여 계약하고 입주하는 경우 입주자의 신용이나 재무상태가 불량한 경우에는 임대자는 정신적 · 물질적 고통을 감내해야 하기 때문에 입주자 선정과 계약에 특별히 신경쓰지 않으면 안 된다.

따라서 임대계약 전 입주자 적격판단을 다시 한번 실시하는 것이 현명하다.

3) 임대조건 · 가격협의 및 확정

임대인은 임대관리자를 통하여 계약 전에 임대목적물에 대한 가격과 조건에 대하여 임차인과 협의하고 상호 조정하여야 한다. 왜냐하면 이와 같은 협의나 확정 없이 계약 테이블에 앉는 경우 종종 계약체결이 성사되지 못할 경우가 발생할 수 있기 때문이다.

참고할 사항은 임대료는 반드시 모든 입주자에게 동일하게 적용하여 계약해야 하고 차등 적용시 문제가 발생되며, 비밀유지는 절대로 유지되지 않는다는 점을 명심해야 한다. 그러나 층수가 다른 경우 차등 적용해도 무방하다. 차등 적용의 기준 역시 임대계획

수립시에 미리 공시해두어야 한다.

4) 임대계약 체결 및 계약서 교부

임대인은 준비된 임대계약서상의 필요적 기재사항을 재검토하고 입주희망자에 대한 적격판단을 다시 한번 실시하여 입주자로서 하자가 없는 경우 임대계약 체결에 임해야 한다.

임대계약 체결시에 유의해야 할 사항은 다음과 같다.

① 임대면적(전용면적·공용면적)과 층수와 호실 재확인
② 적정 보증금·임대료·관리비 여부 확인
③ 건물용도가 입주사(인)의 업종에 타당한지 여부 확인
④ 공부상 주소와 목적물의 주소 상이성 확인
⑤ 임대차기간, 명도일, 반환일, 계약효력 발생일, 계약시기와 종기 확인
⑥ 특약이 있는 경우 특약사항 확인
⑦ 임대인과 임차인 본인여부 확인
⑧ 서명날인자 권리·자격 확인
⑨ 수입인지 첨부 여부 확인(전세권 외 일반임대차는 해당없음)
⑩ 제한물권 설정, 채권보전 방법, 제소전 화해조서 조건내용 등 확인

이상과 같은 계약 유의사항을 재점검하고 계약서상의 필요적 기재사항 누락 여부를 확인한 후 신속하고 정확하게 임대계약서를 작성·서명·날인한 후 한 부를 임차인에게 교부하고, 임대계약금이나 보증금 전액을 수령한 후 영수증을 교부함으로써 임대계약 체결업무가 종료된다. 교부시에 입주일자를 확인해야 하고, 임대목적물과 키(열쇠)는 임대보증금 전액이 입금될 때 임차인에게 인계하고 열쇠수령증을 받아 보관해야 한다.

5) 입주 전 임대목적물 관련시설 재점검

임대계약이 체결되고 이사일자가 정해지면 임차인이 임대목적물의 사용 수익에 지장이 없도록 사전점검을 해야 한다. 전원설비, 위생설비, 조명설비, 출입문, 열쇠, 시건장치, 전화선 등을 꼼꼼히 확인해두고, 필요시 보수하거나 정비해야 한다. 또한 입주 후 불편사항이 없도록 사전 조치해 두어야 한다.

6) 칸막이 등 설치공사

계약체결 후 임차인과 협의하여 전용면적을 정확하게 구획하고 확정하여 필요한 경우 칸막이 설치공사와 전산실 등의 필요시설을 입주 전에 완료해야 한다.

7) 입주지원

임차인의 입주를 위한 이사를 위해서는 이삿짐 운반용 승강기 고정 배치, 안내, 시설설비 사용방법 설명(특히 전원의 용량), 사용상 주의사항, 관리실 위치, 전화번호, 담당자 소개, 비상시 조치내용 등을 안내서를 만들어 전달하고, 필요시 소상히 설명하는 것이 현명하다.

특히 이사오는 날 친절한 안내와 불편사항 요청시 즉각 대응으로 해결해주는 일은 입주자를 장기 유치하는 첩경이 될 수 있다.

(5) 임대계약 사후관리단계

임대관리 업무의 마지막 단계로서 다음과 같은 사후관리 업무가 진행된다.

1) 월임대료 부과징수

계약서에 명시된 월임대료의 부과징수는 보증금부 월세방식과 무보증금부 월임대료 방식 모두에 해당된다.

즉, 전세권방식과 채권적 전세(미등기전세)에서는 월세의 부과징수는 발생하지 않는다. 임대계약 사후관리단계에서는 월임대료 부과징수는 월관리비와 함께 임대기간 동안 매월 일정하게 발생되는 업무로서 일상적으로 처리되는 업무이다.

따라서 임대료 청구서는 일정한 양식을 미리 인쇄하거나 전산시스템을 개발하여 활용하되 납기일 10일 전에 발송하고 7일 전에 도착되도록 배려하는 것이 임대료 수납관리에 도움이 된다.

특히 임대료 수납사고를 방지하기 위해서 거래은행의 지정구좌에 납입하도록 하는 것이 바람직하다. 따라서 임대료 청구서에는 임대료 총액, 부가세, 납기일, 납부장소, 납부방법, 연체료율 등을 상세히 명기하는 것이 임대료 수납업무에 도움이 된다.

임대료 청구서에 세금계산서를 첨부해야 하고, 관리사무소나 경리과 등에 직접 납부하는 경우 입금표를 교부해야 한다.

임대료를 관리사무소에 직접 입금하는 경우 당일 마감하여 임대료 수납 은행구좌에 당일 입금처리하고, 관리사무소에 현금을 보관하지 않도록 해야 하며, 익일 회계 보고해야 한다.

2) 월관리비 부과징수

월관리비는 부과방법에 따라 부과징수하는 방법과 절차가 다소 상이하다. 관리비가 고정관리비인 경우는 관리비 징수기준일을 기준으로 납부일자를 정하여 관리비 청구서에 정해진 관리비 등을 기입하고 세금계산서를 첨부하여 7일 전에 청구하면 임차인이 지정된 은행구좌에 입금하거나 관리사무소에 직접 입금하면 이를 접수하고 관리비대장에 기입한 후 입금표를 교부하고, 이를 당일 결산하여 빌딩관리 은행구좌에 입금하면 관리비 부과징수 업무는 종료된다. 그러나 실비관리비의 경우는 다소 진행절차가 복잡하다.

지난달의 월말을 기준으로 사용된 에너지 사용량(전기·수도·가스), 용역비, 공과금, 일반관리비를 모두 취합하여 실제 사용된 관리비를 합계하고, 임대평수에 따라 고지 징수하게 된다. 이 경우 건물 내 식당·다방·전산실 등은 별도의 계량기를 부착하고, 이를 별도 사용료를 계산해야 하며, 가스 역시 식당 등에 별도의 계량기를 부착하여 사용자부담 원칙 아래 실비를 납부하도록 해야 한다. 특히 야근을 자주하는 입주자에게 전기료 사용료를 형평에 맞게 높게 부과해야 한다. 그러나 연체시 연체료를 청구해야 하고, 임대건물에 공실이 있는 경우 공실에 대한 관리비는 임대인이 납부해야 한다.

3) 임대기준의 개정

임대기준의 개정에 해당되는 항목에는 임대기간의 연장 또는 변경, 임대료의 인상, 관리비의 인상 등이 있다.

임대기간의 연장이나 개정은 임대기간 종료시에 임차인이 원하는 경우 정상적으로 이루어지나 임차인이 원하지 않으면 임대가 종료된다.

이 경우 임대료 상승도 자연적으로 상승하게 된다. 임대목적물이 주택인 경우에는 1년에 임대보증금의 5/100 범위 내에서만 인상이 가능하도록 주택임대차보호법에 규정되어 있으나 일반건물의 경우에는 인상폭에 제한규정은 없다(그러나 상가건물임대차보호법이 2003. 11. 1자로 발효되었으므로 해당 상가건물은 1년에 임대료의 12% 범위 내에서 인상이 가능하다).

문제는 임대기간 중에 금리의 변동, 유가의 변동, 전기료의 상승, 물가상승, 정부정책 변동, 제세공과금의 증액 등 중대한 경제적 사정변경이 있을 경우 불가피하게 임대료·관리비를 인상하게 되는데 현실적으로는 쉬운 문제가 아니다.

이와 같이 경제적 사정 변경에 의한 비정기적 임대기준 변경은 원칙적으로 임대인과 임차인 사이에 계약에 명기된 경우에는 가능하나 계약내용에 없는 경우 인상의 문제는 쉽지 아니하다. 그러나 예외적으로 상호 협의에 의하여 허용되는 경우도 간혹 있으나 분쟁의 대상이 된다. 또 하나의 임대기준 변경문제는 임대기간의 연장 문제이다. 임대건물이 과다 공급되거나 임대유치에 문제가 있는 경우 임대기간 연장을 유도하는 것이 바람직하다.

4) 임대계약의 해지

체결된 계약에 의하여 입주자가 입주한 후 계약서에 규정된 약정 해지사유가 발생하거나 임대료의 2기 이상 연체나 임대목적물을 타용도로 사용 수익할 시 발생되는 법정 해지사유가 발생할 때 해지관리자인 임대인이 임차인에게 계약해지를 통보하면 해지효과가 발생되고, 임차인은 임대인에게 임대목적물을 원상회복하여 반환해야 한다.

이와 같은 해지의 통보, 원상회복, 임대목적물 반환, 임차인 철수 등과 같은 일련의 해지업무가 계약 사후관리 업무 중 하나이다(해지통지 등은 내용증명으로 하는 것이 임대인에게 유리하다).

계약이 중도에 해지되면 보증금을 환불하되 미정산 관리비나 임대료가 전혀 없는 상태(완불된 상태)에서 임차인 소유물건이 완전히 임대목적물 밖으로 반출시에 지급되어야 하며, 임대보증금 위에 전세권이나 저당권이 설정되어 있을 때는 반드시 말소확인 후 지급해야 한다.

또한 손해배상금이 있을 때는 손해배상금 상당액을 유보하고 원상회복 비용, 미지급 임대료·관리비와 다음달의 임대료 및 관리비 예상액(3개월 평균 관리비+50% 추가)을 공제 또는 유보한 후 잔액을 지급하고 영수증을 반드시 교부받아야 한다.

채권 보전수단으로 교부한 보증서나 약속어음이 있을 경우 반드시 회수한 후 지급한다.

5) 임대목적물 인수 및 원상복구 확인

임대계약 사후관리 업무 중 임대기간의 종료나 임대기준의 변경으로 계약기간 연장이나 변경이 없을 경우나 해지 또는 해제되는 경우에는 목적물을 적기에 반환받아야 하고, 또한 목적물을 원상회복시켜 인수받아야 한다.

원상회복이 불가능할 때에는 원상회복에 필요한 비용을 합리적으로 산출하여 명도 전에 임차인에게 청구하여야 한다.

임차인의 원인에 의하여 손해가 발생할 때에는 손해배상을 청구해야 하고, 합의되지 않을 시는 민사소송을 통하여 실행해야 한다. 정한 기일 내에 임대목적물을 반환하지 않을 때도 명도소송을 통해 승소하고, 이를 채무명의(집행명의)로 하여 강제집행을 통하여 임대목적물을 반환받아야 한다. 명도소송 전 점유이전금지가처분을 먼저 해두어야 한다.

6) 임대목적물 방해배제 및 현상유지

임대인은 임대기간 동안 임차인이 임대목적물에 관하여 사용 수익할 때 외부로부터 방해받을 경우 이를 배제하여야 하고 건물의 현상을 정상적으로 유지해주어야 한다.

7) 입주자 현황 정기점검

입주자가 임대계약 불이행의 징후를 정기적으로 점검하여 임대관리 대책을 수립해야 한다. 예컨대 입주사의 소속직원 급료가 2기 이상 지불되지 않거나 입주자의 사내회의 횟수가 잦거나 장시간 회의를 자주 할 때, 채권자의 채무독촉이 빗발치거나, 경영자와 직원 사이에 고성이 오고가거나, 직원의 이직률이 급격히 늘어나거나, 압류 등 최고장이 자주 배달되거나, 경영자의 출근이 정상적이 아니거나, 갑자기 세무조사를 받거나, 경영자가 구속되거나, 임대료의 납부가 2기 이상 연체되거나, 신문방송에 입주사에 대한 나쁜 기사(세무조사 · 형사 · 범죄 · 탈세 등)가 기사화되거나 방송된 경우에는 대부분의 경우 입주사의 경영이 부실해지거나 어떤 사정에 의하여 조만간, 도산 또는 파산 가능성이 있으므로 긴급히 구(舊) 임대차를 종료 처리하고 신 임대차 계약을 추진, 입주자를 신속히 교체할 준비를 해야 한다.

8) 입주자 불편사항 및 민원사항 해결

동일한 임대목적물의 공용평수를 동시에 사용하는 다수의 입주자는 공동생활의 이해가 항상 일치하지 않는다. 따라서 자주 이해충돌이나 불만사항이 발생하고 민원사항이 신고된다.

이때 임대관리자는 계약 사후관리 차원에서 능동적이고 즉각적으로 친절하게 대처하여 접수 즉시 해결하고, 그 결과를 먼저 유선으로 통보해야 한다.

해결이 불가능할 경우에도 그 이유와 사유를 밝혀 이해를 구해야 한다. 이와 같이 계약 사후관리 업무가 매우 다양하고 복잡하기는 하나 성공적인 건물자산임대사업을 위하여 반드시 최선을 다하여 관리하여야 한다.

제5절 임대차관계법 고찰

건물임대차에 관한 법률에는 민법전의 채권법과 주택임대차보호법, 상가 건물임대차보호법 등이 있다. 이를 차례대로 고찰하면 다음과 같다.

1. 민법(채권법)의 일반임대차

(1) 임대차의 의의

일반건물임대차에 관한 관계법률은 전술한 바와 같이 민법전 중 제3편 채권법(계약법)이며, 관련조항은 채권편 제7절 제618조에서 제654조까지의 규정이다.

민법은 일반법으로서 임대차에 관하여 일반적으로 규정하고 있다. 민법에서 규정하고 있는 임대차란 임대차계약 당사자 일방이 상대방에게 임대목적물을 사용 수익하게 할 것을 약정하고 상대방은 이에 대하여 차임을 지급할 것을 약정함으로써 그 효력이 생기는 계약을 의미한다(민법 제618조).

또한 임대차란 임대인과 임차인 사이에 체결되는 채권계약으로서 임대인이 임차인에게 임대목적물을 사용 수익케 하고, 그 대가로 임차료(차임 · 임대료)를 받기로 약정하는 계약을 의미한다. 따라서 같은 대차 개념의 사용대차와 소비대차와 차이가 있다.

그러므로 임대차는 채권법에서 규정하고 있는 소비대차와 사용대차와 같은 대차 개념이나 상호 상이하다. 임대차는 사용 수익의 대가를 받는다는 점에서 사용대차와 다르며, 임대기간 만료 후 인도한 동일 목적물을 반환받는다는 점에서 소비대차와 상이하다.

소비대차는 계약당사자 일방이 상대방에게 금전 · 쌀 · 보리 등 대차물의 소유권을 넘겨주고 상대방은 계약기간 만료시에 동일한 종류 · 품질 · 맛 · 수량으로 반환할 것을 약정하는 계약이기 때문이다. 소비대차 중 금전소비대차가 가장 대표적인 소비대차계약이다.

다시 말하면 소비대차에 있어서 차주가 인수했거나 차용한 물건을 소비 사용하고, 그와 동일한 동종 · 동등 · 동량의 물건을 반환할 것을 약정하는 계약이므로 임대차에 있어서 임차한 물건을 사용 수익만 하고 다시 반환하므로 소비대차와 상이하다.

(2) 임대차의 법적 성질

임대차는 다음과 같은 법적 성질을 가지고 있다.

- 임대차는 채권계약이다.
- 임대차는 낙성계약이다.
- 임대차는 유상계약이다.
- 임대차는 쌍무계약이다.
- 임대차는 불요식계약이다.

즉 임대차의 법적 성질에는 전술한 바와 같이 채권계약인 동시에 전형계약의 성질과 함께 낙성계약이고, 유상계약이며, 쌍무계약의 성질과 불요식계약의 성질도 가지고 있다.

채권계약이라 함은 계약체결 후 임대인은 임대료 청구권의 채권이, 임차인에게는 채권 성질의 임차권이 각각 발생하게 된다. 즉 채권은 특정인이 특정인에게만 어떤 행위를 주장할 수 있는(요구할 수 있는) 권리로서 물권과 함께 재산권의 일종이다.

그러나 물권과는 달리 원칙적으로 양도할 수 없으며, 특별한 공시를 요하지 않는 권리이다. 이와 같이 채권계약은 채권이 계약당사자에게 각각 발생한다. 따라서 임대차는 채권계약의 성질이 있다.

전형계약이란 우리나라 민법 중 채권법에서 규정하고 있는 14종의 계약을 의미하며, 다른 말로 유명계약이라고도 한다. 민법의 전형계약에는 증여·매매·교환·소비대차·임대차·사용대차·고용·도급·현상광고·위임·임치·조합·종신정기금·화해 등이 있다.

이밖에도 계약의 종류는 무수히 많이 있을 수 있으며, 민법이 규정하고 있지 않은 계약을 비전형계약 또는 무명계약이라 한다. 민법은 채권법에서 14종류의 유명계약 또는 전형계약의 일종으로 임대차를 규정하고 있으므로 임대차는 전형계약의 성질을 가지고 있다.

낙성계약이란 당사자 사이에 승낙과 청약의 의사표시가 합치하면 계약이 성립하고, 계약이 성립하기 위해서는 다른 절차나 형식을 요하지 않는 계약을 의미한다. 따라서 임대차는 낙성계약의 성질이 있다.

유상계약이란 계약당사자가 각각 대가적 의미의 출손(대금·차임·물건)을 부담하는 계약을 의미하고, 쌍무계약의 의미는 대가적 의미를 갖는 급부를 하는 계약을 의미하며, 일방의 급부에 대하여 타방의 반대급부의 부담을 지는 계약을 말한다.

따라서 임대차는 유상·쌍무계약의 성질을 함께 가지고 있다. 또한 임대차는 불요식계약의 성질을 가지고 있다. 임대차는 계약을 체결함에 있어서 특별한 방법이나 형식을 요하지 않는다. 따라서 불요식계약의 성질이 있다.

(3) 계약당사자

전술한 바와 같이 임대차는 우리나라 민법이 규정하고 있는 14종의 전형계약(유명계약) 중 하나의 계약에 해당된다.

따라서 2개의 의사표시의 합치로 성립되는 법률행위(계약)이므로 복수의 당사자가 존재해야 비로소 성립된다. 따라서 계약당사자로서 임대인과 임차인의 복수계약 당사자가 존재하게 된다(복수계약자에는 자연인이나 법인 모두 해당된다).

임대인이란 계약당사자 중 한 사람으로서 임차목적물을 임차인에게 인도하고 차임청구권을 행사하는 자를 의미한다.

한편 임차인이란 임대차계약 당사자 중 한 사람으로서 임대목적물을 넘겨받아 사용

수익하는 대가로 일정한 차임지급의 의무를 지는 자를 말한다. 임차인은 임차권을 다시 제3자에게 양도할 때는 양도자가 되고, 전대할 경우에는 전대자가 된다(양도 · 전대는 원칙적으로 금지되나 임대인의 사전승인이나 사후동의가 있는 경우 또는 동의없이 일부의 전대는 유효하다).

(4) 차 임

차임이란 임대차계약에 있어서 임차인이 임차목적물을 사용 수익의 대가로 임대인에게 지급하는 금전 또는 유가물을 의미한다. 차임은 현금 · 곡물 또는 과일이나 유가물로 지급이 가능함을 현행 민법에서 규정하고 있으나 건물자산임대차의 차임은 임대관습상 현금지급을 원칙으로 하고 있다.

차임의 용어는 임대료 · 임료 · 월세 등과 동일 또는 유사하게 사용되며, 전세권제도나 채권적 전세(미등기전세)의 경우에는 지급치 아니한다. 차임지급은 원칙적으로 계약상의 차임지급 시기나 조건이 없는 경우 민법은 후불지급을 원칙으로 규정하고 있다.

차임은 임차인이 고의나 과실에 관계없이 2기(2번 이상) 지급하지 않을 경우에는 법정해지의 사유가 되며, 임대인이 해지의사를 통지하고 도달하는 경우에는 즉시 임대차계약의 효력이 상실된다.

또한 임대료(차임)를 지급기일을 지키지 못하여 연체하는 경우에는 임대차계약서에 명시된 연체료율이 적용되고 연체료를 추가로 지급해야 한다. 또한 차임지급의 지연이나 불이행은 임차권의 행사나 임차인의 사용 수익에 직접 · 간접으로 영향을 미치며, 임대기간 연장에 장애요소가 된다. 뿐만 아니라 일반건물임대차나 주택임대차는 2기의 임대료 연체로 해지사유가 되며, 상가건물임대차의 경우 3번의 차임지급 불이행은 일정조건하의 상가건물(서울특별시의 보증금[환산보증금 포함] 2억4천만원 이하 상가건물)의 임차인 5년 임대기간 보장권한에 제약요건이 된다.

(5) 임대차목적물

임대차의 목적물이라 함은 임대차계약의 대상이 되는 물건을 의미한다. 따라서 동산이나 부동산 모두 임대차의 목적물이 될 수 있다. 또한 임대차의 목적물은 소유권이 있는 물건이든 타인의 물건이든 임대의 목적물이 될 수 있다. 그러나 임대의 목적물이 되기 위해서는 유체물이어야 하고, 내구성이 있어야 하며, 비인격성이어야 하고, 특정되고 관리가 가능하며, 그리고 확정할 수 있는 물건이어야 한다.

특히, 건물임대차의 목적물인 건물은 일정 토지 위에 정착된 이동이 용이하지 않은 건물이어야 한다. 따라서 임시가설 건물이나 이동 또는 철거가 용이한 비닐하우스 등은 건물임대차의 목적물이 될 수 없다(주거에 공하는 건물은 예외임).

건물임대차의 대상인 건물(빌딩)은 토지 위에 정착된 고정성있는 건축물로서 기초·기둥·벽·지붕이 있는 3차원의 공간을 의미하고, 건물로서 사용이 가능한 최소한의 기능이 있어야 한다. 뿐만 아니라 임차인이 사용 수익 목적에 부합하는 용도가 있어야 하고, 행정적 제재의 대상이 아니어야 하며, 관계법령으로부터 사용 수익하는 데 자유로워야 한다. 결론적으로 건물은 기술적으로 하자(누수·고장)가 없어야 하며, 법률적으로는 권리상 문제가 없어야만 건물임대차의 온전한 목적물이 될 수 있다.

임대차목적물의 종류에는 부동산(토지 및 건물)과 동산 등이 있으며, 건물자산 임대대상에는 수익성건물에 해당하는 주거용건물, 상업용건물, 산업용건물(공업용건물 포함)과 업무용건물(오피스건물) 및 특수용도건물(콘도미니엄, 오피스텔, 호텔) 등이 있다.

(6) 임대차의 법률적 배경

임대차는 계약의 일종이므로 계약의 법적 배경과 계약은 법률행위의 일종이므로 법률행위의 법적 배경을 함께 가지고 있다.

이를 분설하면 다음과 같다.

1) 임대차는 법률행위이다

법률행위의 의미는 법률효과 발생을 목적으로 하는 한 개, 두 개 또는 수 개의 의사표시를 불가결의 구성요소로 하는 법률요건을 의미한다. 법률행위에는 단독행위·계약합동행위 등이 있다. 건물의 임대는 부동산건물의 임대차이므로 법률행위로서 계약에 해당된다.

한 개의 의사표시로 구성되는 법률요건을 단독행위라 하고, 단독행위는 상대방있는 단독행위와 상대방없는 단독행위로 분류된다.

두 개의 의사표시로 구성되는 법률요건을 계약이라 하고, 청약의 의사표시와 승낙의 의사표시의 합치로 주로 이루어진다. 우리나라 민법은 전술한 바와 같이 채권편에서 임대차를 포함하여 14종류의 전형계약(유명계약)을 규정하고 있다. 수 개의 의사표시를 구성요소로 하는 법률요건을 합동행위라 하고, 그 대표적인 예는 사단법인 설립행위가 이 범주에 해당된다.

임대차는 법률행위이므로 구체적인 내용은 전술한 법률행위에 관한 고찰을 참고하기 바란다.

2) 임대차는 계약이다

임대차는 계약에 속하는 전형계약의 일종이므로 계약의 의미를 이해하는 것이 필요하다. 계약이라 함은 반대되는 두 개의 의사표시가 마침내 한 방향으로 만나서 합치되는 것을 의미한다. 즉 청약의 의사표시와 승낙의 의사표시가 만나서 합치되는 것을 의미한다. 이와 같은 합치는 청약자에 대한 승낙자의 합치, 즉 사람에 대한 합치의 의미를 갖는 주관적 합치와 청약내용과 승낙내용의 합치, 즉 객관적 합치 등 모두의 합치를 필요로 한다.

건물의 임대차는 계약의 일종으로서 부동산계약이므로 낙성·쌍무·유상·불요식계약의 성질이 있다. 낙성계약이라 함은 청약과 승낙의 의사표시가 합치하는 순간 계약의 효력이 발생되는 계약을 의미하며, 쌍무계약은 청약자와 승낙자 모두 일정 의무를 부담하는 계약이며, 유상계약은 청약자·승낙자 모두 일정한 대가를 부담하는 계약의 성질이 있는 계약을 의미하며, 불요식계약은 일정한 계약의 형식이 불필요한 계약으로 계약 이후 또 다른 이행이 불필요한 계약을 의미한다.

임대차는 계약의 일종이므로 구체적인 내용은 전술한 계약에 관한 법적 고찰편을 참고하기 바란다.

(7) 임대기간

임대차 존속기간을 의미한다. 본래 기간은 일정한 일시(시기)에서 일정한 시기(종기)까지 계속되는 시간적 간격을 의미한다. 민법은 임대기간에 관하여 최장기 20년(예외 있음)이며, 최단기에 관한 명문규정은 없다(다만 전세권의 경우 건물은 1년, 주택임대차는 2년, 상가건물은 1년으로 규정하고 있다). 1회 연장은 10년으로 규정하고 있다. 임대기간은 기간의 계산이 중요하며, 기간의 계산방법에 관하여 민법 제155조 이하에서 다음과 같이 규정하고 있다.

민법이 규정하는 기간은 법령이나 재판상의 처분 또는 법률행위(계약)에 의하여 다르게 정한 바가 없으면 민법의 규정을 따르도록 규정하고 있다. 민법 제155조에서 제161조에 규정하고 있는 기간계산에 대하여 설명하면 다음과 같다.

1) 기간의 기산점과 만료점

- 기간을 시, 분, 초로 정할 때는 즉시로부터 기산한다.
- 기간을 일, 주, 월, 년으로 정한 때는 기간의 초일을 산입하지 아니한다. 그러나 오전 영시로부터 시작하는 때에는 그러하지 아니한다.
- 연령은 초일을 산입한다.
- 기간을 일, 주, 월, 년으로 정한 때에는 기간 말일의 종료로 기간이 만료된다.

2) 역에 의한 계산

- 기간을 주, 월, 년으로 정한 때는 역에 의하여 계산한다.
- 주, 월, 년의 처음으로부터 기간을 기산하지 아니할 때는 최후의 주, 월 또는 년에서 그 기간의 기산일에 해당하는 날의 전일로 기간이 만료한다.
- 월 또는 년으로 정한 경우에 최종의 월에 해당 일이 없을 때에는 그 월의 말일로 기간이 만료된다.

3) 공휴일과 기간의 만료점

- 기간의 말일이 공휴일에 해당할 때에는 그 기간은 익일로 만료한다.
- 그러나 기간의 초일이 공휴일이라도 초일을 산입한다.

4) 기간약정의 경우와 약정이 없는 임대기간

임대차의 계약 체결시에 기간을 약정하는 경우와 기간의 약정이 없는 경우가 있다.

가) 기간의 약정이 있는 경우

우리나라 민법은 계약당사자가 법률행위(계약)시에 기간을 정하는 경우에는 최장기에 관하여 규정(제한)하고 있으나 최단기에 관하여 제한규정이 없다(다만 전세권의 경우 건물은 1년, 주택의 경우 2년으로 최단기를 규정하고 있다).

나) 기간의 약정이 없는 경우

기간의 약정이 없는 경우란 계약당초에 기간의 정함이 없는 경우와 법정갱신(묵시의 갱신)의 경우가 이에 해당된다. 임대차기간의 약정이 없는 경우에는 언제든지 계약해지의 통고를 할 수 있고, 이 경우 상대방이 그 통지를 받은 날로부터 다음의 기간이 경과하면 해지의 효력이 생긴다(민법 제635조제1항, 제2항).

다) 토지 · 건물 · 기타 공작물임대차

① **임대인 해지통고** : 6월

② **임차인 해지통고** : 1월

③ **동산임대차** : 5일

라) 민법 제635조

민법 제635조(기간약정 없는 임대차의 해지통고)는 강행규정이므로 이에 위반하여 임차인에게 불리한 것은 무효이다(민법 제 652조).

마) 민법 제635조의 규정

민법 제635조의 규정은 임대차에 있어서 일방 또는 쌍방이 해지권을 보유한 때에도 준용된다(민법 제636조).

5) 임대차기간의 갱신

계약에 의하여 임대차기간을 약정하는 경우 계약당사자는 그 기간을 갱신할 수 있다. 계약기간의 갱신방법은 다음과 같다.

① 합의(계약)에 의한 갱신방법
② 묵시의 갱신(법정갱신) 방법

가) 합의(계약)에 의한 갱신

① 임대차 갱신방법 중 합의에 의한 갱신이 가장 바람직한 방법이다. 임대차기간의 합의갱신은 계약당사자의 합의로 계약을 갱신하는 것으로 그 기간은 갱신하는 날로부터 10년을 넘지 못하도록 규정하고 있다(민법 제651조제2항). 그러나 최장기의 제한을 받지 않는 토지임대차는 갱신할 경우 10년 이상으로 갱신할 수 있다.
② 갱신의 횟수는 제한이 없으며, 여러 번의 갱신이 가능하다.
③ 임차인에게 계약갱신권·청구권이 인정되는 경우가 있는데 건물 기타 공작물의 소유 또는 식물이나 채염·목축을 위한 토지임대차는 그 기간이 만료될 경우 건물·수목·기타 지상시설이 존재할 때에는 임차인은 임대인에게 계약기간 갱신을 청구할 수 있다(민법 제643조). 이와 같은 임차인의 청구는 계약기간 갱신의 구속력은 없으며, 임대인은 이를 거절할 수 있다.

나) 묵시의 갱신

묵시의 갱신이란 임대차기간이 만료한 후 임차인이 임차물의 사용 수익을 계속하는 경우에 임대인이 상당하는 기간 내에 이의를 하지 아니할 때에는 전 임대차와 동일한 조건으로 다시 임차한 것으로 인정하는 갱신을 의미한다(민법 제639조). 다만 계약기간의 정함이 없는 계약으로 갱신된 것으로 본다. 그러나 계약당사자는 이와 같은 경우 각각 해지할 수 있다(민법 제635조). 이와 같은 해지통고시 전 임대차에 대하여 제3자가 제공한 담보는 기간의 만료로 인하여 소멸된다. 그러나 당사자가 제공한 담보는 계속 유효하다. 묵시의 갱신을 법정갱신이라고도 하며, 그 내용을 구체적으로 살펴보면 다음과 같다.

① 임대차기간 만료 후에도 임차인이 임차물의 사용 수익을 계속하는 경우에 임대인이 6월 또는 1월 기간 내에 이의를 제기하지 않을 때는 전 임대차와 동일한 조건으로 임대차한 것으로 본다(민법 제639조제1항).
② 이와 같은 경우 존속기간은 종전 임대차와 동일한 것으로 되지 아니하며, 기간

의 약정이 없는 계약이 된다. 따라서 계약당사자는 언제든지 상대방에게 해지통고할 수 있고, 다음과 같은 기일경과도 해지효력이 생긴다.

－토지·건물 기타 공작물
  임대인 해지통고 : 6월, 임차인 해지통고 : 1월
－동산임대차
  임대인·임차인 해지통고 : 5일

6) 단기임대차의 존속기간

처분의 능력이나 권한이 없는 자가 임대차를 하는 경우 그 임대차는 다음의 기간을 넘지 못한다(민법 제619조). 만약 초과하는 경우 다음 기간 내로 단축한다.

① **식목, 채염 또는 석조, 석회조, 연와조 및 이와 유사한 건축을 목적으로 한 토지임 대차** : 10년
② **기타 토지임대차** : 5년
③ **건물, 기타 공작물 임대차** : 3년
④ **동산임대차** : 6월

단기임대차는 당사자의 합의(계약)로 그 기간을 갱신할 수 있다. 다만 계약기간 만료 전 다음의 기간 내에 해야 하며, 그 이전에는 갱신할 수 없다(민법 제620조).

① **토지임대차** : 1년
② **건물, 기타 공작물 임대차** : 3월
③ **동산임대차** : 1월

또한 단기임대차를 갱신하는 경우 다음의 법정기간을 넘지 못한다.

① **동산임대차** : 6월
② **건물, 기타 공작물 임대차** : 3년
③ **식목, 채염 또는 석조, 석회조, 연와조, 이와 유사한 건축, 목축, 토지임대차** : 10년
④ **기타 토지임대차** : 5년

(8) 임대인과 임차인의 권리와 의무

1) 임대인의 권리와 의무

가) 임대인의 권리
임대차계약 체결 후 임대인은 다음과 같은 권리를 취득한다.

① **차임지급청구권과 차임증액청구권**

임대인은 임대차의 권리로써 차임지급청구권과 차임증액청구권을 향유하게 된다. 차임청구권은 임대차계약 체결시에 특별한 제한규정을 두거나 임차목적물이 주택임대차보호법이나 상가건물임대차보호법의 대상인 경우는 해당 법의 범위 내에서 차임증액이 가능하다. 차임지급청구권은 임대인에게 있어서 가장 중요한 권리이다.

② **법정 담보물권**

임대인은 일정한 경우에 법정 담보물권을 다음과 같이 취득하게 된다.

- 건물, 기타 공작물의 임대인이 임대차에 관한 채권에 기하여 그 물건이나 공작물에 부속한 임차인 소유 동산을 압류할 때는 법정질권을 취득한다(민법 제650조 및 제653조).
- 토지임대인이 임대차에 관한 채권에 의해서 임대지(임대목적물)에 부속 또는 그 사용의 편익에 공용한 임차인 소유의 동산 및 그 토지의 과실을 압류할 때에는 법정질권을 취득하게 된다(민법 제648조 및 제653조).
- 토지임대인이 변제기를 경과한 최후 2년의 차임채권에 의하여 그 토지에 있는 임차인 소유의 건물을 압류하면 법정저당권을 취득하게 된다(민법 제649조).

나) 임대인의 의무

임대인은 임대차계약 체결의 결과 다음과 같은 법적 구속을 당하게 된다.

① **목적물 인도의무**

임대인은 임대차계약 체결 후 일정한 보증금 또는 선불로 임대료를 수수하는 경우 임차인이 임차목적물을 사용 수익하도록 할 의무와 함께 이를 위해서 그 목적물을 임차인에게 인도해야 한다(민법 제623조).

② **목적물 상태유지의무**

임대인은 임대차계약 기간이 존속하는 동안 임차인이 사용 수익에 적합한 상태로 유지해야 할 의무를 지며, 이를 위하여 다음과 같은 목적물의 수선의무와 방해제거 의무를 부담한다.

㉮ **목적물 수선의무**

임대인은 임대존속 기간 중 임대목적물이 사용 수익하기에 부적합하게 된 경우 수선할 의무를 부담한다. 이와 같은 수선의무는 거래관념상 수선이 필요하고, 또 가능한 경우에만 수선하면 된다.

수선의 필요성이 천재지변이나 기타 불가항력으로 생긴 경우에도 임대인은 수선의무를 지며, 그 상태가 임차인의 책임으로 발생된 경우의 수선의무에는 학설의 대립이 있다. 이와 같은 경우에도 학설은 임대인에게 수선의무가 있음을 인정하는 것이 통설이다.

임대목적물의 수선의무는 임대인과 임차인의 협의나 특약으로 면제 또는 의무자가 변경될 수 있다. 그러나 구조 부분의 수선의무는 당연히 임대인이 지게 된다.

㉯ 방해배제의무

임차인이 임차목적물을 사용 수익함에 있어서 제3자가 목적물의 침탈 또는 방해하는 경우에 임대인은 방해원인, 방해상태를 제거해야 할 의무가 있다. 이와 같은 방해제거 의무는 임차인의 임차권에 의한 대항력이 있는 경우에 가지는 방해배제청구권, 점유보호청구권에 의해 스스로 제거할 수 있는 것과는 별도로 임대인에게 부과되는 의무 등이다.

③ 비용상환 의무

임차인이 임대존속기간 중에 필요비나 유익비를 지출할 때는 이를 상환해야 한다(민법 제626조). 이를 위한 임차인은 비용상환청구권이 있다.

④ 임대인의 담보책임

임대차는 유상계약이므로 매매에 관한 규정이 준용되며, 따라서 임대인은 임대목적물에 대하여 매도인과 같은 담보책임을 부담한다.

2) 임차인의 권리와 의무

가) 임차인의 권리

임차인은 본래의 용도 임대차계약에 기하여 임차권(사용 수익권), 비용상환청구권 및 부속물매수청구권과 철거권 등을 향유하게 된다.

① 임차권

임차권이란 임대차계약 체결 결과 임차인이 갖는 권리 중 가장 중요한 권리로서 임차목적물에 대한 사용권・수익권를 의미한다. 그러나 임차권의 행사는 임대차계약이나 임차목적물의 성질과 관계법령에 의하여 정해진 용법이나 용도대로 사용 수익할 때 보장된다.

이와 같은 범위를 벗어난 사용 수익은 해지의 원인이 되며, 임차권을 제한할 뿐 아니라 채무불이행이 된다. 이와 같은 임차권은 임대인에 대하여 대항력이 있으며, 임차권의 주장은 가능하다. 권리의 본질이 채권이므로 제3자에 대하여 대항할 수 없다. 예컨대 제3자가 임차목적물의 소유권을 갖는 경우 제3자의 반환청구에 응해야 한다.

왜냐하면 매매는 원칙적으로 임대차를 깨뜨리기 때문이다. 이와 같은 경우 당초 체결되었던 임대차는 종료하고 효력을 상실하게 된다. 그러나 민법은 다음과 같은 경우에 부동산 임대차계약의 임차권에 대하여 제3자에게 대항력을 인정하고 있다.

㉮ 부동산임대차를 등기하는 경우(민법 제621조)

임차계약상 반대특약이 없는 경우 임차인에게 등기청구권이 있고, 임대인에게는 등기협력 의무가 있다. 임차권을 등기하면 물권의 대우를 받게 된다.

㉯ 건물대지임대차(건물소유 목적 토지임대차)는 등기에 관계없이 그 지상권을 등기하는 경우(민법 제622조제1항)

이와 같은 경우의 예는 임차인이 토지를 임차하고 그 지상에 건물을 신축보전등기하는 경우와 토지임차권과 그 지상물을 양도받아 이전등기를 하는 경우가 있다. 특이한 것은 이와 같은 경우 제3자에 대항력을 갖게 되나 지상건물이 임대차기간 만료 전에 멸실되거나 붕괴·철거·후폐한 때에는 토지임대차는 대항력을 상실하게 된다(민법 제622조제2항).

㉰ 그러나 건물임대차 중 주택임대차와 상가건물임대차보호법의 보호대상건물(상가)은 등기하지 아니하고 일정한 조건을 갖추는 경우 제3자에게 대항력을 갖게 된다(주택의 경우 임대차계약+점유(이사)+전입신고).

② 비용상환청구권

임차인이 임차기간 동안 임차목적물에 관하여 비용을 지출한 경우에는 구별에 따라 필요비와 유익비를 청구할 수 있다.

㉮ 필요비

임차물의 보존에 지출된 비용을 필요비라 하며, 임대차 종료와 관계없이 지출 즉시 상환을 청구할 수 있다(민법 제626조제1항).

필요비의 범위는 임차목적물의 원상유지, 원상회복, 통상 용도에 적합상태 보존에 사용된 비용은 필요비로 인정한다. 필요비에 관한 규정은 임의규정이므로 계약당사자의 협의로 지출의무를 바꿀 수 있거나 포기하게 할 수 있다. 그러나 대수선의 경우 필요비의 상환을 청구할 수 있다.

민법의 규정에 따르면 일반건물임대차의 수리의무는 임대인이, 전세권의 경우 임차인(전세권자)이 부담하도록 규정하고 있으며, 건축물 골조부위는 언제나 임대인이 수리의무를 부담하도록 규정하고 있다.

㉯ 유익비

유익비란 임차인이 임차기간 중 임차목적물의 객관적 가치증대를 위하여 또는 개량을 위하여 지출한 비용으로서 임대차기간 종료 후 개량한 가액의 증가가 현존할 때, 그리고 현존한 범위 내에서 상환을 청구할 수 있다(민법 제626조제2항).

상환금액은 실제 지출비용이나 증가액 중 임대인이 선택한 선택채권에 따라 정해진다.

임대차의 유익비는 임차목적물의 목적 그 자체의 가치를 증가시키는 것이 아니므로 건물 내부에 신발장, 주방 인테리어 설치에 사용된 비용은 유익비로 볼 수 없으며 임차건물에 사용하기 위한 도로의 포장공사비는 유익비에 해당된다.

유익비와 필요비는 6월의 제척기간이 적용된다. 임대인이 목적물을 반환받은 날부터 6월 내에 행사하여야 한다(민법 제654조). 다시 말하면 6월 이내에 소(訴)를 제기해야 한다.

중요한 것은 임차인의 비용상환청구권에 관하여는 유치권이 발생한다. 다만 법원이 상환기간을 허용한 경우와 임대차 종료 후 불법점유하면서 지출한 비용에 대해서는 유치권이 없다.

③ 건물임차인의 부속물매수청구권과 지상물매수청구권 및 부속물철거권

㉮ 부속물매수청구권

건물, 기타 공작물의 소유 또는 식목 · 채염 · 목축을 목적으로 한 토지임대차의 기간이 만료한 경우에 건물 · 수목 · 기타 지상시설물이 현존하는 때에는 임차인은 부속물의 매수청구권을 갖는다.

또한 임차인은 건물, 기타 공작물의 임차인이 그 사용의 편익을 위하여 임대인의 동의를 얻어 이에 부속한 물건이 있을 때에는 임대차의 종료시에 임대인에 대하여 그 부속물의 매수를 청구할 수 있다.

임대인으로부터 매수한 물건 역시 임차인은 매수청구권이 있다.

다시 말하면 민법은 관련규정을 두고 임차인이 임차물에 투자한 자본의 회수를 쉽게 하도록 임차물과 임차부속물에 대한 사회경제적 가치를 유지하도록 임대 종료시에 임차물매수청구권과 부속물매수청구권을 임차인에게

인정한다. 임차물매수청구권과 부속물매수청구권이 임차인에 발생되는 경우는 다음과 같다.

건물, 기타 공작물의 임차인의 사용편익을 위하여 임대인의 동의를 얻어 그에 부속시킨 물건 또는 임대인으로부터 매수한 부속물이 있을 때 부속물매수청구권이 인정된다.

㈏ 지상물매수청구권

토지임대차에 있어서 그 지상에 건물·수목, 기타 지상시설이 현존하여 임대계약 갱신을 청구하였으나 거절당했을 때 지상물매수청구권이 발생한다(민법 제643조).

이와 같은 부속물매수청구권은 형성권이므로 임차인의 단독의사표시로 상대방에 도달하면 즉시 효력이 발생한다. 또한 매수청구권이 예상되는 대금은 매수청구권을 행사할 때 시가에 의한다.

부속물매수청구권은 강행규정이므로 임차인에게 불리한 것은 무효이다(민법 제652조). 그러나 일시사용을 위한 임대차에는 부속물매수청구권은 인정되지 않는다.

이상에서 설명한 지상물매수청구권은 강행규정으로서 토지임대차에서만 인정되고, 부속물매수청구권 역시 강행규정으로서 건물이나 공작물임대차에서만 인정된다.

㈐ 부속물철거권

임대인의 사전동의없이 임차물에 부속시킨 물건에 대해서는 부속물매수청구권이 발생되지 아니하고 철거권만 인정된다.

또한 임차인은 임대차 종료시 그 임차권에 기초하여 부속시킨 물건은 철거할 수 있다(민법 제654조).

비용상환청구권과 부속물매수청구권을 비교하면 다음과 같다.

구 분	비용상환청구권	부속물매수청구권
목적물	독립한 물건	건물의 구성부분
권리행사 경우와 조건	임대인의 동의받고 부속 또는 임대인으로부터 매수한 경우	비용발행한 경우
법적 성질	강행규정	임의규정

나) 임차인의 의무

임차인의 의무란 임대차에 있어서 임차인이 지켜야 할 법적 구속을 의미하는 것으로 민법 제633조(차임지급 의무), 민법 제634조(임차인의 통지의무), 민법 제640조(차임연체와 해지), 민법 제641조 등의 규정에서 임차인의 의무를 규정하고 있다.

① **임차인의 중요한 의무를 크게 분류하면 다음과 같다.**

- 차임지급의무
- 임차물 보관의무
- 임차물 반환의무

㉮ 임차물 보관의무를 다시 세분하면 다음과 같다.

· 선관의무(선량한 관리자의 주의의무)

· 통지의무

· 인용의무

㉯ 임대차의 임차인 의무를 분설하면 대체로 다음과 같다.

② **차임지급 의무**

차임이란 임차인이 임차물에 대한 사용 수익 대가로 지급되는 금전 또는 유가물을 의미하는 것으로 임차인은 차임지급의무를 일차적으로 부담한다. 임차인의 의무 중 가장 기본적 의무인 동시에 중요한 의무이기도 하다. 또한 차임지급은 임대차계약의 요소이다. 차임은 금전, 기타 곡물, 기타 대체물로 지급이 가능하나 금액이나 종류에 대해서 민법상 일체의 제한은 없다. 차임의무는 복수의 다수인이 임차한 경우에는 그 수인의 임차인 모두가 연대하여 차임지급 의무를 진다. 차임지급시기는 원칙적으로 약정한 날에 지급해야 한다. 다만 계약서상 특별한 규정이 없는 경우 다음과 같이 지급하면 된다. 또한 민법은 지급시기에 대하여 후불을 원칙으로 하고 있다.

③ **동산, 또는 건물, 대지는 매월 말**

④ **기타 토지임대차는 매년 말**

⑤ **수확이 있는 것은 수확 후 즉시 지급해야 한다**(민법 제633조).

⑥ **차임증감청구권**

임대인과 임차인은 다음 경우에 해당될 때는 상호 임차료의 증감을 청구할 수 있다. 즉 사정변경에 의하여 차임의 증감을 청구할 수 있다.

• 차임약정시와 증감청구시 경제사정에 변동이 있을 것

- 일시사용 임대차가 아닐 것
- 증액청구의 금지약정이 없을 것
- 증감청구시 종래 약정된 차임이 상당하지 않을 것

또한 임차물의 일부 멸실에 따라서도 임차료의 증감을 청구할 수 있다(민법 제627조제1항). 즉 임차물의 일부가 임차인의 과실없이 멸실, 기타 사유로 사용할 수 없게 된 때에는 임차인은 멸실된 부분의 비율에 따라 차임의 감액을 청구할 수 있다.

다시 말하면 천재지변, 불가항력에 의하여 임차물의 일부가 멸실 훼손되거나 토지수용 등 당사자 쌍방이 책임없는 사유로 일부 사용 수익 불능, 임대인의 수선의무 불이행 등 임대인의 귀책사유로 인한 일부 사용 수익 불능시 민법 제627조제1항(일부멸실 차임증감청구)을 적용한다.

다만 잔존 부분만으로 임차목적을 달성할 수 없을 때는 계약을 해지할 수 있다(민법 제627제2항).

- 차임증감청구권의 행사방법은 차임청구권은 형성권이므로 재판 외에서는 상대방에 대한 의사표시로 한다.
- 차임증감청구권의 효력은 청구의 의사가 도달한 때부터 차임은 객관적으로 증감된다. 사정변경에 의한 증감은 장래에 대한 차임이 증감된다.
- 차임채권 확보방법

  일정한 경우 토지 건물 임대인에게 법정담보물권(법정질권, 법정저당권)을 인정한다(민법 제648조～제650조, 제653조).

⑦ 차임연체와 해지

㉮ 건물, 기타 공작물임대차

건물이나 공작물임대차시 임차인의 차임연체액이 2기분에 도달할 때 임대인은 계약을 해지할 수 있다. 2기 연체의 의미는 연속 2기는 물론 연체총액이 2기분에 달한 경우도 해당된다. 일시임대차에는 적용되지 아니하며 강행규정이다. 임차인에게 불리한 것은 무효이다(민법 제652조).

㉯ 토지임대차

건물, 기타 공작물 소유 또는 식목·채염·목축을 목적으로 하는 토지임대차 역시 2기 임차료를 연체하는 경우 임대인은 해지할 수 있다. 그러나 토지 지상에 건물, 기타 공작물이 저당권의 목적이 되어 있을 때는 그 저당권자에게 통지 후 상당기간 경과해야 해지의 효력이 생긴다(민법 제642조).

⑧ **임차물 보관의무**

임차인을 임차물을 반환할 때까지 선량한 관리자의 주의의무로 임차물을 보관하고, 임차물에 대하여 권리를 주장하는 자가 있을 경우 지체없이 임대인에게 통지해야 하며, 임대인이 임차물에 보존행위를 하고자 할 때 인용의무가 있다. 즉 임차물 보관과 관련하여 다음과 같은 의무가 있다.

- 선관의무
- 통지의무
- 인용의무

⑨ **임차물 반환의무**

임차인은 임대차기간이 종료하면 임차물을 원상회복하여 임대인에게 반환해야 한다. 그리고 부속물은 임대인이 원하지 않을 경우 철거해야 한다.

(9) 임차권의 양도와 전대

1) 양도와 전대의 의의

임차권의 양도란 임차인이 향유하고 있는 임차권의 동일성을 유지하면서 새로운 양수인에게 이전하는 것을 의미한다. 낙성・불요식 계약으로서 양도인과 양수인 사이에 합의만으로 유효하게 성립한다.

이와 같은 양도에 대하여 우리나라 민법은 제한주의를 채택하고 있으므로 원칙적으로 임대인의 동의(사전・사후 동의)없이는 양도하지 못한다(민법 제629조제1항). 양도를 계약으로 보지 아니하고 계약인수(임대인・임차인・양수인 3자 합의)로 보는 설이 있으나 소수설에 불과하다.

임대차의 전대란 임차인이 임차권의 대상인 임차물을 전차인(제3자)에게 사용 수익시킬 목적으로 임차권을 임차인이 유지하면서 전대인의 자격으로 전차인에게 임차물에 대한 계약을 말한다. 전대차계약 체결만으로 전대차는 유효하게 성립한다.

2) 양도와 전대의 차이점

양도는 임차인의 임차권은 소멸하고 새로운 양수인에게 귀속하나 전대는 임차인의 임차권은 그대로 유지하고 전차인은 새로운 임차권을 취득한다.

3) 대항요건

① 임대차의 양도나 전대는 임대인의 동의없이도 유효하나 임대인 기타 제3자에게 대항하려면 임대인의 동의가 필요하다.

② 동의를 구하는 자는 양수인 · 전차인 등 누구라도 개별적으로 또는 일반적으로 사전, 사후에도 할 수 있다.

③ 동의방식 또는 시기에는 제한이 없다. 양도 · 전대 전에 하는 것이 좋다. 동의의 상대방 역시 그 중 누구든 상관없다.

④ 동의사실 입증책임은 양수인이나 전차인이 진다.

4) 합법적 양도 · 전대의 효과

임대인의 동의를 받고 행한 양도 또한 전대를 의미한다.

가) 합법적 양도

① 임차권은 동일성을 유지하면서 양수인에게 확정적으로 이전된다.

② 임차인의 임차권은 상실되고 임차관계에서 완전히 자유롭게 된다.

③ 양수인이 임차권을 승계하고 임차인으로서 권리와 의무를 진다.

④ 임차권의 권리의무는 장래에 향한 것이며, 양수 · 양도 계약 전의 연체차임 채무, 기타 손해배상채무, 공과금 등 특약이 없는 한 양수인에게 이전되지 아니한다.

나) 합법적 전대

① 임대인과 전대인 관계

전차인은 임대인과의 임대차관계가 성립되지 않으나 임대인에 대하여 차임지급 의무 등 직접 의무를 부담한다. 기존 임차인의 의무범위 내에서 체결된 전대차계약에 의하여 그 내용이 정해진다.

② 임대인과 임차인 관계

임대인과 임차인 사이의 임대차에 의한 권리의무는 그대로 유지된다. 임차인은 보관의무가 있으므로 전차인의 과실에 책임을 진다(불진정 연대채무부담).

③ 임차인(전대인)과 전차인 관계

- 전대차계약에 따라 새로운 법률관계가 발생한다. 원래의 계약내용과 다르게 작성 체결되어도 상관없다.
- 전차인은 전대인에게 직접 의무를 부담하므로 그 범위 내에서 임차인(전대인)에 대하여 차임채무를 면하게 된다.

5) 전대차의 존속기간

전대차의 존속기간은 원칙적으로 본래의 임대차가 종료되는 경우, 즉 기간만료되는 경우 또는 기타 이유로 인하여 종료되면 전대차는 종료된다. 그러나 예외적으로 민법은 전대차의 존속보장을 위하여 특칙을 두고 있다.

이와 같은 민법의 특칙의 내용을 설명하면 다음과 같다.

① 전대차의 기초가 되는 임대차계약이 해지 통고로 인하여 종료되는 경우 이를 전차인에게 통지해야 하며, 만약 통지를 하지 않을 경우 임대인은 해지로서 전차인에게 대항하지 못한다. 전차인이 이와 같은 통지의 효력은 부동산임대차의 경우 6월, 동산임대차의 경우 5일이 경과해야 해지의 효력이 생긴다(민법 제638조제2항, 민법 제635조제2항).

② 임대인과 임차인 합의로 본래의 임대차계약을 종료한 경우라도 전차인의 권리는 소멸하지 아니한다(민법 제631조).

③ 임차인이 그의 임차권을 포기한 경우에도 권리는 소멸하지 않는다.

④ 일정한 경우 전차인은 매수청구권이나 임대청구권을 가진다. 건물, 기타 공작물의 소유나 식목·채염·목축을 목적으로 토지임차인이 적법하게 그 토지를 전대한 경우, 임대차와 전대차 기간이 동시에 만료되고 지상시설이 현존할 때에는 전차인은 임대인에 대하여 전 임대차와 동일한 조건을 임대할 것을 청구할 수 있다(민법 제644조제1항).

6) 불법양도와 불법전대

임대인의 동의없이 임차인이 임차물을 양수인 또는 전차인에게 임차권의 전부 또는 일부를 양도하거나 전대하는 경우 불법양도 또는 불법전대라 한다.

① 그러나 임대인의 동의는 전대나 양도의 유효요건이 아니므로 불법양도나 불법전대도 양도나 전대의 당사자간에는 유효하다. 다만 임대인에게는 대항할 수 없다. 다시 말하면 임대인에게 임차권의 취득을 주장할 수 없으며, 임대인이 소유권에 의한 물권적 청구권을 행사하여 방해배제를 청구할 경우 양수인이나 전차인은 이에 응해야 한다.

② 그러나 임대인과 임차인 사이에 체결한 임대차계약을 해지하지 않는 한 양수인과 전차인이 직접 임대인에게 임차물의 반환을 청구할 수 없고 임차인에게 반환을 청구할 수 있다.

③ 임차인이 무단전대나 무단양도시 임대인은 해지할 수 있다. 그러나 임차인이 임차물의 일부를 전대하는 경우에는 임대인의 해지권은 행사하지 못한다(민법 제632조). 그러나 이와 같은 규정은 임의규정에 불과하다.

④ 임차인은 보관의무가 그대로 존재하며 임차물에 파손·멸실 등의 손해가 발생하면 임차인은 양수인과 전차인이 불진정연대 손해배상책임을 진다. 왜냐하면

양수인과 전차인은 임차인의 이행 보조자 지위에 있기 때문이다.

(10) 보증금

1) 보증금의 의의

토지나 건물임대차(부동산임대차)에 있어서 채무(차임채무, 손해보상채무 등)를 담보하기 위하여 임차인 또는 제3자가 임대인에게 교부하는 금전 기타 유가물을 의미한다. 우리나라 민법에는 이에 관한 특별한 규정은 없으나 임대차 관습에 의하여 오래 전부터 실시되고 있다.

보증금은 월세보증금, 전세보증금 등으로 구분할 수 있으나 무보증금부 월세제도(방식)나 단기 하우징 렌털 임대방식 또는 임대료 선납제 임대방식 등에는 보증금의 개념은 없다.

보증금은 정지조건부 반환채무를 수반하는 금전소유권의 이전이라는 법적 성질이 있다.

2) 보증금의 기능

우리나라 임대제도는 미국이나 일본 등의 임대제도와는 달리 임대보증금은 다음과 같은 기능을 하고 있다.

① 손해배상채무 담보기능
② 차임충당금 기능(차임 연체시)
③ 차임의 변칙적 지불기능(채권적 전세, 전세권)
④ 차임의 보충적 기능(월세보증금)

전술한 바와 같이 일반적으로 전세라 호칭하는 채권적 전세(미등기전세, 일반적으로 관습상 전세라 호칭하는 임대제도)의 경우나 전세권의 경우 교부되는 다액의 전세금의 이자를 통하여 임대료 지불의 변칙적 기능을 하고 있다.

또한 월임대료(차임)의 경우 교부되는 보증금 역시 이자수입을 통하여 차임의 보충기능을 수행하고 있다.

3) 보증금계약

보증금은 보증금 계약시에 수수되는 금전으로서 그 기능은 전술한 바와 같다. 보증금계약은 임대차계약과는 별개의 계약이나 체결하고자 하는 임대차계약에 종된 계약이다. 따라서 계약금계약은 후속적으로 이어지는 임대차계약이 체결되고 유효하게 성립될 때 비로소 보증금계약도 유효하게 성립된다.

보증금계약은 요물계약으로 통상 이루어진다. 왜냐하면 계약체결 후 보증금의 수수를 수반해야 하기 때문이다. 그러나 낙성계약으로도 가능하다.

보증금계약은 임대차계약과 동시에 체결될 필요는 없다. 또한 보증금계약의 당사자는 임차인이나 제3자도 될 수 있다.

보증금계약시의 보증금의 금액에 관해서는 우리 민법에 아무런 규정이 없다. 다만 관습상 행해지고 있을 뿐이다.

결론적으로 보증금계약은 임대계약 체결시 수수되는 보증금이 아니라 별도로 체결되는 보증계약으로서 후속적으로 이루어지는 임대차계약이 이루어질 때 비로소 유효하게 이루어지는 종된 계약의 성질밖에 없다.

4) 보증금의 효력

보증금은 임대료(차임)의 미지급시 임차물의 손괴・멸실・훼손・파손・고장 등에 대한 손해배상이나 위약금 등 임대차 관계에서 발생되는 모든 임차인채무를 담보하며, 임대기간 만료시 임차인 책임의 임차인 채무금액만큼 공제하고 반환하게 된다. 따라서 임대인은 임차인채무를 우선 변제받는 효과가 있다.

묵시의 갱신(법정갱신)의 경우에는 종전의 임차보증금은 그대로 존속되나 제3자가 제공한 임차보증금은 소멸되므로 임대인은 종전의 보증금을 납부하도록 청구해야 한다.

임대인의 변경의 경우에는 보증금이 승계되는 경우와 승계되지 않는 경우가 있다. 주택임대차보호법이나 상가건물임대차보호법의 보호대상 주택과 상가건물의 임차보증금은 대항력에 의하여 당연히 법적으로 승계되어 신소유자가 보증금에 대하여 책임지게 된다.

그러나 일반건물의 임대차의 경우 임차인에게는 대항력이 없으므로 신소유자와 임차인은 신규 임대차계약을 다시 체결해야 한다.

5) 보증금의 반환과 반환청구권

보증금은 정지조건부 반환채무를 수반하는 금전소유권의 이전이라고 보는 견해(통설)에 따라 보증금 반환청구권의 발생은 임대차 종료시 임차물 반환 때 임차인의 채무가 없는 것을 정지조건으로 발생한다고 주장하고 있다. 그러나 대법원 판례와 소수설의 견해는 보증금 반환청구권은 임대 종료시 임대인의 반환채권의 존재를 해제조건으로 발생된다고 주장하고 있다.

이상과 같이 보증금 반환청구권은 통설의 정지조건이나 판례와 소수설의 해제조건이건간에 보증금 반환은 임차물 반환과 동시이행 관계에 있다. 동시이행 관계의 청산범위는 보증금 중에서 연체료, 미납관리비, 기타 비용 모두를 공제한 잔여보증금과 임차물 반환시(명도시) 동시이행으로 반환하게 된다.

(11) 권리금

권리금이란 도시 상업지역에서 부동산, 특히 건물임대차시에 유형적 재산가치(영업시설 비품, 유형물)와 무형의 재산적 가치[영업의 노하우, 점포위치, 상권, 거래처 신용, 상호(브랜드의 가치)]의 이전과 그 부동산이 가지는 장소적 이익의 대가나 기존 상업권에 대한 보상 및 기존 시설에 대한 대가 등의 명목으로 양도인(임차인)과 양수인, 전대인(임차인)과 전차인 사이에 수수되는 금전을 의미한다.

특수한 경우이기는 하나 임대인이 임차인에게 임대차시 수수되는 경우도 있다. 이와 같은 경우에는 임대차 종료시 임대인은 임차인이 그에 상응하는 권리금을 새로운 임차인(양수인)에게 수수하더라도 인용해야 한다.

권리금은 건물임대에 관한 관행의 산물이며, 민법 등 다른 법률에서 이에 관한 제한이나 명문규정이 없다. 권리금 역시 보증금의 경우와 같이 권리금계약에 의하여 수수되며, 이에 해당되는 양도양수계약(새로운 임대차계약)의 유효한 성립시에만 권리금 수수도 유효하다.

권리금에 대하여 임대인은 하등의 법적 책임이 없으며, 임대차계약 체결시 비록 임대인이 임차인에게 권리금의 인정을 서면으로 약속했다고 해서 임차인은 임대차 종료시 이를 임대인에게 주장할 수 없다. 다만 임대인이 권리금 수수를 용인한 후 임대인이 임차인의 권리금 회수를 방해할 목적으로 정당한 사유없이 임차물의 반환을 요구하는 경우에는 임대인이 권리금의 지급의무가 있다(대법원 판례, 2000. 4. 1, 2000다4517 및 2000다4524).

(12) 임대차의 종료

임대차의 종료란 임대차 종료 원인에 의하여 임대차계약의 효력정지를 의미하는 것으로 종료 원인은 다음과 같다.

① 임대기간 만료(존속기간 만료)
② 해지통고
③ 해지(합의해지와 법정해지)

1) 임대기간의 만료

임대차계약서에 임대기간의 약정을 명기한 경우(존속기간의 약정이 있는 경우)는 임대기간이 만료되면 임대차는 종료하게 된다. 다만 법정갱신(묵시의 갱신)의 경우에 예외적 규정이 있다.

2) 해지통고

가) 기간의 약정이 없는 임대차(법정갱신 포함)

계약당사자는 언제든지 계약 해지통고를 할 수 있다. 해지통고의 효력은 상대방이 통고받은 날로부터 다음 기간이 경과되었을 때 해지의 효력이 발생한다.

① **토지 · 건물, 기타 공작물임대차**(민법 적용대상)
- 임대인 해지통고 : 6월
- 임차인 해지통고 : 1월

② **동산임대차**(민법 적용대상)
- 임대인 · 임차인 공히 해지통고 : 5일

③ **주택임대차**(주택임대차보호법 적용대상)
- 임대인 해지통고 못함
- 임차인 해지통고 : 3월

④ **상가건물임대차**(상가건물임대차보호법 적용대상)
- 임대인 해지통고 못함
- 임차인 해지통고 : 3월

나) 임대차기간의 약정이 있는 임대차에 있어서 약정해지권 유보 경우

계약당사자 쌍방 또는 일방이 해지권리를 가지는 경우(유보하는 경우) 해지권리자는 상대방에게 해지통고를 할 수 있고, 그 효력은 민법의 규정(법 제636조)에 따라 묵시적 갱신의 해지통고시와 같은 효력을 갖는다.

다) 임차인 파산선고의 경우

임대인 또는 파산관재인은 해지통고할 수 있다(민법 제637조제1항). 통고 후 일정기간이 경과 후 임대차는 종료된다. 즉 민법 제635조에 의하여 약정없는 임대차의 해지통고와 같이 통고 후 해지의 효력이 생긴다.

3) 법정해지

약정해지와 관계없이 다음의 경우 법정해지에 해당되어 일정기간의 경과를 기다리지 아니하고 즉시 임대차 종료의 효력이 발생한다. 다시 말하면 법정해지권자에 의한 해지의 의사표시가 상대방에게 도달할 때 임대종료의 효과가 발생한다.

가) 임대인의 법정해지권

① 임차인이 임대인 동의없이 임차권을 불법 양도 또는 전대한 때(민법 제929조)

② 부동산임대차에 있어서 임차인이 2기분 이상의 차임을 연체한 때(민법 제640조 및 제641조)

③ 임차인이 보증금지 의무를 이행하지 않은 때

나) 임차인의 법정해지권

① 임차인의 과실없이 임차물 일부가 멸실되어 임차의 목적을 달성할 수 없을 때 (민법 제627조)

② 임대인이 임차인 의사에 반하여 보존행위를 함으로써 임차의 목적(사용 수익)을 달성할 수 없을 때(민법 제625조)

(13) 임차권의 비교

건물토지(부동산) 임대차를 규정하고 있는 민법의 임대차의 임차권과 특별법인 주택임대차보호법상 주택임차권 및 상가건물임대차보호법의 상가건물임차권 및 권세권을 상호 비교하면 <표 2-4>와 같다.

<표 2-4> 임차권과 전세권의 비교

구 분	일반임차권	주택임차권	상가건물임차권	전세권
대항력	없음 단 임차권 등기하면 있음 (민법 제621조)	있음 (대항요건 충족시) -주택인도 -주민등록 (전입신고 익일)	있음 (대항요건 충족시) 건물인도 관계법 (부가가치세법, 소득세법, 법인세법)에 의한 사업자 등록신청	있음
성질	채권 등기하면 물권	채권	채권	물권
존속기간	최장기 20년 (예외 있음) 최단기 규정없음	최장기 20년 최단기 2년	최장기 20년 최단기 1년	최장기 10년 최단기 1년(건물)
사용대가	차임	차임	차임	전세금
양도	임대인 동의	임대인 동의	임대인 동의	임의 양도 (양도자유)
갱신	가능	가능	가능 임차인 하자없는 경우 5년 보장	가능

구 분	일반임차권	주택임차권	상가건물임차권	전세권
수리비	임대인 부담	임대인 부담	임대인 부담	전세권자 부담 (임차인 부담)
우선변제권	없음	있음 (대항력+확정일자)	있음 (대항력+확정일자)	있음
권리승계	불인정	인정	인정	인정
증감청구	명문규정 없음	인정 1년1회 (약정차임 또는 보증금의 20분의 1의 금액 범위 내)	인정 1년1회 (당시의 차임, 보증금의 100분의 12의 금액 범위 내)	명문규정 없음
부속물매수 청구권	있음	있음	있음	있음

2. 주택임대차보호법의 주택임대차

(1) 주택임대차의 특별법

주택임대차에 관한 관계 법률에는 주택임대차보호법이 있다. 주택임대차보호법은 주거용건물(주택)에 관하여 국민의 주거생활 안정을 목적으로 임대차에 관한 민법의 특례를 인정하고 있는 민법의 특별법이다.

주택임대차보호법은 무주택 서민(주택임차인)을 적극 보호함으로써 서민 주거생활의 안정을 목적으로 하고 있는 사회법 성격의 법률로서 전13조로 구성되어 있으며, 본법 외에 시행령을 두고 있다.

즉 주택임대차보호법은 주택임대차에 관하여

① 민법의 특례를 규정하고 있으며
② 임차인을 위한 강행규정이고
③ 주택임차인의 주거생활 안정에 목적을 두고 제정되었다.

(2) 적용범위

① 주택임대차보호법은 주거용건물의 전부 또는 일부의 주택임대차에 관하여 적용한다(법 제2조).

② 또한 주거용건물의 일부가 주거 외의 목적으로 사용되는 경우에도 적용된다.
③ 뿐만 아니라 미등기전세(채권적 전세)에도 적용된다. 이와 같은 전세금은 임대차의 보증금으로 본다(법 제12조).
④ 그러나 일시사용을 위한 임대차에는 본법은 적용되지 않는다(법 제11조).

(3) 주택임대차의 개념과 임대차 대상 주택

① 주택임대차는 임대인(당사자의 일방)이 임차인에게 주택을 사용 수익케 하고, 그 대가로 일정한 차임을 받기로 한 계약을 말한다. 따라서 건물(주택)의 임대차에만 적용되고 사용대차에는 적용되지 아니한다.
② 주택임대차는 주거용건물, 즉 주택에 대해서만 적용된다.
 - 주거용건물의 판단기준은 등기공부나 행정공부에 의하여 판단할 것이 아니라 건물사용의 현황, 실제용도 등으로 보아서 현실적으로 주거용도로 쓰이고 있는지 여부에 따라 실질적으로 판단해야 한다.
 - 따라서 실질적으로 사람이 주거용도로 살고 있는 건물(주택 포함)인 경우 등기 여부, 준공 여부(사용가 여부), 건축허가 여부와 관계없이 주택으로 본다. 주거용건물의 판정시기는 주택임대차 계약시를 기준해서 판단해야 한다.
 - 그러므로 비주거용건물을 임차하여 주거용건물로 개조한 경우에는 본법의 적용에서 제외된다. 그러나 임대차계약 당시 임대인과 임차인이 합의에 따라 주거용도로 개조하여 주거로 사용하고 있는 건물에는 주택임대차보호법이 적용된다.
 - 주거용건물에 해당되는 건물의 전부나 일부의 임대차 모두 본법의 적용을 받는다.
 - 법인은 주택임대차보호법의 보호대상이 아니다. 주택임대차보호법은 자연인 중 무주택 서민을 보호할 목적으로 제정된 법률이므로 법인에게는 적용되지 않는다.
 - 주택임대차보호법의 적용을 받는 구분 소유건물의 경우(아파트, 연립주택, 다세대주택)에는 지번 외에 동, 층수, 호수까지 전입신고해야 하며, 단독주택이나 다가구주택 같이 비구분 소유건물은 지번만 기재하여도 임대차의 공시방법으로 유효하다.
 - 겸용주택(주거용도+다용도 건물주택)의 경우 주용도가 주거이고 타용도가 종인 경우(예컨대, 6평 주거, 5평 점포 경우)에도 건물 전체가 주택임대차보호법의 대상이 된다.

- 주거용건물일지라도 일시적으로 사용하는 건물은 본법의 적용대상이 아니다. 일시적 사용기준은 기간의 장·단기, 목적, 동기 등 여러 사정을 종합해서 판단해야 한다.

(4) 대항력

1) 대항력의 의의와 요건

주택임대차에 있어서 대항력이라 함은 주택임대차에 관한 등기가 없는 경우라도 임차인이 주택임대차계약을 체결하고 주택의 인도(이사)와 주민등록 전입신고를 하는 경우 다음날(익일)부터 제3자에 대하여 대항력을 갖는다.

이와 같은 대항력의 의미는 임차물 주택이 매매나 경매된 경우에도 매수인 또는 경락인에게 임차인은 임차권을 행사할 수 있는 권리를 의미한다. 이와 같은 경우 매매는 임대차를 깨뜨리지 못한다.

주택임대차보호법은 제3조제2항에서 "임차주택의 양수인은 임대인의 지위를 승계한 것으로 본다."라고 규정함으로써 매수인이나 경락자는 당연히 임대인의 권리와 의무까지 포괄승계한 것으로 해석해야 한다.

2) 대항력의 내용

가) 임대인의 지위승계

지위의 승계 개념은 임대차 관계뿐 아니라 보증금의 권리의무도 승계하는 것을 의미하며, 따라서 양도인(전 임대인)은 임차인에 대하여 보증금 채무는 소멸하고 양수인(매수인)이 임대보증금 채무변제 의무를 부담하게 된다.

나) 주민등록

① 임차인의 자녀(공동생활 가족)가 전입신고한 경우에도 주택임대차보호법의 대항요건의 하나인 주민등록을 마친 것으로 볼 수 있다(대법원 판결 19886.14.87다카3093 및 3094).

② 일시적으로 주소를 이전하는 경우는 대항력을 상실하게 된다. 왜냐하면 대항력의 요건인 주민등록 주소는 계속 유지하고 있어야 하기 때문이다.

③ 주소는 주민등록부상의 주소를 기재해야만 대항력을 갖게 된다. 그러나 공무원의 실수로 주민등록이 잘못 기재된 경우에는 주택임대차보호법의 보호를 받을 수 있다.

다) 임차인의 지위

임차인이 선순위저당권이 설정된 주택에 주택임대차계약을 체결하고 이사(점유 이전,

주택 인도), 전입신고 및 확정일자를 받아 2순위의 지위에 있을 때 후순위인 2번 저당권자의 경우 경매신청에 의하여 임차물이 경매되는 경우 주택임차인의 지위는 불안하게 된다.

왜냐하면 1번 저당권자(선순위) 기준으로 우선배당의 지위가 결정되므로 1번 저당권의 배당(변제)이 이루어진 후 잔여 배당금이 있을 때 우선보호대상이 되고, 소액 임차보증금은 최우선 보호를 받는다. 이와 같은 경우 1번 저당권에 대하여 대위변제하는 경우 임차권은 소멸하지 아니하고 대항력을 갖게 된다.

임차인의 지위는 대항력 요건 외에 확정일자를 받음으로써 임차인의 지위와 순위가 확정된다. 따라서 임차물의 입주시 반드시 확정일자를 받아두는 것이 임차인에게 유리하다.

라) 담보책임

대항력이 있는 주택임차권의 목적이 된 주택이 매매 또는 경매된 경우 임대인은 매수인에 대하여 담보의 책임을 져야 한다(법 제3조).

(5) 주택임대차 보증금

주택임대차 보증금은 주택임대차보호법의 규정에 따라 일정한 요건을 충족하는 경우 등기하지 아니한 상태에서 ① 보증금의 우선보호제도, ② 소액 임차보증금 최우선보호제도를 통하여 강력히 보호된다.

구체적인 내용을 설명하면 다음과 같다.

1) 보증금 우선보호제도

주택임대차 보증금은 주택임대차보호법의 규정에 따라 일정한 요건을 충족하는 경우 담보물권과 같은 효력이 인정되어 후순위권이나 일반채권자보다 우선보호대상이 된다.

다시 말하면 주택임차인이 주택임대차계약을 체결하고, 주택을 인도받아 이사하고 주민등록 전입신고를 경료한 경우 익일부터 대항력이 생긴다. 이와 같은 대항력을 가지고 있는 주택임차인이 주택임대차계약서를 공증인, 또는 법원 서기로부터 확정일자를 받는 경우 보증금 우선보호 요건을 충족하게 되며, 민사집행법에 의한 경매, 또는 국세징수법에 의한 공매시 임차주택(건물)의 환가대금(배당금)에서 후순위 권리자나 기타 채권자보다 우선하여 보증금을 변제받을 권리가 있다(법 제3조제2항).

확정일자의 의미는 그날 그 시간(그날 현재)에 그 문서(주택임대차계약서)가 존재하고 있었음을 증명하기 위하여 공증인, 동사무소, 공무원 또는 법원 서기가 임대차계약서상에 확정일자부의 번호를 기입하거나 일자인을 찍는 것을 말한다.

확정일자는 대항력을 갖춘 주택임차인의 우선보호 대상의 순위를 결정짓는 기능을 하게 되며, 공매나 경매시 후순위 기타 채권자(보통순위 해당채권자)보다 우선하여 배당금으로부터 보호를 받을 수 있게 된다.

확정일자는 원본의 계약서를 지참하고 전입신고시 또는 그 이후에 해야 하며, 임대차계약서상에 공란이 없어야 하며, 일정한 수수료를 납부해야 한다. 본인은 물론 대리인도 신청이 가능하며, 분실하면 재발급이 금지된다. 임대인의 동의가 필요없으며, 공증사무소의 공증을 받은 경우에는 또다시 확정일자를 받을 필요가 없다.

또한 대항력만을 갖춘 경우에도 임차주택의 양수인에게 임대보증금을 반환청구할 수 있으며, 다만 임대기간의 만료 후와 임차물의 인도와 동시에 청구할 수 있다. 왜냐하면 임차보증금과 임차물의 반환은 동시이행 관계에 있기 때문이다.

확정일자와 관련하여 주의할 사항은 대항력과 확정일자를 모두 갖춘 최종시점과 저당권의 등기일이 동일한 경우에는 저당권이 우선한다는 점이다. 왜냐하면 주택대항력은 최종 전입신고(주택 인도 역시 같은 개념임) 다음날(익일)부터 효력이 주어지기 때문이다.

또한 특기할 사항은 주택이 신축되어 보존등기가 경료된 후 하등의 제한물권의 설정이 없는 상태에서 주택임차의 대항력(확정일자 관계없이)의 요건을 충족하는 경우 임차인이 선택적 권리자가 되어 경매나 공매시 최우선 보호대상이 되고, 공매나 경매시 임차기간이 6월 이상 잔여기간이 남아 있는 경우에는 임차기간 만료 후 경락인에게 보증금의 청구도 가능하다는 점이다. 그러나 이와 같은 경우에도 순위보존을 위하여 확정일자를 받아두는 것이 현명하다.

임대차 보증금이 우선보호대상에 해당되어 우선배당을 받는 경우 이의가 있는 이해관계자는 경매법원 또는 체납처분청에 이의를 신청할 수 있으나 이해관계자의 이의신청 후 7일 이내 임차인을 상대로 소(訴)를 제기하는 경우에만 보증금 배당을 유보하고 판결의 결과(소송의 결과)에 따라 임차보증금을 지급하게 된다.

2) 소액 임차보증금 최우선 보호제도

주택임대차보호법은 제8조에서 보증금 중 일정액(소액보증금)을 다른 담보물권자보다 우선하여 변제받을 권리가 있음을 명기하고 있다. 그러나 이와 같은 소액 임차보증금에 대한 최우선 보호를 받으려면 다음과 같은 요건을 충족해야 한다.

가) 경매신청권 대항요건 구비

주택임차인은 당해 주택에 대한 경매신청에 있어서 경매개시 등기(보통 등기부갑구에 '임의경매'로 촉탁등기됨) 전에 대항요건(주택 인도+전입신고)을 갖추어야 한다. 다만 이 경우 확정일자는 받을 필요가 없다.

나) 주택 소액 임차보증금 보호대상에 해당

소액 임차보증금을 보호받으려면 다음과 같이 각 지역마다 임차보증금이 보호대상에 해당되어야 한다.

① **수도권 등 과밀억제지역**

보증금 4천만원 이하

- 서울특별시
- 인천광역시(강화군, 옹진군, 중구 운남동, 운북동, 운서동, 남북동, 덕교동, 을왕동, 무의동, 서구 대곡동, 금곡동, 오류동, 마전동, 왕길동, 당하동, 원당동, 연수구 송도 매립지, 남동유치지역은 제외)
- 의정부시
- 구리시
- 남양주시(호평동, 평내동, 금곡동, 일패동, 이패동, 삼패동, 가운동, 지금동 및 도농동에 한함)
- 하남시, 고양시, 수원시, 성남시, 안양시, 부천시, 광명시
- 과천시, 의왕시, 군포시, 시흥시(반월 특수지역은 제외함)

② **광역시(인천광역시 제외)지역**

보증금 3천5백만원 이하

③ **그밖의 지역**

보증금 3천만원 이하

주의할 점은 하나의 주택에 2인 이상의 임차인이 주거하는 경우 가정 공동생활자인 경우에는 이들을 1인의 임차인으로 보아 이들의 보증금을 합산하여 일정 보호금액을 초과하는 경우 보호대상에서 제외된다는 점이다. 보증금에 대한 구체적인 명시조항은 없으나 보증금부 월세의 경우에는 매월 지급하는 월세도 환산보증금으로 환산하여 보증금에 합산해야 한다고 판단된다. 월세의 환산보증금 계산을 월세금액에 100일 곱해서 나온 금액을 본래의 보증금에 합산하면 합산보증금이 된다.

다) 권리신고

이상과 같이 주택 대항력 요건을 경매개시 전에 갖추고 임차보증금이 각 권역마다 보호대상에 해당되는 경우라 할지라도(권리자라 할지라도) 경매진행 과정 중 일정한 시기에 담당계에 소액 임차보증금에 대한 권리신고를 해야 한다. 일정한 시기란 경매를 실시하고 7일 이내 경매허가 법정이 열리기 전까지 경매사건 집행계에 서류를 갖추어 권리신

고를 필해야 한다.

이상과 같이 소액 임차보증금의 보호요건을 충족하는 경우 각 권역마다 다음과 같은 일정금액은 다른 물권보다 최우선 보호를 받아 최우선적으로 경매집행 법원으로부터 변제받게 된다.

① **수도권 중 과밀억제권역**
1천6백만원 이하

② **광역시(인천광역시 제외)**
1천4백만원 이하

③ **그밖의 지역**
1천2백만원 이하

이와 같은 소액 임차보증금의 최우선 보호조건은 최우선 보호금액이 주택가액의 1/2를 초과하는 경우에는 주택가액의 1/2 범위 내에서 우선변제된다.

3) 주택임차보증금의 보호내용

이상에서 설명한 임차인 보증금에 대한 우선변제에 관하여 정리하면 다음과 같다.

① 소액 임차보증금의 우선변제 요건은 주택임대차계약+주민등록(전입신고 익일)+주택 인도(이사)이고, 우선순위는 선순위 담보채권자보다 우선한다.
소액 주택임차보증금의 범위는

- 수도권 중 과밀억제권역은 4천만원 이하
- 광역시(인천광역시 제외)는 3천5백만원 이하
- 그밖의 지역은 3천만원 이하이다.

최우선 보호대상 금액은

- 수도권 중 과밀억제권역은 1천6백만원 이하
- 광역시(인천광역시 제외)는 1천4백만원 이하
- 그밖의 지역은 1천2백만원 이하이다.

② 일반주택 보증금의 우선변제 요건은 주택임대차계약+주민등록(전입신고 익일)+주택 인도+확정일자이며, 우선순위는 후순위 담보권자보다 우선한다.

③ 주택임차인 보호제도에 있어서 확정일자를 갖춘 임차인의 보호내용은 다음과 같다.

- 임차보증금에 대한 금액제한은 없다.

– 대항요건의 구비시기는 확정일자 익일이다.
– 우선변제권의 범위는 후순위권자에게 대항할 수 있으나 선순위 권리자에게 대항하지 못한다.
– 주택가액의 범위는 제한이 없다. 이 경우 대지가액을 포함한다.

④ 임차인 보호제도에 있어서 소액임차인의 보호내용을 정리하면 다음과 같다.
– 소액임차인의 보증금과 보호대상 금액(괄호 안의 금액)은 해당지역에 따라 4천만원(1천6백만원), 3천5백만원(1천4백만원), 3천만원(1천2백만원) 등이며
– 대항요건의 구비시기는 경매개시 등기 전까지이며
– 우선변제권의 범위는 후순위는 물론, 선순위 담보권자에게 대항이 가능하다.
– 주택가액의 범위는 배당금 중 토지가액을 제외한 주택가액의 1/2 범위 내에서 최우선 보호된다.

(6) 주택임차권등기 명령제도

1) 의 의

주택임대차의 임대기간은 임차주택의 소재지를 관할하는 지방법원, 지방법원 지원 또는 시·군 법원에 임차등기 명령을 신청할 수 있다.

2) 신청요건

① 임대차 종료 후에 신청
② 보증금을 반환받지 못하는 주택임차인이 신청
③ 소재지 관할 지방법원, 지방법원 지원, 시·군 법원에 신청해야 한다.

3) 신청서 기재사항

① 신청의 취지 및 이유
② 임대차 목적인 주택(주택의 일부 경우 도면 첨부)
③ 임차권등기의 원인된 사실

4) 임차권등기의 효력

① 대항력 및 우선변제권을 취득한다.
– 즉 임차권등기를 함으로써 이미 취득한 대항력, 우선변제권은 상실되지 아니한다.
– 등기가 경료된 주택은 등기 후에 임차권을 취득하여도 우선보호 효력이 없다.
– 임차권등기 소요비용은 임대인에게 청구할 수 있다.

② 민법 규정에 의한 임차권등기의 경우에도 우선변제적 효력을 인정한다.
③ 임차권은 일반적으로 민사집행법에 의한 경매시에 소멸한다. 그러나 보증금의 전액이 변제되지 아니한 대항력있는 임차권은 소멸되지 아니한다.

(7) 임차권의 존속기간

1) 존속기간

임대차에 있어서 존속기간이라 함은 계약 또는 법률적으로 구속되는 기간을 말한다. 주택임대차의 존속기간은 계약서상 기간의 정함이 있는 경우에는 약정에 따르나 기간의 정함이 없거나 2년 미만으로 정한 경우 2년 기간에 대하여 유효함을 주장할 수 있다.

주택임대차보호법에는 최장기에 대한 기간의 명시는 없으나 민법의 정신에 따라 최장기는 20년으로 추정된다. 다시 말하면 임대주택 기간의 최단기는 2년이며, 2년 이상의 경우 약정에 따르고, 기간 약정이 없는 경우는 2년으로 본다. 다만 임차인은 2년 미만의 약정시 이를 주장할 수 있다.

그러나 임대차기간의 종료 후 보증금 반환시까지는 임대기간이 존속한 것으로 본다(법 제4조제2항).

2) 법정갱신

임대인이 기간 만료 6월부터 1월까지 임차인에게 갱신 거절의 통지 또는 조건 변경에 대한 갱신의 뜻을 통지하지 아니한 경우에는 그 기간이 만료된 때에 전 임대차와 동일한 조건으로 다시 임대한 것으로 보며, 임차인이 임대기간 만료 1월 전까지 통지하지 아니한 때에도 역시 법정갱신(묵시의 갱신)이 된다.

이와 같은 경우 존속기간의 정함이 없는 계약이 되어 임차인은 언제든지 해지통고할 수 있고, 임대인이 통고받은 날로부터 3월이 경과하면 효력이 생긴다. 그러나 임대인은 해지할 수 없다.

또한 2기 차임액에 달하도록 차임을 연체하거나 기타 임차인의 의무를 현저히 위반시에는 임차인에 대해서 법정갱신이 인정되지 않는다(법 제6조제2항).

(8) 보증금 및 차임증감청구권

약정한 차임이나 보증금이 조세 기타 공과금 부담의 증감이나 경제사정의 변동으로 상당하지 아니한 때 당사자는 장래에 대하여 그 증감을 청구할 수 있다(법 제7조).

증액 청구범위는 약정차임 또는 보증금의 1/20의 금액을 초과하지 못한다. 임대차계약 또는 약정한 차임보증금 증액이 있은 후 1년 이내에 다시 이를 초과하지 못한다(법

제7조).

그리고 월차임 전환시의 산정률의 제한내용은 보증금의 전부 또는 일부를 차임으로 전환하는 경우 그 전환되는 금액에 은행법에 의한 금융기관에서 적용하는 대출금리 및 당해 지역의 경제여건 등을 감안하여 대통령령이 정한 1할 4푼의 비율을 곱한 월차임의 비율을 초과할 수 없다(법 제7조의2).

3. 상가건물임대차보호법의 상가건물임대차

(1) 의 의

상가건물임대차 관계법에는 상가건물임대차보호법이 있다. 상가건물임대차보호법은 상가건물임대차에 있어서 일반적으로 경제적 · 사회적 약자인 상가임차인을 보호함으로써 임차인들의 경제생활 안정을 도모하기 위하여 임대차에 대한 민법의 특례를 인정하고 있는 특별법이다.

상가건물임대차보호법은 전18조로 구성되어 있는 법률로서 영세상인 임차인을 보호할 목적으로 2001년 12월 29일 제정되었다. 상가건물임대차보호법은 임차인에게 불리한 것은 효력이 없는 이른바 편면적 강행규정이라 할 수 있다.

(2) 적용대상

① 영업용으로 사용되는 상가건물로서 사업자등록의 대상이 되는 상가건물이 본법의 보호대상이 되고 적용된다.

② 그러나 상가건물이라도 대통령령이 정하는 보증금액(환산보증금 포함)을 초과하는 상가임대차에 관해서는 본법은 적용되지 않는다(법 제2조제1항). 본법의 적용대상 상가건물의 보증금 한도는 다음과 같다.

- 서울특별시 : 2억4천만원 이하
- 수도권정비계획법에 의한 과밀억제권역 : 1억9천만원 이하
- 광역시(군지역과 인천광역시 제외) : 1억5천만원 이하
- 기타 지역 : 1억4천만원 이하

환산보증금은 보증금 외 차임(월세)이 있는 경우 월세차임에 100을 곱하여 보증금에 환산한 금액을 말한다.

③ 일시사용을 위한 상가임대차에는 본법은 적용되지 않는다.

④ 본법은 미등기전세 계약에도 적용된다. 전세금은 보증금으로 본다.

(3) 상가임대차의 대항력

① 상가건물임대차보호법 제3조제1항에 의하면 본법의 보호대상이 되는 상가건물임대차는 상가건물의 인도(임대차계약 체결과 이사, 입주, 점유)와 소득세법 제168조, 부가가치세법 제5조, 법인세법 제111조에 의한 사업자등록을 신청한 때에는 익일(그 다음날)부터 제3자에 대하여 대항력이 생긴다. 즉 경매시 배당금으로부터 변제되는 보호순위는 후순위권자보다 우선하여 배당을 받을 수 있을 뿐만 아니라 제3자에게 대항할 수 있다. 다시 말해 임차권의 주장과 임대보증금에 대하여 우선보호를 받을 수 있다.

② 또한 새로운 임차건물의 양수인(매수인, 임차권리 승계자)은 임대인의 지위를 승계한 것으로 인정되므로 임차인의 보증금 및 임대인의 책임과 의무를 부담해야 한다.

(4) 보증금의 보호제도

상가건물의 임대차에 있어서 일정한 요건을 갖춘 경우에는 우선변제권과 최우선변제권이 있다.

1) 우선변제권

① 대항요건+확정일자(관할 세무서장)를 받은 경우, 임차인은 민사집행법에 의한 경매, 국세징수법에 의한 공매시 환가대금(배당금)에서 후순위 권리자나 그밖의 채권자보다 우선하여 보증금을 변제받을 권리가 있다(법 제5조제2항).

② 임차건물을 양수인에게 인도하지 아니하면 임차인은 보증금을 수령할 수 없다.

2) 최우선변제권

① 경매신청등기 전 대항요건 구비

② 상한액을 임대건물 가액의 1/3의 범위 내에서 당해 지역의 경제여건, 보증금과 차임 등을 고려하여 정한다.

③ 하나의 상가건물에 임차인이 2인 이상인 경우(초과하는 경우) 각 보증금의 합산액에 대한 각 임차인의 일정액의 비율로 상가건물 가액의 1/3에 해당하는 금액을 각 임차인의 보증금 중 일정액으로 본다(시행령 제7조제3항).

④ 최우선 변제대상과 최우선 변제보증금의 범위(괄호 안 금액)는 다음과 같다.

- 서울특별시 : 4천5백만원 이하(1천3백5십만원 이하)
- 수도권정비계획법에 의한 수도권 중 과밀억제권역 : 3천9백만원 이하(1천1백7십만원 이하)
- 광역시(인천광역시와 군지역 제외) : 3천만원 이하(9백만원 이하)
- 기타 지역 : 2천5백만원 이하(7백5십만원 이하)

(5) 상가건물임차권등기 명령제도

임대차 종료 후 임차보증금을 받지 못한 임차인은 임차건물의 소재지 관할 지방법원, 지방법원의 지원, 시·군 법원에 임차권등기 명령을 신청할 수 있다.

기각의 경우 임차인은 항고할 수 있다.

임차권등기 소요비용은 임대인에게 청구할 수 있다.

(6) 상가건물 임대기간(존속기간)

① 약정이 없거나 1년 미만 임대차는 1년으로 본다(법 제9조제1항). 그러나 임차인은 1년 미만의 주장이 가능하다.

② 종료 후 보증금 반환시까지 임대차 관계가 존속한다(법 제9조제2항).

③ 계약갱신 : 만료 전 6월부터 1월 사이에 임차인의 갱신요구에 대하여 정당한 사유없이 임대인은 거절하지 못한다(법 제10조제1항).

④ 임대인의 갱신거절 사유는 다음과 같다.

- 3기 차임 연체
- 거짓 부정한 방법으로 임차
- 쌍방합의로 상당한 보상을 한 경우
- 동의없이 일부 또는 전부 전대나 양도
- 고의 중대한 과실, 파손
- 임차목적물 멸실로 임대목적 달성 불능
- 전부, 대부분 철거 또는 재건축을 위하여 점유회복 필요
- 임차인의 의무 현저한 위반, 임대 존속하기 어려운 중대한 사유 발생

⑤ 갱신요구권 : 임차인은 임대기간 포함 5년을 초과하지 않는 범위 내에서 요구가 가능하다.

⑥ 갱신된 임대차는 전 임대차와 동일한 계약으로 인정되나 차임과 보증금의 증감청구는 가능하다.

⑦ 묵시적 갱신 : 임대인이 임대기간 만료 갱신요구 기간에 갱신거절이 통지, 조

건변경 통지를 아니하는 경우 그 기간이 만료시에 전 임대차와 동일한 조건으로 재임대한 것으로 인정된다. 다만 기간의 정함이 없는 것으로 보며, 이를 상가건물임대차의 묵시적 갱신이라 한다. 묵시적 갱신의 경우 임차인은 언제든지 임대인에 대하여 계약해지를 통고할 수 있으며, 통고 후 3개월이 경과하면 해지효력이 발생한다. 임대인은 해지할 수 없다.

(7) 차임증감 청구

계약당사자는 임차건물의 조세, 공과금, 그밖의 부담의 증감이나 경제사정 변동으로 차임이 상당하지 아니한 때에는 장래에 대하여 그 증감을 청구할 수 있다.

차임증감 범위는 청구 당시의 차임 또는 보증금의 12/100의 범위를 초과하지 못한다. 약정차임의 증액, 임대차계약 후 1년 이내에는 증액을 청구하지 못한다(법 제11조제2항).

제6절 임대차 계약서식

건물임대계약이란 건물임대시에 임대인과 임차인 사이에 체결되는 계약을 의미하는 것으로 건물임대차계약, 관리계약, 주차장사용계약 등을 말한다. 건물임대계약은 채권·유상·쌍무·낙성·불요식계약이므로 일정한 서식은 없으나 건물임대계약의 성질상 다음과 같은 계약서식을 참고하는 것이 현명하다.

여기에 소개하는 건물임대차계약과 건물관리계약(관리세칙 포함) 및 주차장사용계약(유료주차제도)에 대하여 순차적으로 소개하는 바이나 관리대상건물의 성격·규모·사정 등에 따라 계약 내용을 수정·가감·보완·삭제 등의 작업이 필요하다. 따라서 여기에 소개되는 계약서 서식과 내용은 참고용으로 소개하고 있다.

1. 건물임대차계약서

임대인과 임차인 사이에 체결되는 건물임대계약에 있어서 사용될 수 있는 임대차계약서식과 내용을 소개하면 대체로 <표 2-5>와 같이 작성된다.

<표 2-5> 건물임대차계약서(안)

임대차목적물의 표시

<table>
<tr><td>건물명</td><td colspan="2"></td><td>주 소</td><td colspan="3"></td></tr>
<tr><td rowspan="2">임대차면적</td><td colspan="2">층수(호실)</td><td colspan="2">전용면적</td><td>공유면적</td><td>임대면적</td></tr>
<tr><td colspan="2"></td><td colspan="2"></td><td></td><td></td></tr>
<tr><td>용도</td><td>건물의 용도</td><td colspan="3"></td><td>사용용도</td><td></td></tr>
</table>

상기 표시부동산을 임대차함에 있어서 임대인_________(이하 "갑"이라 칭함)과 임차인 _________(이하 "을"이라 칭함)은 아래와 같은 조건으로 임대차계약을 체결하고 이를 성실히 이행키로 한다.

제1조(계약기간) ① 임대차 계약기간은 년 월 일부터 년 월 일까지로 한다.

② "갑" 또는 "을"이 계약기간 만료 1개월 전까지 서면으로 본 계약의 해지 또는 조건변경 등의 의사표시를 하지 아니할 때에는 본 계약과 동일한 조건으로 임대차 기간이 1년간 자동연장된다.

③ 임대차보증금의 조정 등 계약의 갱신을 요구할 경우에는 계약 만료 1개월 전까지 그 의사를 서면으로 상대방에게 통지하여야 하며, 만일 계약기간 만료일 후에 협의가 성립되어 갱신계약이 체결될 경우에는 전 계약기간 만료일을 갱신계약 기산일로 본다.

제2조(임대차보증금) ① 임대차보증금(이하 "보증금"이라 칭함)은 다음과 같으며 임대차 기간 중 무이자로 예치하여야 한다. 단, 최초 계약기간 중에서 보증금을 변경할 수 없으며 계약 갱신시에는 "갑"과 "을"이 협의하여 조정한다.

② 임대차 보증금에 대한 부가가치세는 "갑"의 부담으로 한다.

제3조(월 임대료) ① 월 임대료는 일금_________정(₩_________)으로 한다(VAT별도).

② 임대료는 매월 말일을 기준으로 마감 청구하며 "을"은 "갑"의 고지에 따라 익월 20일까지 "갑"이 지정하는 장소에 납부하여야 하며 이를 연체하였을 경우에는 그 일수에 대하여 일반 시중은행 연체금리를 적용·가산한다.

③ 월 임대료에 대한 부가가치세는 "을"의 부담으로 하며 월 임대료 납부시 합산하여 납부하여야 한다.

④ 임대차계약이 월 중에 개시 또는 종료된 경우에는 일수에 따라 계산한다.

제4조(보증금의 지급방법) ① 보증금의 지급방법은 다음과 같이 한다.

1. 계약금 : 계약체결시 (금₩)
2. 중도금 : 정한 일자 (금₩)
3. 잔 금 : 입주시 (금₩)

보증금 총액	一金 整(₩)

② 제①항의 보증금 납부가 연체될 때에는 지체된 금액에 연체금리 연17%의 연체료를 부담

하여야 하며 1개월 이상 연체될 때에는 본 계약이 자동 해지된 것으로 본다. 또한 잔금을 납부하지 않고 입점 또는 입주를 할 수 없다.

제5조(계약기간 내의 중도해지) ① "갑" 또는 "을"은 법령이나 천재지변 등 불가항력의 경우 외에는 제1조 제①항에 표시된 계약기간 내에는 원칙적으로 본 계약을 중도해지할 수 없다.

② 임대차면적의 일부 해약은 할 수 없다.

제6조(보증금의 반환) ① 계약기간이 만료되거나 중도해지된 경우에는 "갑"은 "을"의 임대차목적물의 명도와 동시에 보증금 전부를 "을"에게 반환하여야 한다. 단, 계약기간중 체납된 임대차 목적물의 관리유지비 또는 "을"이 부담할 기타 비용이 있을 경우에는 "갑"은 이를 보증금에서 공제하고 그 잔액만을 반환한다.

② "갑"이 동조 제①항의 임대차보증금 반환을 지체할 때에는 명도한 익일부터 완제일까지 그 일수에 대하여 연체이율 연 17%를 적용하여 산출한 지연손해금을 "을"에게 지급하여야 한다.

③ "을"이 동조 제①항 및 제②항을 위반하였을 시는 "갑"은 본 계약을 일방적으로 해지할 수 있으며 "을"은 이에 대한 어떠한 이의를 제기할 수 없다.

제7조(권리양도, 전대 등의 금지) ① "을"은 제3자에게 이 계약상의 권리를 양도하거나 임대물건의 전부나 일부를 전대할 수 없다. 단, "갑"이 제6조 제①항, 제②항을 이행하지 않을 경우에는 그러하지 아니하다.

② 임대물건의 전부나 일부를 어떠한 경우라도 "을"의 채무에 대한 담보로 할 수 없다.

③ "을"이 동조 제①항 및 제②항을 위반하였을 시는 "갑"은 본 계약을 일방적으로 해지할 수 있으며 "을"은 이에 대한 어떠한 이의를 제기할 수 없다.

제8조("갑"의 면책사유) "을"의 재산에 대한 안전관리는 "을"의 단독책임이며 "갑"의 책임에 속하지 아니하는 "을"의 여하한 안전사고에 대하여 "갑"은 민·형사상의 어떠한 책임도 지지 않는다.

제9조(시설물의 설치 및 유지관리) ① "갑"은 건물의 골격 및 주요시설(벽체, 전기, 위생, 배관 및 상하수도 시설 등)의 공용 또는 고유부분을 항상 완벽하게 유지·보전하여 "을"의 사용에 불편이 없도록 하여야 한다.

② "을"이 "을"의 사용목적을 위하여 설치하는 시설물은 "을"의 비용으로 설치 및 관리유지하여야 한다.

제10조(건물유지관리비) 임대차목적물의 관리유지에 필요한 전기, 상하수도, 냉난방, 청소, 경비 등에 필요한 제반유지관리비는 "갑"과 "을"이 별도 체결한 관리계약에 의거, 해당 금액을 납부하여야 한다.

제11조(계약해지 사유) ① "을"이 다음 각호에 해당하는 행위를 하였을 때에는 "갑"은 최고 없이 이 계약을 즉시 해지할 수 있다.

1. "을"이 이 본 계약에 따른 임대료, 관리비 및 제 비용을 2개월 이상 체납했을 때
2. "을"이 파산, 지급불능에 빠지거나 그의 채권자에 대한 채무변제를 목적으로 하는 재산양도 또는 화해계약을 할 경우, 또는 "을"에 대하여 회사정리 절차의 신청이 있을 때
3. 기타 이 계약의 각 조항에 위배되는 행위가 있을 때

제12조(목적물의 명도 및 원상복구) "을"은 계약기간의 만료 또는 중도해지로 계약이 종료되었을 경우에는 임대차목적물을 "갑"에게 명도하여야 하며 이 경우 "을"의 필요에 의해 설치한 설비, 칸막이 기타 구조상의 변조시설물 등 제반 시설물은 "을"의 비용으로 철거하여야 하고 계약체결 당시의 원상으로 복구하여야 한다. 단, "갑"과 "을"이 합의서를 작성하여 합의한 시설물에 대하여는 원상복구의 의무를 면제한다.

제13조(강제명도) 이 계약이 종료된 때에는 "을"은 종료일 이전에 "을"의 소유물 및 재산을 반출하여야 하며, "갑"에게 열쇠 및 "갑"의 소유재산을 반환하고 임대차물건 전부를 명도하지 않을 경우에는 "갑"은 "을" 소유의 물건을 적절한 장소로 철거 · 이전할 수 있다. 이 경우 발생되는 모든 비용은 "을"의 부담으로 하며 보증금의 반환은 당연히 임대차물건의 완전 명도시까지 유예한다.

제14조(관리계약체결) ① "을"은 건물관리사무소와 관리계약을 체결한 후에 입점 또는 입주할 수 있다.

② "갑"은 이 계약에 의거 "갑"의 재산보전과 임대차물건의 원활한 관리를 위하여 관리계약과 별도로 관리규정 및 세칙을 제정 · 시행할 수 있으며, 이 경우 관리규정 및 세칙을 관리계약의 일부로 간주한다.

제15조(계약의 해석) 본 계약 각 조항에서 규정하고 있지 않은 사항 및 규정의 해석상 이의가 있을 경우에는 "갑"과 "을"이 협의하여 결정하되 협의가 이루어지지 않을 때에는 관계법령 및 일반 임대차 관습에 따른다.

제16조(관할법원) 본 계약에 관한 소송의 관할법원은 임대차목적물의 주소지를 관할하는 법원으로 한다.

본 계약을 증명하기 위하여 계약서를 2통 작성, "갑"과 "을"이 각 1통씩 보관한다.

년 월 일

"갑" 주 소 :
상 호 :
성 명 : (인)
사업자번호 :
(또는 주민등록번호)

"을" 주 소 :
상 호 :
성 명 : (인)
사업자번호 :
(또는 주민등록번호)

2. 관리(대행)계약서

건물임대계약시 임대인과 임차인 사이에 입주기간 동안 건물관리(대행)에 대하여 지켜야 할 권리와 의무 등에 관하여 체결되는 관리계약서 서식과 내용을 참고로 소개하면 <표 2-6>과 같다.

<표 2-6> 건물관리계약서(안)

_____(이하 "갑"이라 한다)와_______(이하 "을"이라 한다) 사이에 체결한 부동산임대차계약과 관련하여 아래와 같이 관리계약을 체결하고 이를 성실히 이행키로 한다.

제1조(관리목적물)

건물의 명칭 :
소 재 지 :
면 적 :
업 종 :
상 호 :

제2조(관리위임 및 관리자의 의무) "을"은 상기 목적물의 공용부분과 부대복리 시설의 관리를 "갑"에게 위임하고 "갑"은 건물관리자로서의 관리의무를 진다.

제3조(관리범위) "갑"의 관리범위는 다음 각호와 같다.

1. 건물의 공용부분과 부대시설의 유지관리
2. 건물의 공용부분과 부대시설의 경비("을"의 전용부분 및 전용물은 제외)
3. 건물 및 부대시설의 청소 및 쓰레기수거
4. 부대시설 및 복리시설의 운영
5. 대지 및 녹지대의 유지관리
6. "갑"은 "을"의 관리대상 목적물의 공용부분에 대한 일상 청소를 하며 매월1회 대청소를 실시한다.
7. 관리대상 목적물의 전기, 수도, 냉·난방 등의 공급 및 유지보수
8. 건물의 전용부분에 대한 관리는 "을"이 하여야 하며 "갑"에게 위임한 업무수행을 하는데 필요한 협조를 하여야 한다.

제4조(관리비) ①"갑"은 건물관리에 소요되는 관리운영비, 수도광열비, 수선유지비, 기타 관리에 필요한 모든 비용(이하 '관리비'라 한다)에 대하여 관리대상 면적 평당 금 __________원정, 월 금 _________원정(VAT별도)을 매월 말일 마감청구하며 "을"은 "갑"의 고지에 따라 익월 20일까지 "갑"이 지정하는 장소에 납부하여야 한다. 다만, 납기일이 공휴일인 경우에는 그 익일까지 납부할 수 있다.

② "을"이 관리비 등을 제①항에 정한 기간 내에 납부하지 아니하였을 때는 시중 은행 일반대출 연체금리를 적용한 연체료를 가산하여 납부하여야 한다. 단, 2개월 이상 연체시에는 단전·

단수조치 등 건물사용을 금지하며 기타 법적인 조치를 하여도 이의를 제기치 못한다.

③ 관리기간이 월 중에 개시 또는 종료되는 경우에는 일수에 따라 계산한다.

제5조(관리비 적용기간 및 조정) ① 제4조에 의한 월 관리비 적용기간은 ___년 __월 __일부터 ____년 ___월 ___일까지로 한다.

②"갑"은 제세공과금의 증가, 물가상승 등 경제사정의 변경에 따라 관리비인상 요인이 발생할 때는 "을"과 협의 후 관리비를 조정할 수 있다. 이때 "갑"이 적용기간 1개월 전까지 "을"에게 서면통지하지 아니할 때는 본 약정을 조정할 의사가 없는 것으로 간주한다.

제6조(작업협조) "을"은 "갑"이 건물관리 업무수행을 위한 사무실 및 점포의 출입이나 시설보수에 수반되는 소음, 분진 등을 인용하여야 한다.

제7조(손해배상 의무) "을" 또는 사용인이 고의 또는 과실로 인하여 건물의 공용부분 또는 부대시설 및 복리시설을 파손하였거나 제3자에게 손해를 끼쳤을 경우에 "을"은 원상을 회복하거나 보수에 필요한 비용을 배상하여야 한다.

제8조(입주자의 금지사항) "을"은 건물 내에 다음 각호의 행위를 하여서는 아니된다.

① 건물 및 부대시설과 복리시설을 임의로 원형을 변형하거나 계약된 목적 이외의 용도로 이를 사용하는 행위

② 건물의 공용부분 및 부대시설과 복리시설을 임의로 개축·증축 또는 신축하는 행위 및 무단으로 점유하거나 파손하는 행위

③ 건물 외벽 및 내부에 관리자의 동의 없이 광고물을 부착하여 경관을 저해하는 행위

④ 입주장소 또는 건물 내 기타 장소에 폭발물, 인화물질, 위험성이 있는 물품, 기타 인체에 유해하고 불쾌감을 주거나 또는 재산을 파손할 염려가 있는 물품을 안전 예방책을 강구하지 않은 채 반입 또는 보관하는 행위

⑤ 건물 내에서 취사 및 기타 음식물의 조리를 하는 행위(상가 제외)

⑥ 관리자의 승인 없이 기설치 이외의 강·약 전력, 동력의 부설 또는 기계·가구·비품 등의 설치사용 등 구조 또는 환경 등을 변경하는 행위

⑦ 기타 유지관리를 방해하는 일체의 행위

제9조(목적물의 조작, 설비의 신설 및 수선) "을"은 "갑"의 사전동의를 얻어 "을"의 비용으로 다음 행위를 할 수 있다. 단, 건물의 통일성을 기하기 위하여 시공에 대한 지휘 및 감독은 "갑"이 행한다.

① 임대차 물건 내의 조작, 칸막이, 창호 등의 신설 또는 변경행위

② 전등, 전원의 신설 및 이전, 통신시설 급배수 가스설비의 신설·증설·이전 또는 변경행위

③ "을"은 전항에 의거하여 "을"이 부담한 제반비용에 대하여 "갑"에게 유익비나 부속물 매수청구를 할 수 없다.

④ 자연적으로 마모·퇴색된 임대차물건의 벽, 천장, 바닥, 전기, 전화시설, 냉·난방시설 등 비용은 "갑"의 부담으로 하며 그 이외의 수선비용은 "을"의 부담으로 한다. 이때, "을"이 부담한 제반 필요비의 상환을 "갑"에게 청구할 수 없다.

⑤ "을"이 전항의 수선처소를 발견했을 때에는 "갑"에게 즉시 통지하고 "을"이 수선할 경우에

는 "갑"과 사전협의하여야 한다.

제10조(관리자의 계약해지권) ① "을"이 다음 각호에 해당하는 행위를 하였을 때에는 "갑"은 최고 없이 이 계약을 즉시 해지할 수 있다.

1. "을"이 이 계약에 따른 관리비 및 제 비용을 2개월 이상 체납하였을 때
2. "을"이 파산 · 지급불능에 빠지거나 그의 채권자가 채무변제를 목적으로 하는 재산양도 또는 화해계약을 할 경우 또는 "을"에 대하여 화의정리 절차의 신청이 있을 때
3. 기타 이 계약의 각 조항에 위배되는 행위가 있을 때

② 전 제①항의 경우 "갑"은 언제든지 이 계약을 해지하고 관리대상물건을 명도받을 수 있으며 필요한 법적절차를 취할 수 있다.

제11조("갑"의 면책사항) "갑"은 천재지변 등 불가항력의 사고나 호실 내에서 화재 · 도난 등으로 인한 "을"의 피해에 대해서는 책임을 지지 아니하며 "을"은 "을"의 귀책사유로 인하여 각종 사고를 유발시켰을 경우 이에 대한 책임을 진다.

제12조(공동참여) "을"은 건물관리상 공동실시하는 단체활동(방역, 소독, 민방위훈련, 청소) 및 규격통일(안내판 및 부설물 등) 사항에 적극적으로 협조하여야 하며 "을"이 원하지 않을 경우에도 협조와 지원으로 공동참여하여야 한다.

제13조(관리규정) "갑"은 이 계약에 의거 관리대상 물건의 재산보전과 원활한 관리를 위하여 관리규정 및 세칙을 제정 · 시행할 수 있으며 이와 같은 관리규정 또는 관리세칙은 이 계약의 일부로 간주한다.

제14조(조문해석) 본 약정 각 조항에서 규정하고 있지 않은 사항 및 자구의 해석상 이의가 있을 경우에는 관계법령 및 일반 상관습과 건물관리 관습에 따라 "갑"과 "을"이 합의하여 처리한다.

제15조(주차장사용) "갑"은 관리대상 목적물의 부속주차장 사용 및 기타 시설물에 대한 "을"("을"의 고객포함)의 이용에 있어 최대한 편의를 제공하며 임대면적 50평당 1대의 비율로 건물 부설주차장을 무상으로 제공한다(단, 별도 주차관리약정이 있는 경우에는 그 약정에 의한다).

본 약정을 증명하기 위하여 약정서 2통을 작성, 쌍방이 기명날인하여 각 1통씩 보관한다.

년 월 일

"갑"	주 소 :		"을"	주 소 :
	상 호 :			상 호 :
	성 명 :	(인)		성 명 : (인)
	사업자번호 : (또는 주민등록번호)			사업자번호 : (또는 주민등록번호)

3. 주차장사용계약서

임대계약시 입주자와 관리인 사이에 또는 임대인과 임차인 사이에 임대건물에 부속된 옥외·옥내 주차장 사용에 대한 계약을 주차장사용계약이라 한다. 주차장 계약서 서식과 계약내용을 참고로 소개하면 <표 2-7>과 같다.

<표 2-7> 주차장사용계약서(안)

______(이하 "갑"이라 한다)와 ______(이하 "을"이라 한다) 사이에 주차장사용과 관련하여 다음과 같이 약정하고 이를 성실히 이행키로 한다.

제1조(목적) 이 약정은 "갑"이 관리하는 주차장의 원활한 운영을 도모하는 것을 목적으로 한다.

제2조(관리범위) "갑"의 관리범위는 다음과 같다.

1. 입주자 차량 및 방문객 차량 입·출관리 및 요금 징수
2. 주차관리 시설 보수 및 수선유지
3. 주차요원관리
4. 기타 제반차량 안전관리

제3조(운영시간) 운영시간은 24시간 운영함을 원칙으로 하되 주차타워 시설 사용은 당일 22:00까지로 한다.

제4조(주차관리비) ① "갑"은 주차관리에 소요되는 관리운영비, 수선유지비, 기타 관리에 필요한 모든 비용(이하 '주차관리비'라 한다)에 대하여 기본 무료주차 시간 경과 후 매30분당 ______원씩을 부과하고 매월 말일 기준으로 익월 5일 청구하며 "을"은 "갑"의 고지에 따라 동월 20일까지 "갑"이 지정하는 장소에 납부하여야 한다(세부내역 별첨참조). 다만, 납기일이 공휴일인 경우에는 그 익일까지 납부할 수 있다.

② "을"이 주차료를 제①항에 정한 기간 내에 납부하지 아니하였을 때는 시중 은행 일반대출 연체금리를 적용한 연체료를 가산납부하여야 한다. 단, 1개월 이상 연체할 경우에는 관련 차량의 출입을 거부할 수 있다.

③ 주차시설 이용이 월 중에 개시 또는 종료되는 경우에는 일수에 따라 주차관리비를 계산한다.

제5조(적용기간 및 조정) ① 제4조에 의거 월관리비 적용기간은 __년 __월 __일부터 __년 __월 __일까지로 한다.

② "갑"은 관리운영비의 증가, 물가상승, 정부시책 등 제반 여건의 변경시 "을"과 협의후 주차관리비를 조정할 수 있다. 이때 "갑"이 적용기간 1개월 전까지 "을"에게 서면통지하지 아니할 때는 본 약정을 조정할 의사가 없는 것으로 간주한다.

제6조(무료주차) 다음 각 호에 해당하는 차량에 대해서는 주차관리비를 받지 아니한다.

1. 건물자산임대계약서상 인정된 차량

· 관리사무소에 신고되어 무료주차권을 인수 · 소지한 차량
· 국가기관 등 “갑”이 특히 필요하다고 인정하는 경우

2. 무료주차권은 입주자의 사용 유무에 관계없이 배정주차권의 전 양을 일괄배부한다. (정산처리 불가)
3. 무료주차권은 지정차량 이외에는 사용할 수 없다.

제7조(주차위치) ① 주차는 원칙적으로 주차장에 표시된 벽선 및 주차타워에만 주차하여야 한다.
② “갑”은 출입차량의 순번에 따라 적절한 위치에 주차시켜야 하며, “을”은 “갑”의 요청에 협조하여야 한다(고정주차 불가).

제8조(주차거부 등의 조치) “갑”은 다음 각 호에 해당하는 차량에 대해서는 주차를 거부하거나 퇴거시킬 수 있다.
① 주차장의 시설 · 기물 또는 타차량 등을 멸실, 훼손 또는 오손하거나 그 우려가 있을 때
② 인화물, 폭발물, 위험물 및 시설 전체에 위해를 가할 우려가 있는 물건을 적재하였을 때
③ 주차관리비를 1개월 이상 연체할 경우
④ “갑”의 주차관리상 지장이 있다고 인정하였을 때

제9조(출고거부) “갑”은 다음 각 호에 해당하는 차량에 대하여 출고를 거부할 수 있다.
① 정당한 사유없이 주차권을 반납하지 않을 때
② 소정의 주차관리비를 납부하지 않을 때
③ 주차장에서 교통사고를 일으켰거나 주차장의 시설 · 기물 또는 타차량 등을 멸실, 훼손 또는 오손했을 때

제10조(준수사항) ① “을”은 본 약정을 엄수하여야 한다.
② “을”은 무료주차 시간과 관련하여 동일차량의 출고 및 재입고를 임의로 하여서는 안된다.
③ “을”은 주차관리 직원 요청에 협조하여야 한다.

제11조(손해배상) ① 주차시설 이용중 고의 또는 과실로 인하여 손해가 발생하였을 경우 이용자는 그 손해를 원상복구하거나 배상하여야 한다.
② 배상액 산정은 해당 업체의 견적에 의한다.

제12조(면책) ① “갑”은 주차장에 주차하는 차량의 적재물에 관하여 “갑”이 책임질 수 있는 사항 이외에는 일체의 배상책임을 지지 아니한다.
② “갑”은 다음 각 호에 해당하는 사유로 발생하는 차량의 멸실, 훼손, 출고지연 등의 손해에 대해서는 일체의 배상을 지지 아니한다.
1. 천재지변, 기타 불가항력에 의한 사고
2. 주차장 내의 사고, 돌출, 긴급조치 발생시
3. 법령에 의한 명령 또는 강제집행

제13조(준용) 본 약정에 명시되지 아니한 사항은 “갑”의 운영방안에 준하며, 분쟁이 있을 경우 주차장법 또는 판례에 의한다.

본 약정의 체결을 증명하기 위하여 약정서식 2통을 작성, 쌍방이 기명날인하여 각 1통씩 보

관한다.

년 월 일

"갑" 주 소 :
상 호 :
성 명 : (인)
사업자번호 :
(또는 주민등록번호)

"을" 주 소 :
상 호 :
성 명 : (인)
사업자번호 :
(또는 주민등록번호)

주차명세내역

구 분	내 용	정산방법
무료주차	( )대	스티커부착 무료주차권제시
유료주차	최초( )분까지 무료, 이후 초과시 30분당 원씩 부과	주차카드에 의한 주차료 징수

제7절 임대마케팅

1. 임대마케팅의 의의

건물의 경영관리는 건물자산관리이므로 마케팅 이론이 필요하다. 왜냐하면 수익성 건물의 공간이나 평수가 임대목적물이고 상품이기 때문이다. 특히 오늘날 공급되는 임대평수나 공간의 공급이 수요(임차요구 평수)보다 월등히 많은데다 경제수준과 함께하는 업종의 고급화로 보다 깨끗하고 자동사무 시설과 설비가 설치된 IBS건물을 선호하고 있기 때문에 임대대상건물의 상품화와 함께 임대를 위한 광고와 임대마케팅활동이 필요하다.

또한 인근지역의 경쟁관계에 있는 대상건물의 존재는 언제든지 공실률을 높이는 요인이 되고 있다. 따라서 수익성 건물의 임대활동에 있어서 현대적 의미의 마케팅이론과 이에 근거한 마케팅활동은 대단히 필요하고 중요하다.

이와 같은 마케팅개념에 대한 정의는 한마디로 정의하기란 쉽지 아니하나 관계학자들의 견해와 미국 마케팅협회의 정의를 참고하면 다음과 같다.

마케팅이란 개인과 조직의 목적을 충족시켜주는 교환을 창출하기 위해 아이디어, 제품 및 서비스 개발, 가격결정, 촉진 및 유통을 계획하고 실행하는 과정이다.

이와 같은 경우는 마케팅을 4P's(1960, McCarthy 주장)의 Product(제품), Price(가격), Place(유통), Promotion(촉진)의 개념, 이른바 교환을 창출하는 하나의 행위를 마케팅이라 보고 있다. 특히 사회적 과정을 지지하는 학자들은 마케팅개념을 "개인과 집단들이 제품과 서비스를 창출하고 제공하며 자유롭게 교환하면서 그들이 필요로 하고 원하고 있는 것을 얻는 사회적 과정"이라고 정의하고 있다(오장균외 마켓팅, 서울, 청록출판사).

또한 관리적 과정을 지지하는 입장에 서고 있는 학자들의 주장은 마케팅은 제품을 판매하는 기술로 이해하고 있다.

건물자산관리 측면에서 건물임대에 관한 건물 마케팅이라 함은 수익성 건물의 공간이나 잔여 평수를 원하는 사람에게 필요하도록 아이디어나 서비스를 개발하고 가격조건 등을 결정하며 임대를 계획, 촉진하고 실행하는 과정이라 정의할 수 있다.

2. 임대마케팅의 대상

건물임대마케팅 대상은 건물경영관리 대상건물의 공간이나 건물평수이다. 즉 임대대상을 의미한다.

이와 같은 임대대상은 쓸모있는 공간을 전제로 하므로 언제나 깨끗하고 편리하며 쾌적한 공간으로 유지해야 한다. 일반적으로 건물경영관리 측면에서 마케팅이란 임대마케팅이므로 수익성 건물이어야 하고, 이에는 주거용 건물, 상업용 건물, 산업용 건물 그리고 특수 용도 건물 중 수익성 건물에 국한된다.

3. 임대마케팅의 분류

건물임대마케팅은 마케팅 대상건물에 따라 다음과 같이 분류된다.

① 주택 임대마케팅
② 상업용 건물(빌딩, 소매점상가 등) 임대마케팅
③ 산업용 건물 임대마케팅
④ 기타 특수 용도 건물 임대마케팅

4. 마케팅의 기본개념의 이해

마케팅을 성공적으로 추진하기 위해서는 마케팅의 기본개념을 이해하여야 한다. 마케팅의 기본개념은 다음과 같다.

① 욕구
② 수요
③ 제품
④ 가치
⑤ 만족
⑥ 교환
⑦ 시장

5. 임대마케팅의 절차

건물임대마케팅의 개념은 건물경영관리조직이 선정한 표적시장을 정한 후 표적시장의 욕망이나 욕구를 확인하고 만족시킬 수 있는 수단을 통합하고 효과적으로 추진하여 경쟁사보다 우위의 경쟁력을 확보하는 개념이다.

특히 건물자산관리 측면에서 성공하기 위해서는 건물임대마케팅이 효과적으로 수행되어야 하는데 이와 같은 효과적인 마케팅이 되려면 마케팅의 변수인 제품・가격・유통・촉진 등의 4P의 조합, 즉 마케팅 믹스를 유리하게 개발하고 표적시장 중에서 관리대상건물의 임대마케팅에 가장 욕구를 가지고 있는 세분시장을 정확히 선정해야 한다. 이와 같은 개념의 가정하에 건물임대마케팅을 성공적으로 임대목적을 달성하려면 적어도 마케팅 믹스의 설계와 실행과 관리를 해야 한다.

건물임대마케팅 절차는 대체로 다음과 같다.

(1) 마케팅환경 분석

환경분석을 통하여 위험요소를 피하고 임대사업이 성장, 발전할 수 있는 기회를 찾아야 한다. 임대대상건물의 공간의 장점과 단점을 찾아 장점은 유지하고 단점은 보완해야 한다.

(2) 임대마케팅 계획 수립

임대대상 공간의 전반적이고 세부적인 임대전략을 수립해야 한다.

(3) 임대마케팅 계획 실행

임대마케팅은 계획에 따라 통합적으로 실행해야 한다. 조직과 구성원이 통합되고 체계적으로 마케팅계획을 실천해야 한다.

(4) 임대마케팅 통제

건물임대 성공을 위하여 추진하고 있는 마케팅계획에 편차나 환경변화 여건, 조건의 변화가 있을 경우 적절히 수정 및 보완과 대응해야 한다.

제8절 임대광고

1. 임대광고의 의의

건물임대광고란 수익성 건물에 있어서 수익활동의 목표, 임대 목표 등을 달성하기 위하여 판매 또는 임대목적물을 불특정 다수에게 광고매체를 통하여 알려줌으로써 판매 또는 임대가 가능하도록 유리한 환경을 만드는 활동을 말한다. 즉, 상품을 소개하고 구매자를 유인하여 판매방법을 강구하거나 주의를 집중하게 하고, 흥미를 갖게 하며, 욕망을 자극시켜 행동에 옮기게 하는 활동을 의미한다.

최초의 광고사례는 AD 79년 폼페이 유적의 셋집 광고가 첫번째 건물광고의 효시로 알려져 있다. 다시 말하면 건물광고란 명시된 광고주가 불특정 고객에게 판매 또는 임대하고자 하는 대상을 알려주고 고객의 의사결정을 도와주는 활동을 의미한다.

2. 광고의 종류

광고는 광고매체(media)에 따라 다음과 같은 광고종류가 있다.

① 신문광고
② DM광고(Direct Mail)
③ 출판물광고
④ 교통광고
⑤ 라디오, TV광고
⑥ 노벨티 광고
⑦ 현수막 광고
⑧ 인터넷 광고 등

3. 광고의 기능

광고의 기능은 대체로 다음과 같다.

① 상품을 시장에 소개한다.

② 판매방법을 강구한다.
③ 고객의 주의를 집중하게 한다.
④ 고객의 흥미를 끈다.
⑤ 고객의 욕망을 자극시킨다.
⑥ 고객의 구매의사를 결정하게 한다.
⑦ 상품을 조기에 판매 또는 임대하게 한다.

4. 효과적인 광고방법

효과적인 광고방법은 대체로 다음과 같다.

① 계속해서 광고한다.
② 경기가 나쁠 때 집중광고하고, 경기가 좋을 때 광고횟수를 줄인다.
③ 신문광고는 주목률이 높은 날을 선택하여 광고한다.
④ 신문광고는 영향력 있는 신문을 선택해야 한다.
⑤ TV광고는 효과적인 요일 시간대를 선택해야 한다.
⑥ 광고비 조성은 월별로 검토한다.
⑦ 광고매체는 광고대상에 따라 효과적인 광고매체를 선택해야 한다.
⑧ 가장 좋은 안내광고 문안을 작성해야 한다. 효과적인 광고문안 작성기준은 다음과 같다.

- 주의를 끄는 머리글
- 고객요구에 부응하는 광고문안
- 목표고객에 맞는 문안
- 광고대상의 최고 장점(selling point)을 강조하는 문안
- 흥미를 끄는 광고문안
- 생동감 넘치는 광고문안
- 목표고객이 원하는 점부각 등

제3장 건물자산회계관리

제1절 회계의 기초개념

1. 회계의 의의

회계는 건물자산을 관리함에 있어서 대단히 중요한 경영관리 실무분야이다. 따라서 건물자산관리자는 다음에 계속되는 회계의 이론과 실무에 대하여 이해해야 한다. 인간은 경제생활을 영위하면서 외부의 여러 개인·조직과 이해관계를 가진다. 종전의 회계의 개념은 이런 이해관계를 가지고 있는 조직에서의 경영활동 과정에서 발생한 거래를 인식하고, 기록하고, 요약하여 계산하는 과정을 회계라 인식했었다. 그러나 오늘날 회계를 보는 관점은 단순히 계산과 기록하고, 보고하는 단순기능이 아니라 정보를 생성하고 이를 해석·활용·응용하는 과정을 회계로 인식하고 있다. 즉 회계의 관점은 [그림 3-1]과 같이 변화되었다.

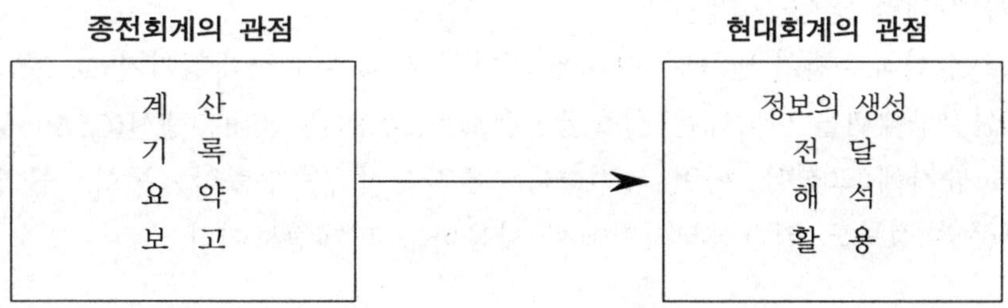

[그림 3-1] 회계관점의 변화

미국 회계학회(American Accounting Association : AAA)에 의하면 회계란 정보이용자가 합리적인 판단과 경제적 의사결정을 하는데 유용한 재무적 정보를 식별·측정·전달하는 과정이라 정의하고 있다.

2. 회계정보와 의사결정

(1) 일상생활의 의사결정과 회계정보

무심히 받아들이고 있는 우리 생활 주변에서 회계정보의 산출에 의해 만들어지는 많은 의사결정들이 있다. 예를 들면 아침에 출근할 때 타는 지하철요금, 버스요금, 택시요금이 왜 이런 가격으로 책정됐는지에 대해서는 별 관심을 안 가지지만 이런 요금의 책정에는 각 운송기업이 작성한 회계장부와 담당 정부기관이 요구하는 여러 정보들이 종합되어 내려진 결정이다. 이처럼 수동적으로 받아들이는 회계정보 외에 우리가 주어진 목돈을 정기예금에 예치할 것인지, 환매채를 구입할 것인지, 양도성 예금증서를 구입할 것인지, 아니면 정기예금을 예치하더라도 어느 은행에 예치할 것인지를 결정하는 것은 우리가 능동적으로 회계정보를 사용하여 의사결정을 해야 하는 일상의 일들이다.

(2) 일반경제사회와 회계결정

회계정보는 개인의 일상적인 생활의 미시적인 수준뿐만 아니라 거시적인 수준에서도 의사결정에 지대한 영향을 미친다.

2002년도에 한국은행이 발표한 자료에 의하면 2/4분기 국내경기가 호조를 보였지만 국민들의 실질구매력을 나타내는 실질국민총소득(GNP)은 국내총생산(GDP) 성장률보다 낮은 6.2% 증가에 그쳤다. 이런 국민소득 · 투자 · 저축 · 수출입 · 통화 · 물가 · 환율에 관한 대부분의 정보도 일반경제사회에서 사용하는 회계정보이다.

(3) 기업과 회계정보

기업은 재화와 용역을 생산하여 외부의 소비자에게 제공하여 이익을 창출한다. 그러나 이런 기업은 <표 3-1>과 같이 기업의 형태에 따라 책임이 다르게 부여된다.

<표 3-1> 기업의 유형과 책임정도

기업유형	소유자	경영자	책임정도
개인기업	개인이나 그 가족		무한
합명회사	무한책임사원		무한
합자회사	유한 · 무한책임사원	무한책임사원	유한 · 무한
유한회사	유한책임사원		유한
주식회사	주주	이사 · 감사	유한

기업의 소유와 경영이 분리됨에 따라 회계정보의 사용목적도 소유자와 경영자에 따라 다르게 된다. 기업의 소유자인 주주 입장에서 보면 주주총회에서 선임한 전문경영자가 경영활동을 제대로 수행하고 있는지를 평가하고 배당금의 지급 정도가 합당한지를 파악할 것이고, 현재는 주주가 아니지만 앞으로 기업의 주식을 보유할 생각이 있는 잠재적인 투자자들은 회사의 안전성과 수익성을 평가하기 위해 회계정보를 파악하게 된다.

반면, 기업의 경영자는 기업에 배분된 자원을 효율적으로 사용·관리함으로써 이익을 창출하고, 기업의 궁극적인 목표인 기업가치의 극대화를 위해 노력할 것이다. 그 과정에 끊임없는 의사결정이 필요하게 되고, 좀더 합리적인 의사결정과 효율적인 의사결정을 위해서 회계정보를 사용하게 된다.

3. 회계의 분류

회계란 앞에서 정의한 바와 같이 정보사용자가 올바르고 합리적인 의사결정을 내릴 수 있도록 정보를 제공하는 것이다. 그러므로 회계의 분류는 [그림 3-2]와 같이 정보이용자가 누구냐에 따라 각기 다른 정보가 제공되고 사용된다. 회계는 재무회계와 세무회계, 특수회계, 관리회계 등으로 분류된다.

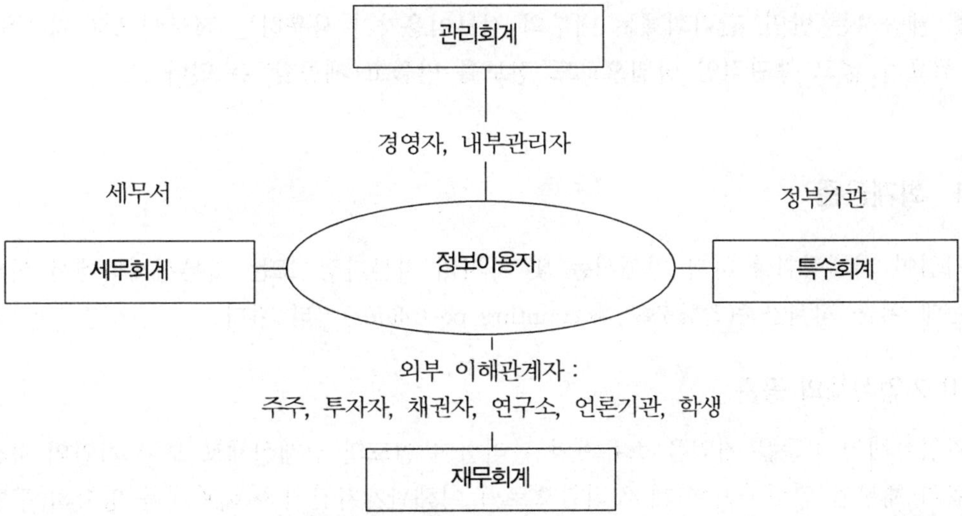

[그림 3-2] 회계의 분류

(1) 재무회계

재무회계는 기업 외부에 있는 여러 이해관계자들이 정보를 사용할 수 있도록 제공하는 영역이다. 외부의 이해관계자들이란 기업의 소유자인 주주, 또는 증권시장의 투자에 관심을 가지고 있는 투자자, 기업에 자금을 대여하고자 하는 금융기관과 같은 채권자, 기업활동을 연구하고 분석하는 연구소, 언론기관, 학생 등 많은 이해관계자들이 존재한다. 그러므로 어느 한 정보이용자의 욕구만 만족시킬 수 없고 여러 명의 요구를 동시에 충족시킬 수 있는 객관적이고 신뢰성있는 회계정보를 만들어내야 한다. 이런 객관성과 신뢰성을 충족시키기 위해 재무회계로 작성된 정보는 일반적으로 받아들이는 기준(우리나라는 기업회계기준이라 한다)에 따라 작성되어야 한다.

또한 재무회계정보가 기업회계기준에 맞게 작성되었는지를 외부에 있는 감사자로 하여금 감사를 하게 하는데, 이를 외부감사라 한다. 또한 이 업무를 담당하는 사람을 공인회계사라 한다.

(2) 관리회계

관리회계는 기업 내부에 있는 경영자·관리자들이 주어진 업무과정에서 의사결정을 할 때 필요한 정보를 제공하는 영역이다. 재무회계는 여러 이해관계자들이 사용하기 때문에 객관적이고 신뢰성있는 정보를 제공해주기 위해 기준을 정하고 이를 준수하여 정보를 제공하는 반면, 관리회계는 내부의 정보이용자가 사용하는 정보이므로 기준을 정할 필요가 없고 주관적인 방법으로도 정보를 만들고 제공할 수 있다.

4. 회계공준

기업이 회계행위를 하기 위해서는 몇 가지의 기본가정, 또는 기본전제하에서 이루어지는데 이를 회계공준(會計公準, accounting postulates)이라 한다.

(1) 기업실체의 공준

기업실체의 공준은 기업을 소유자와 분리하여 별도의 경제실체로 보고 기업의 자산과 기업의 채무를 인식하여 회계 처리함으로써 이해관계자간의 이해관계를 명확히 구별할 수 있도록 하는 가정이다.

(2) 계속기업의 공준

계속기업의 공준이란 기업이 일단 영업활동을 개시하면 해산이나 청산을 하지 않고 계속적으로 영업활동을 할 것이라 가정하는 것이다. 기업은 이를 가정함으로써 자산평가시에 청산가치나 처분가치를 고려하지 않고 객관적이고 검증 가능한 취득원가로 평가할 수 있도록 한다.

(3) 회계기간의 공준

기업은 계속기업의 공준에 따라 계속적으로 영업활동을 영위한다. 그러나 그 영업기간에 기업의 이해관계자들은 기업의 재무상태와 영업성과에 관심을 가지고 이에 대한 정보를 필요로 하므로 회계기간을 인위적으로 나누어 이 기간에서의 영업성과를 파악하고, 이 기간 말의 재무상태를 알 수 있도록 한다.

(4) 화폐측정의 기준

회계현상을 측정하는 데 있어서 화폐단위로 측정하도록 가정하는 것을 말한다. 이는 화폐의 구매력이 변화하지 않는다는 것을 전제로 이루어졌으나 실제로는 인플레이션 현상으로 화폐구매력의 변화가 오므로 물가지수 등을 사용하여 화폐구매력의 변화를 고려한다.

5. 회계원칙

(1) 신뢰성의 원칙

이 원칙은 "회계처리 및 보고는 신뢰할 수 있도록 객관적인 자료와 증거에 의하여 공정하게 처리하여야 한다."는 것으로 모든 회계기록과 정보는 객관적인 회계자료와 증빙서류에 의하여 이루어져야 한다는 것이다.

(2) 명료성의 원칙

이 원칙은 "재무제표의 양식 및 과목과 회계용어는 이해하기 쉽도록 간단·명료하게 표시하여야 한다."는 것으로 회계정보의 이용자가 재무제표에 의해 의사결정하여 판단하는 데 도움이 될 수 있어야 한다는 것이다.

(3) 충분성의 원칙

이 원칙은 "중요한 회계방침과 회계기준·과목 및 금액에 관하여는 그 내용을 재무제표상에 충분히 표시하여야 한다."는 것으로 기본 재무제표뿐만 아니라 부속명세서, 주석, 주기 등을 사용하여 충분한 정보를 제공해야 한다는 것이다.

(4) 계속성의 원칙

이 원칙은 "회계처리에 관한 기준 및 추정은 기간별 비교가 가능하도록 매기 계속하여 적용하고, 적당한 사유없이 이를 변경하여서는 아니된다."는 것으로 회계기준상에 선택이 가능한 처리방법 중 한 번 선택한 회계방법은 특별한 사유가 없는 한은 변경하지 않고 계속적으로 사용하여 회계정보의 기간별 비교가 가능하도록 한 원칙이다.

(5) 중요성의 원칙

이 원칙은 "회계처리와 재무제표 작성에 있어서 과목과 금액은 그 중요성에 따라 실용적인 방법에 의하여 결정하여야 한다."는 원칙으로 관련 회계정보가 회계정보 이용자의 의사결정에 미치는 정도에 따라 중요성 정도를 정하는 원칙이다.

(6) 안전성의 원칙

이 원칙은 "회계처리 과정에서 2개 이상의 회계처리 방법이 있는 경우에는 재무적 기초를 견고히 하는 관점에 따라 처리하여야 한다."는 것으로 자신은 과소계상할 수 있는 방법, 부채는 과대계상할 수 있는 방법을 선택하고, 예상비용은 계상하고 예상수익은 계상하지 않음으로써 기업의 건전성을 추구한다는 것이다.

(7) 실질우선의 원칙

이 원칙은 "회계처리는 거래의 실질과 경제적 사실을 반영할 수 있어야 한다."는 것으로 형식적인 거래나 형식적인 자산평가가 아닌 실질의 가치를 반영한 회계정보를 제공해야 한다는 것이다.

제2절 기업의 재무상태와 경영성과

1. 기업의 재무상태 : 대차대조표

대차대조표는 기업의 일정시점에 있어서의 재무상태를 알려주는 보고서이다.

대차대조표는 기업의 재무상태를 명확히 보고하기 위하여 대차대조표일 현재의 모든 자산·부채 및 자본을 적정하게 표시하여야 한다.

대차대조표는 자산·부채·자본으로 구성되어 있는데 다음의 등식을 만족한다.

자산 = 부채 + 자본

위의 회계등식에 따라 기록하는 방법을 복식부기라 한다. 복식부기는 두 번을 기록한다는 것으로 모든 회계적인 사건은 등호(=)의 왼편(차변이라 한다)과 오른편(대변이라 한다)의 양쪽에 모두 기록되어야 한다는 것이다. 이에 따라 차변에는 자산을 기록하고, 대변에는 차변에 대한 청구권인 부채와 자본을 각각 기록한다. 이는 자본에 대해 타인이 요구할 수 있는 권리인 부채와 자기가 요구할 수 있는 자본으로 나누어진다. 이를 T계정으로 그림으로 표시하면 [그림 3-3]과 같다.

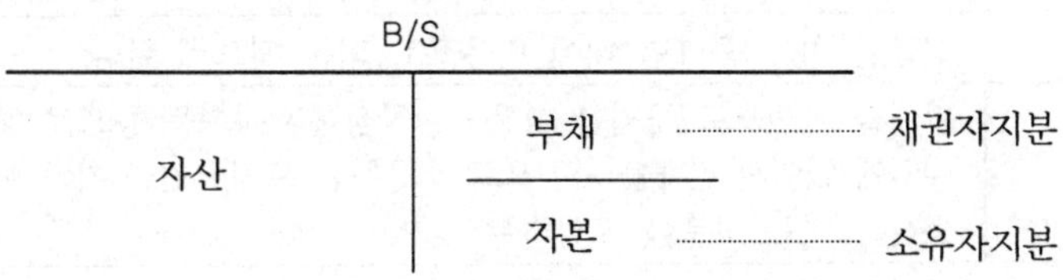

[그림 3-3] T계정

(1) 자 산

자산은 "과거 거래의 결과에 의하여 기업이 획득하였거나 통제하고 있는 미래의 경제적 효익"으로 정의한다.

자산은 그 성격에 따라 여러 가지로 분류할 수 있다. 기업회계기준에서는 유동성의 기준에 따라 1년 이내에 현금화가 될 수 있는 자산을 유동자산이라 하고, 1년 이후에 현금화가 되는 자산을 고정자산이라 한다.

1) 유동자산

유동자산은 <표 3-2>와 같이 당좌자산과 재고자산으로 분류된다.

<표 3-2> 유동자산

	계정과목	내 용
당좌자산	현금 및 현금등가물	통화 및 타인발행수표 등 통화대용증권과 당좌예금·보통예금 및 현금등가물로 한다. 이 경우 현금등가물이라 함은 큰 거래비용없이 현금으로 전환이 용이하고 이자율 변동에 따른 가치변동의 위험이 중요하지 않은 유가증권 및 단기금융상품으로서 취득당시 만기(또는 상환일)가 3개월 이내에 도래하는 것을 말한다.
	단기금융상품	금융기관이 취급하는 정기예금·정기적금, 사용이 제한되어 있는 예금 및 기타 정형화된 상품 등으로 단기적 자금운용목적으로 소유하거나 기한이 1년 내에 도래하는 것으로 하고, 사용이 제한되어 있는 예금에 대해서는 그 내용을 주석으로 기재한다.
당좌자산	유가증권	주식(시장성있는 주식에 한한다)·채권 등과 같은 유가증권 중 단기적 자금운용 목적으로 소유한 것으로 한다. 다만 특수관계자가 발행한 주식과 1년 내에 처분할 투자유가증권은 포함하지 아니한다.
	매출채권	일반적 상거래에서 발생한 외상매출금과 받을어음으로 한다.
	단기대여금	회수기한이 1년 내에 도래하는 대여금으로 한다.
	미수금	일반적 상거래 이외에서 발생한 미수채권으로 한다.
	미수수익	당기에 속하는 수익 중 미수액으로 한다.
	선급금	상품·원재료 등의 매입을 위하여 선급한 금액으로 한다.
	선급비용	선급된 비용 중 1년 내에 비용으로 되는 것으로 한다.
재고자산	상 품	판매를 목적으로 구입한 상품·미착상품·적송품 등으로 하며, 부동산매매업에 있어서 판매를 목적으로 소유하는 토지·건물 기타 이와 유사한 부동산은 이를 상품에 포함하는 것으로 한다.
	제 품	판매를 목적으로 제조한 생산품·부산물 등으로 한다.
	반제품	자가 제조한 중간제품과 부분품 등으로 한다.
	재공품	제품 또는 반제품의 제조를 위하여 재공과정에 있는 것으로 한다.
	원재료	원료·재료·매입부분품·미착원재료 등으로 한다.
	저장품	소모품·소모공구기구비품·수선용 부분품 및 기타 저장품으로 한다.

2) 고정자산

고정자산은 <표 3-3>과 같이 투자자산·유형자산·무형자산으로 분류된다.

<표 3-3> 고정자산

	계정과목	내 용
투자자산	장기금융상품	유동자산에 속하지 아니하는 금융상품으로 하고, 사용이 제한되어 있는 예금에 대해서는 그 내용을 주석으로 기재한다.
	투자유가증권	유동자산에 속하지 아니하는 유가증권으로 한다.
	장기대여금	유동자산에 속하지 아니하는 장기의 대여금으로 한다.
	장기성 매출채권	유동자산에 속하지 아니하는 일반적 상거래에서 발생한 장기의 외상매출금 및 받을어음으로 한다.
	투자부동산	투자의 목적 또는 비영업용으로 소유하는 토지·건물 및 기타의 부동산으로 하고, 그 내용을 주석으로 기재한다.
	보증금	전세권·전신전화가입권·임차보증금 및 영업보증금 등으로 한다.
투자자산	이연법인세차	일시적 차이로 인하여 법인세법 등의 법령에 의하여 납부하여야 할 금액이 법인세비용을 초과하는 경우 그 초과하는 금액과 이월결손금 등에서 발생한 법인세효과로 한다.
유형자산	토 지	대지·임야·전답·잡종지 등으로 한다.
	건 물	건물과 냉난방·조명·통풍 및 기타의 건물부속설비로 한다.
	구축물	선거·교량·안벽·부교·궤도·저수지·갱도·굴뚝·정원설비 및 기타의 토목설비 또는 공작물 등으로 한다.
	기계장치	기계장치·운송설비(컨베이어·호이스트·기중기 등)와 기타의 부속설비로 한다.
유형자산	선 박	선박과 기타의 수상운반구 등으로 한다.
	차량운반구	철도차량·자동차 및 기타의 육상운반구 등으로 한다.
	건설 중인 자산	유형자산의 건설을 위한 재료비·노무비 및 경비로 하되, 건설을 위하여 지출한 도급금액 또는 취득한 기계 등을 포함한다.
무형자산	영업권	합병·영업양수 및 전세권 취득 등의 경우 유상으로 취득한 것으로 한다.
	산업재산권	일정기간 중 독점적·배타적으로 이용할 수 있는 권리로서 특허권·실용신안권·의장권 및 상표권 등으로 한다.
	광업권	일정한 광구에서 등록한 광물과 동 광산 중에 부존하는 다른 광물을 채굴하여 취득할 수 있는 권리로 한다.
	어업권	일정한 수면에서 독점적·배타적으로 어업을 경영할 수 있는 권리로 한다.
	차지권	임차료 또는 지대를 지급하고 타인이 소유하는 토지를 사용·수익할 수 있는 권리로 한다.
	창업비	발기인의 보수, 인수수수료, 설립등기비, 주식발행비 등 회사설립을 위하여 발생한 비용과 개업준비 기간 중에 사업인·허가를 획득하기 위하여 발생한 비용 등으로 한다.
	개발비	신제품, 신기술 등의 개발과 관련하여 발생한 비용(소프트웨어 개발과 관련된 비용을 포함한다)으로서 개별적으로 식별가능하고 미래의 경제적 효과를 확실하게 기대할 수 있는 것으로 한다.

(2) 부 채

부채란 기업이 장래에 일정한 금액을 제3자에게 갚아야 할 채무를 말한다. 부채도 다음의 <표 3-4>와 <표 3-5>와 같이 자산의 경우처럼 1년 기준에 따라 대차대조표일로부터 1년 이내에 지급의무가 있는 유동부채와 1년 이후에 지급의무가 있는 고정부채로 분류한다.

1) 유동부채

<표 3-4> 유동부채

	계정과목	내 용
유동부채	매입채무	일반적 상거래에서 발생한 외상매입금과 지급어음으로 한다.
	단기차입금	금융기관으로부터의 당좌차월액과 1년 내에 상환될 차입금으로 한다.
	미지급금	일반적 상거래 이외에서 발생한 채무(미지급비용을 제외한다)로 한다.
	선수금	수주공사 · 수주품 및 기타 일반적 상거래에서 발생한 선수액으로 한다.
	예수금	일반적 상거래 이외에서 발생한 일시적 제예수액으로 한다.
	미지급비용	발생된 비용으로서 지급되지 아니한 것으로 한다.
	미지급법인세	법인세 등의 미지급액으로 한다.
	미지급배당금	이익잉여금처분계산서상의 현금배당액으로 한다.
	유동성장기부채	고정부채 중 1년 내에 상환될 것 등으로 한다.
	선수수익	받은 수익 중 차기 이후에 속하는 금액으로 한다.
	단기부채성충당금	1년 내에 사용되는 충당금으로서 그 사용목적을 표시하는 과목으로 기재한다.

2) 고정부채

<표 3-5> 고정부채

	계정과목	내 용
고정부채	사 채	1년 후에 상환되는 사채의 가액으로 하되, 사채의 종류별로 구분하고 그 내용을 주석으로 기재한다.
	장기차입금	1년 후에 상환되는 차입금으로 하여 차입처별 차입액, 차입용도, 이자율, 상환방법 등을 주석으로 기재한다.
	장기성매입채무	유동부채에 속하지 아니하는 일반적 상거래에서 발생한 장기의 외상매입금 및 지급어음으로 한다.
	장기부채성충당금	1년 후에 사용되는 충당금으로서 그 사용목적을 표시하는 과목으로 기재한다.
	이연법인세	일시적 차이로 인하여 법인세비용이 법인세법 등의 법령에 의하여 납부하여야 할 금액을 초과하는 경우 그 초과하는 금액으로 한다.

(3) 자 본

자본이란 여러 가지 의미로 사용되나 기업이 소유하고 있는 자산에 타인이 요구할 수 있는 부채를 차감한 나머지 순재산을 말한다. 주식회사에서는 소유자가 주주이므로 주식회사의 소유자지분을 주주지분이라고 한다. 부채를 타인자본이라고 하며, 소유자지분을 자기자본 또는 자본이라 한다.

이것을 등식으로 표현하면 다음 표와 같으며 이를 자본등식이라 한다.

자산 − 부채 = 자본

기업회계기준에서는 자본을 자본금과 자본잉여금 · 이익잉여금 · 자본조정으로 <표 3-6>과 같이 분류하고 있다.

<표 3-6> 자 본

	계정과목	내 용
자본금	보통주자본금	회사가 발행할 주식의 총수, 1주의 금액 및 발행한 주식의 수와 당해 회계연도 중에 증자 · 감자 · 주식배당 또는 기타의 사유로 자본금이 변동한 경우에는 그 내용을 주석으로 기재한다.
	우선주자본금	
자본 잉여금	주식발행초과금	주식발행가액(증자의 경우에 신주발행수수료 등 신주발행을 위하여 직접 발행한 기타의 비용을 차감한 후의 가액을 말한다. 이하 같다)이 액면가액을 초과하는 경우 그 초과하는 금액으로 한다.
	감자차익	자본감소의 경우에 그 자본금의 감소액이 주식의 소각, 주금의 반환에 요한 금액과 결손의 보전에 충당한 금액을 초과한 때에 그 초과금액으로 한다. 다만, 자본금의 감소액이 주식의 소각, 주금의 반환에 요한 금액에 미달하는 경우에는 동 금액을 차감한 후의 금액으로 한다.
	기타자본잉여금	자기주식처분이익으로서 자기주식처분손실을 차감한 금액과 그 밖의 기타자본잉여금으로 한다.
이익 잉여금	이익준비금	상법의 규정에 의하여 적립된 금액으로 한다.
	기타법정적립금	상법 이외의 법령의 규정에 의하여 적립된 금액으로 한다.
	임의적립금	정관의 규정 또는 주주총회의 결의로 적립된 금액으로서 사업확장적립금 · 감채적립금 · 배당평균적립금 · 결손보전적립금 및 세법상 적립하여 일정기간이 경과한 후 환입될 준비금 등으로 한다.
	차기이월 이익잉여금 또는 차기이월 결손금	당기 이익잉여금처분계산서의 차기이월이익잉여금 또는 결손금처리계산서의 차기이월결손금으로 하고 당기순이익 또는 당기순손실을 주기한다.

	계정과목	내 용
자본조정	주식할인 발행차금	주식발행가액이 액면가액에 미달하는 경우 그 미달하는 금액으로 한다.
	배당건설이자	개업 전 일정한 기간 내에 주주에게 배당한 건설이자로 한다.
	자기주식	회사가 이미 발행한 주식을 주주로부터 취득한 경우 그 취득가액으로 하고, 그 취득경위·향후처리계획 등을 주석으로 기재한다.
	미교부 주식배당금	이익잉여금처분계산서상 주식배당액으로 한다.
자본조정	투자유가증권평가이익 (또는 투자유가증권평가손실)	투자주식의 평가손익 또는 투자채권의 평가손익으로 한다.
	해외사업환산대 (또는 해외사업환산차)	해외지점 등의 외화환산이익(또는 외화환산손실)으로 한다.

대차대조표 <표 3-7>은 K사의 2001년도 감사보고서상의 요약대차대조표이다. 기업회계기준에 의하면 대차대조표의 양식은 계정식과 보고식이 있는데, 계정식은 T계정을 사용하여 차변에는 자산이 위치하고 대변에는 부채와 자본을 위치시켜 자산과 부채와 자본의 합이 일치되는 것을 보여주는 방식이다. 반면, 보고식은 T계정을 사용하지 않고 자산·부채·자본을 순서대로 나열하여 자산의 합계와 부채와 자본의 합계가 일치함을 보여주는 방식이다. 다음의 예제는 보고식을 적용한 방식으로 많은 회계사들이 재무제표를 공시하는 경우에 사용하고 있다.

대차대조표의 작성은 다음의 원칙에 의하여 이루어진다.

1) 구분표시 기준원칙

대차대조표는 자산·부채·자본으로 구분하고 자산은 유동자산 및 고정자산으로 부채는 유동부채·고정부채로, 자본은 자본금·자본잉여금·이익잉여금·자본조정금으로 각각 구분하여 정보를 이용하는 정보이용자에게 명료하게 인식될 수 있도록 한다.

2) 총액 기준원칙

자산·부채 및 자본은 자산의 항목과 부채 또는 자본의 항목을 상계하지 않고 총액으로 기재함을 원칙으로 한다.

3) 1년 기준원칙

자산과 부채를 1년을 기준으로 하여 유동과 고정으로 나눈다.

4) 유동성 배열법 기준원칙

대차대조표에 기재하는 자산과 부채의 항목배열은 유동성이 빠른 것부터 순차적으로 나열한다.

5) 잉여금 구분기준원칙

자본거래에서 발생한 자본잉여금과 손익거래에서 발생한 이익잉여금은 혼동하여 표시하여서는 안 된다.

다음의 <표 3-7>과 같이 이번기에 의해 작성된 대차대조표는 회계실체의 유동성의 평가에 유용한 정보를 제공하는데, 유동성이란 기업의 단기채무 지급능력을 뜻하는 것으로 유동자산과 유동부채의 비율로 쉽게 평가할 수 있다. 이런 유동성에 대한 평가는 기업의 안전성의 관점에서 매우 중요한 정보이다.

<표 3-7> 대차대조표

전기: 2000년 12월 31일 현재
당기: 2001년 12월 31일 현재

K사 (단위, 백만원)

계정과목	2001년	2000년
자 산		
Ⅰ. 유동자산	639,656	634,023
(1) 당좌자산	474,790	483,724
(2) 재고자산	164,866	150,299
Ⅱ. 고정자산	1,268,680	1,215,476
(1) 투자자산	273,549	146,988
(2) 유형자산	994,156	1,067,447
(3) 무형자산	975	1,041
자산총계	1,908,336	1,849,499
부 채		
Ⅰ. 유동부채	424,982	502,345
Ⅱ. 고정부채	388,375	306,109
부채총계	813,357	808,454
자 본		
Ⅰ. 자본금	56,252	56,252
Ⅱ. 자본잉여금	716,583	718,220
Ⅲ. 이익잉여금	453,161	385,066
Ⅳ. 자본조정	(131,017)	(128,493)
자본총계	1,094,979	1,041,046
부채와 자본총계	1,908,336	1,849,500

<예제> 다음은 P사의 2001년 12월 31일의 재무상태를 나타낸 자료이다. 이 자료에 의하여 대차대조표를 작성하는 경우 <표 3-8>과 같이 대차대조표와 같이 작성된다.

현금	₩500,000	건물	₩1,000,000
외상매출금	600,000	받을어음	400,000
상품	800,000	기계장치	900,000
비품	3,000,000	차량운반구	2,000,000
지급어음	600,000	외상매입금	300,000
단기차입금	1,000,000	미지급금	200,000

<풀이>

<표 3-8> 대차대조표

2001년 12월 31일 현재

P사 (단위, 원)

자 산	금 액	부채와 자본	금 액
현금 및 현금등가물	500,000	매입채무	900,000
매출채권	1,000,000	단기차입금	1,000,000
상품	800,000	미지급금	200,000
기계장치	900,000	자본금	7,100,000
건물	1,000,000		
비품	3,000,000		
차량운반구	2,000,000		
자산총계	9,200,000	부채와 자본총계	9,200,000

2. 기업의 경영성과 : 손익계산서

손익계산서(P/L : Profit and Loss)는 기업의 경영성과를 명확히 보고하기 위해서 [그림 3-5]와 같이 그 회계기간에 속하는 모든 수익과 이에 대응하는 모든 비용을 적정하게 표시하여야 한다.

기업회계기준에서는 외부에 공시되는 대차대조표와 손익계산서에서 대차대조표는 보고식과 계정식 모두 인정하지만 손익계산서는 보고식만을 인정하고 있다. 그러나 계정식으로 작성하는 경우에 대변에는 수익, 차변에는 비용이 오게 된다. 이를 그림으로 정리하면 [그림 3-4]와 같다.

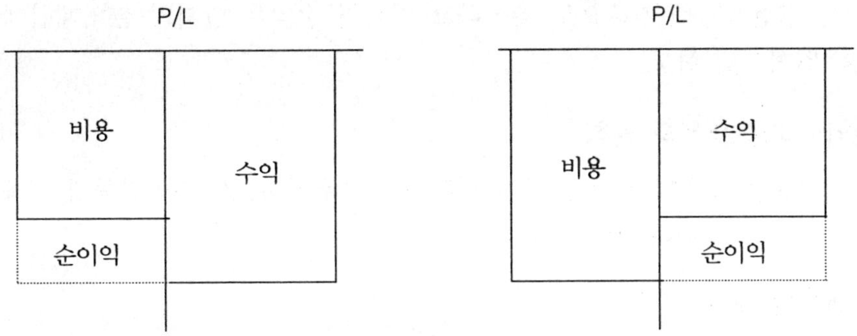

비용 + 순이익 = 수익
비용 = 수익 + 순손실

[그림 3-4] 손익계산서계정식과 보고식

(1) 수 익

수익은 일정기간 동안에 기업의 경영활동에서 얻어진 대가를 말하며, 재화나 용역의 대가를 고객이 지급한 경우를 말한다. 수익의 대표적인 계정과목은 매출액 · 수수료수익 · 임대료 · 이자수익 · 배당금수익 등이 있다.

그러나 보고식으로 작성하는 경우 수익이 발생된 원인에 따라 구분하여 매출액 · 영업외수익 · 특별이익으로 구분한다.

(2) 비 용

비용이란 수익을 얻는 과정에서 재화와 용역으로 사용 또는 소비하는 경제가치를 화폐가치로 표시한 것이다.

비용계정과목에는 매출원가를 구성하는 매입이 있고, 또 복리후생비 · 접대비와 같은 판매비와 관리비 등이 포함되어 있다. 비용도 발생원천에 따라 매출원가, 판매비와 관리비, 영업외비용, 특별손실, 법인세비용으로 구분한다.

손익계산서는 각각의 이익을 계산 · 구분할 때 먼저 수익계정과목을 기재하고, 그 다음에 비용계정과목을 기재해서 그 차액으로 이익을 산출하는 방법으로 작성한다.

손익계산서의 이익에는 매출총이익, 영업이익, 경상이익, 법인세비용 차감전 순이익, 당기순이익 등이 있다.

손익계산서는 다음의 원칙에 의해 작성된다.

1) 발생주의 원칙

모든 수익과 비용은 그것이 발생한 기간에 적당하게 배분되도록 처리하여야 한다. 다만, 수익은 실현시기를 기준으로 계상하고 미실현 수익은 당기의 손익계산에 산입하지 아니함을 원칙으로 한다.

2) 수익 · 비용 대응의 원칙

수익과 비용은 그 발생원천에 따라 명확하게 분류하고, 각 수익항목과 이에 관련되는 비용항목을 대응 표시하여야 한다.

3) 총액주의 원칙

수익과 비용은 총액에 의하여 기재함을 원칙으로 하고, 수익항목과 비용항목을 직접 상계함으로써 그 전부 또는 일부를 손익계산서에서 제외하여서는 아니된다.

4) 이익구분의 원칙

손익계산서는 매출총손익, 영업손익, 경상손익, 법인세비용 차감전 순손익과 당기순손익으로 구분 표시하여야 한다. 다만, 제조업 · 판매업 및 건설업 이외의 기업에 있어서는 매출총손익의 구분표시를 생략할 수 있다.

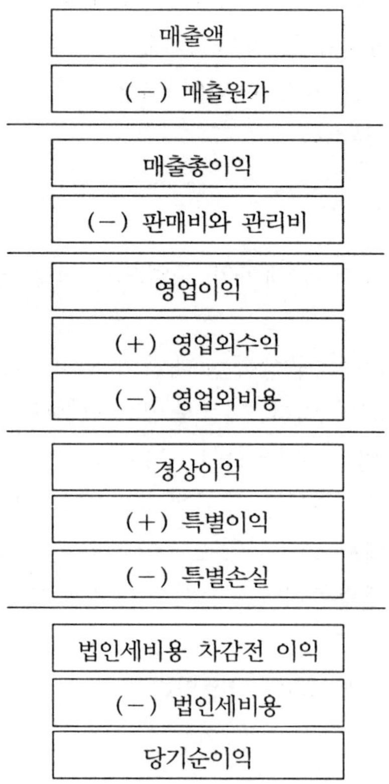

[그림 3-5] 손익계산서계정항목

<표 3-9> 손익계산서 작성내역

계정항목	내 용
매출액	상품 또는 제품의 매출액은 총매출액에서 매출에누리와 할인 및 매출할인을 차감한 금액으로 한다. 이 경우에 일정기간의 거래수량이나 거래금액에 따라 매출액을 감액하는 것은 매출에누리에 포함된다. 반제품, 부산물, 작업폐물매출액, 수출액, 장기할부매출액 등이 중요한 경우에는 이를 주석으로 기재한다.
매출원가	판매업에 있어서의 매출원가는 기초상품재고액과 당기상품매입액의 합계액에서 기말상품재고액을 차감하는 형식으로 기재한다. 제조업에 있어서의 매출원가는 기초제품재고액과 당기제품제조원가의 합계액에서 기말제품재고액을 차감하는 형식으로 기재한다.
판매비와 관리비	판매비와 관리비는 상품의 용역의 판매활동 또는 기업의 관리와 유지에서 발생하는 비용으로 급여(임원급여, 급료, 임금 및 제수당을 포함한다), 퇴직급여, 복리후생비, 임차료, 접대비, 감가상각비, 무형자산상각비, 세금과공과, 광고선전비, 연구비, 경상개발비, 대손상각비 등 매출원가에 속하지 아니하는 모든 영업비용을 포함한다.
영업외수익	이자수익, 배당금수익(주식배당액은 제외한다), 임대료, 유가증권 처분이익, 유가증권평가이익, 외환차익, 외화환산이익, 지분법평가이익, 투자유가증권감액손실환입, 투자자산처분이익, 유형자산처분이익, 사채상환이익, 법인세환급액 등을 포함한다.
영업외비용	이자비용, 기타의 대손상각비, 유가증권처분손실, 유가증권평가손실, 재고자산 평가손실(원가성이 없는 재고자산감모손실을 포함한다), 외환차손, 외화환산손실, 기부금, 지분법평가손실, 투자유가증권감액손실, 투자자산처분손실, 유형자산처분손실, 사채상환손실, 법인세추납액 등을 포함한다.
특별이익	비경상적, 비반복적으로 발생한 영업외수익과 자산수증이익, 채무면제이익, 보험차익 등을 포함한다.
특별손실	비경상적, 비반복적으로 발생한 영업외비용과 재해손실 등을 포함한다.
법인세비용	법인세법 등의 법령에 의하여 당해 사업년도에 부담할 법인세 및 법인세에 부가되는 세액의 한계에 당기 이연법인세 변동액을 가감하여 산출된 금액을 말한다.

<표 3-10> 손익계산서

전기: 2000년 1월 1일~2000년 12월 31일까지
당기: 2001년 1월 1일~2001년 12월 31일까지

K사 (단위, 백만원)

계정과목	2001년	2000년
Ⅰ 매출액	1,604,106	1,277,862
Ⅱ 매출원가	1,238,283	977,632
Ⅲ 매출총이익	365,823	300,230
Ⅳ 판매비와 관리비	242,029	181,266
Ⅴ 영업이익	123,794	118,964
Ⅵ 영업외수익	54,001	37,357
Ⅶ 영업외비용	52,702	56,423
Ⅷ 경상이익	125,093	99,898
Ⅸ 특별이익	–	–
Ⅹ 특별손실	–	–
Ⅺ 법인세비용 차감전 순이익	125,093	99,898
Ⅻ 법인세비용	35,546	32,153
XIII 당기순이익	89,547	67,745

<예 제> 다음은 P사의 2001년 1월 1일부터 12월 31일까지의 자료이다. 이를 토대로 손익계산서를 계정식과 보고식으로 작성하면 다음과 같다.

매출	₩530,000	매출원가	₩300,000
급여	150,000	이자비용	20,000
임대료	250,000	임차료	120,000
수수료이익	90,000	광고선전비	50,000

<풀이> 계정식 손익계산서는 <표 3-11>과 같이 작성된다.

<표 3-11> 계정식 손익계산서

2001년 1월 1일~2001년 12월 31일까지

P사 (단위, 원)

비용	금액	수익	금액
매출원가	300,000	매출	530,000
급여	150,000	수수료수익	90,000
이자비용	20,000	임대료	250,000
임차료	120,000		
광고선전비	50,000		
당기순이익	230,000		
합 계	870,000	합 계	870,000

보고식 손익계산서는 <표 3-12>와 같이 작성된다.

<표 3-12> 보고식 손익계산서

2001년 1월 1일~2001년 12월 31일까지

P사 (단위, 원)

수익			
매출	530,000		
수수료이익	90,000		
임대료	250,000		870,000
비용			
매출원가		300,000	
급여		150,000	
이자비용		20,000	
임차료		120,000	
광고선전비		50,000	640,000
당기순이익			230,000

제3절 회계정보 시스템

1. 회계순환과정

회계는 계속기업의 공준에 따라 영업활동을 지속적으로 계속할 것이라 가정하고 회계처리를 한다. 그러므로 인위적인 회계기간(1년 기준)을 정하여 그 기간의 기간손익을 계산한 후, 다음 회계기간의 처리를 위하여 장부를 마감한 후 다음 기간으로 차기이월하여 회계정보가 순환되는 작업을 한다. 회계 순환과정의 절차는 [그림 3-6]과 같다.

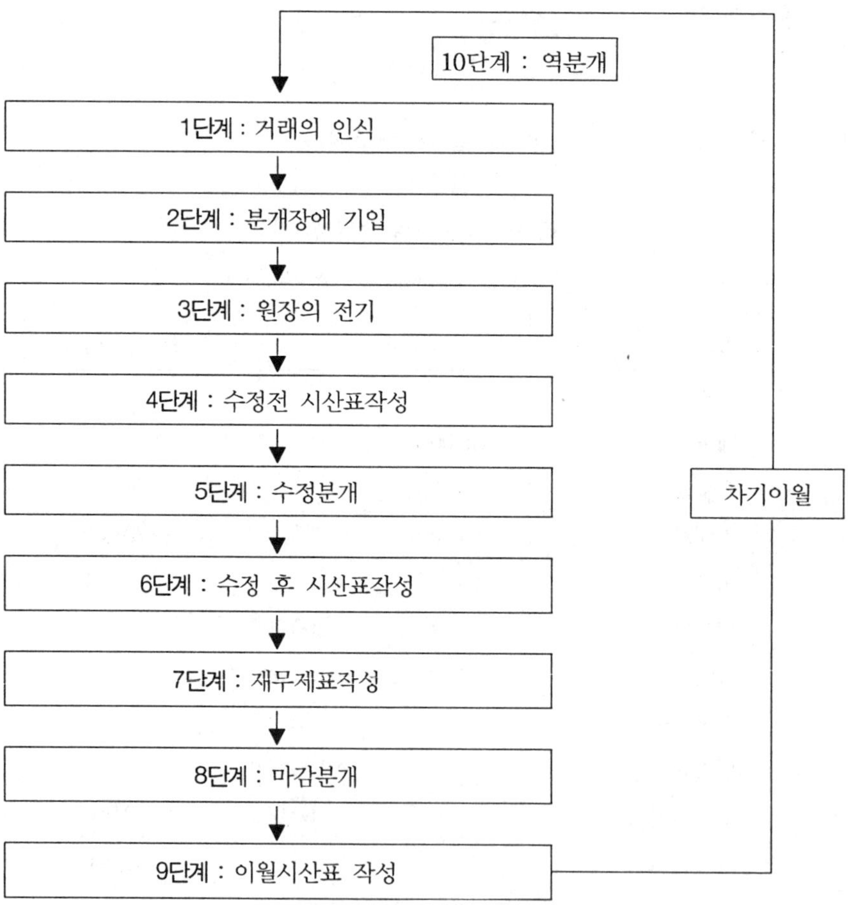

[그림 3-6] 회계 순환과정의 절차

(1) 1단계 : 거래의 인식 · 측정

자산 · 부채 · 자본의 증가 또는 감소를 수반하는 회계상의 거래를 식별하여 분개 여부를 결정한다.

(2) 2단계 : 분개

회계상의 거래를 식별하여 측정한 거래금액을 자산 · 부채 · 자본 · 수익 · 비용 등의 각 항목의 증가감소 여부를 각 계정과목에 기록한다.

(3) 3단계 : 원장에 전기

분개장에 기록된 내용을 해당 계정과목의 총계정원장에 이전시킨다.

(4) 4단계 : 수정전 시산표의 작성

복식부기의 원리에 따라 작성된 회계처리가 오류가 없는지를 차변의 금액과 대변의 금액으로 나누어 합계를 비교해봄으로써 검증한다.

(5) 5단계 : 수정분개

발생주의 원칙에 의하여 현금의 수입이나 지출이 발생되지 않더라도 수익실현기준에 따라 그 회계기간의 수익과 비용을 인식하여 회계 기말시점에 조정한다.

(6) 6단계 : 수정후 시산표

수정분개 이전에의 금액에 수정분개한 사항을 각 총계정원장에 전기시킨 후 새로이 계산된 장부잔액으로 차변의 합계와 대변의 합계가 일치되는지를 알아본다.

(7) 7단계 : 재무제표의 작성

대차대조표, 손익계산서, 이익잉여금처분계산서, 현금흐름표를 작성한다.

(8) 8단계 : 마감분개

원장의 모든 계정 중 손익을 계산하는 수익계정과 비용계정의 잔액을 정리하여 장부잔액을 0으로 만들어주고, 대차대조표에 속하는 자산 · 부채 · 자본의 계정은 잔액을 차기로 이월시키는 작업을 한다.

(9) 9단계 : 이월시산표의 작성

자산 · 부채 · 자본계정의 잔액은 차기로 이월되는데 그 오류여부를 검증하기 위해 시산표를 작성한다.

(10) 10단계 : 역분개

회계 기말시점에 이루어진 수정분개 중 미지급비용계정과 미수수익계정에 대해 분개의 위치를 바꾸어주는 역분개를 함으로써 회계처리의 편리를 도모할 수 있다.

2. 분 개

기업의 경영활동은 자산 · 부채 · 자본에 의하여 증감변화가 일어나는데, 이와 같은 증감변화를 가져오는 원인을 거래(transaction)라 한다. 회계상의 거래는 일반업무에서의 거래개념과 다른 부분들이 있다. 화재나 도난 등은 일반적으로 거래라 하지 않지만 회계상에서는 거래로 인식한다.

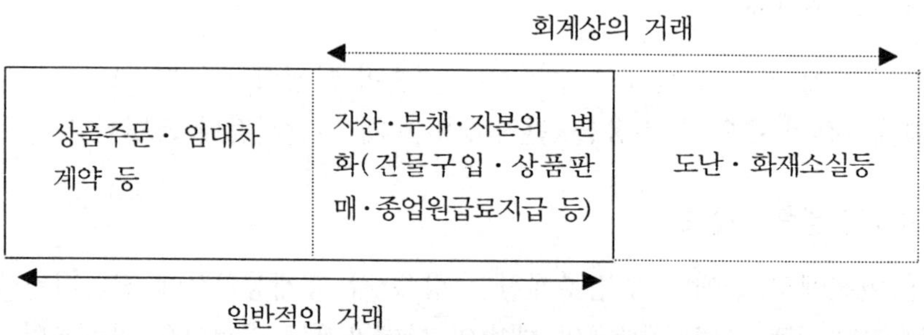

[그림 3-7] 분 개

(1) 분개의 개념과 법칙

거래가 발생하면 분개를 하게 되는데, 분개란 복식부기원리의 근본으로 모든 거래를 기록할 때 차변과 대변으로 나누어 기록하는 방법이다. 계정과목을 설정하여 자금의 운용을 차변(왼쪽)에, 자금의 원천은 대변(오른쪽)에 기록한다.

회계상의 거래를 차변과 대변으로 나누어 분개장이나 전표 등에 기입하는 것을 분개(journalizing)라 한다. 분개를 할 때는 거래의 8요소와 거래의 결합관계에 따라 차변 또는 대변의 계정과목에 기입해야 한다.

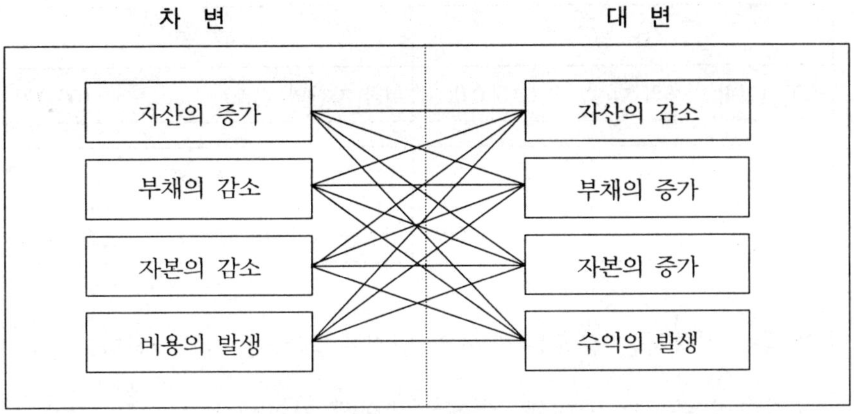

[그림 3-8] 거래의 8요소

회계상의 거래는 두 개 또는 두 개 이상의 요소가 결합하여 성립된다. 이는 거래의 이중성이라 하여 하나의 거래는 차변과 대변에 동시에 기록되어야 함을 의미한다.

<예 제> 다음은 거래의 자료이다. 이를 토대로 분개하면 다음과 같이 작성된다.

① 현금 ₩10,000,000으로 유통업을 시작하다.
② 외상매출금 ₩2,000,000을 현금으로 받다.
③ 비품 ₩1,200,000을 현금으로 구입하다.
④ 광고료 ₩100,000을 현금으로 지급하다.
⑤ 토지 ₩2,000,000을 외상으로 구입하다.

<풀 이>

①

차 변		대 변	
현금(자산의 증가)	10,000,000	자본금(자본의 증가)	10,000,000

②

차 변		대 변	
현금(자산의 증가)	2,000,000	외상매출금(자산의 감소)	10,000,000

③

차 변		대 변	
비품(자산의 증가)	1,200,000	현금(자산의 감소)	1,200,000

④

차 변		대 변	
광고선전비(비용의 발생)	10,000,000	현금(자산의 감소)	100,000

⑤

차 변		대 변	
토지(자산의 증가)	2,000,000	미지급금(부채의 증가)	2,000,000

거래의 발생을 기록하는 분개는 다음의 법칙에 의하여 이루어진다.

- 자산의 증가는 차변에, 감소는 대변에 기입한다.
- 부채의 증가는 대변에, 감소는 차변에 기입한다.
- 자본의 증가는 대변에, 감소는 차변에 기입한다.
- 수익의 발생은 대변에, 소멸은 차변에 기입한다.
- 비용의 발생은 차변에, 소멸은 대변에 기입한다.

이는 다음에 나오는 계정의 기입원칙과 같다.

<예 제> 다음은 거래자료이다. 이를 토대로 분개하면 다음과 같이 분개된다.
나라(주)의 다음 거래를 분개하시오.

9월 1일 현금 ₩1,000,000과 건물 ₩1,500,000을 출자하여 상품매매업을 개업하다.
9월 2일 책상 · 의자 등 사무용 비품 ₩140,000을 현금으로 구입하다.
9월 3일 천안상사에서 상품 ₩250,000을 현금으로 매입하다.
9월 5일 안성상사에서 상품 ₩400,000을 외상으로 매입하다.
9월 6일 동성상사에서 원가 ₩300,000의 상품을 상품 ₩350,000에 현금으로 매출하다.
9월 7일 서울은행에서 당좌거래를 개설하고 현금 ₩200,000을 예금하다.
9월 9일 삼성상사에서 원가 ₩180,000의 상품을 ₩200,000에 외상으로 매출하다.
9월 11일 안성상사에 대한 외상매입금 ₩300,000을 현금으로 지급하다.
9월 13일 김성일에게 현금으로 ₩200,000을 6개월 후에 받기로 하고 빌려주다.
9월 15일 삼성상사에 대한 외상매출금 중 ₩150,000을 현금으로 회수하다.
9월 18일 남성상사에서 상품 ₩150,000을 매입하고 수표를 발행하여 지급하다.
9월 25일 9월분 급여 ₩60,000 집세 ₩5,000을 현금으로 지급하다.
9월 30일 서창상사로부터 배당금 ₩7,000을 현금으로 받다.

<풀 이>

날짜		차변	금액		대변	금액
9/1	(차)	현금	1,000,000	(대)	자본금	2,500,000
		건물	1,500,000			
9/2	(차)	비품	140,000	(대)	현금	140,000
9/3	(차)	상품	250,000	(대)	현금	250,000
9/5	(차)	상품	400,000	(대)	외상매입금	400,000
9/6	(차)	현금	350,000	(대)	상품	300,000
					상품매출이익	50,000
9/7	(차)	당좌예금	200,000	(대)	현금	200,000
9/9	(차)	외상매출금	200,000	(대)	상품	180,000
					상품매출이익	20,000
9/11	(차)	외상매입금	300,000	(대)	현금	300,000
9/13	(차)	단기대여금	200,000	(대)	현금	200,000
9/15	(차)	현금	150,000	(대)	외상매출금	150,000
9/18	(차)	상품	150,000	(대)	당좌예금	150,000
9/25	(차)	급여	60,000	(대)	현금	65,000
		임차료	5,000			
9/30	(차)	현금	7,000	(대)	배당금	7,000

위와 같이 거래를 분개하여 발생순으로 기입하는 장부를 분개장이라 한다. 위의 거래자료 분개장에 기입한 내용은 다음과 같다.

일	자	적 요	원면	차 변	대 변
9	1	제좌 (자본금) (현금) (건물) 최초 자본금을 출자하여 개업하다.	9 1 7	 1,000,000 1,500,000	2,500,000
9	2	(비품) (현금) 사무용 비품을 구입하다.	6 1	140,000	 140,000
9	3	(상품) (현금) 천안상사에서 상품을 구입하다.	5 1	250,000	 250,000
9	5	(상품) (외상매입금) 안성상사에서 상품을 외상매입하다.	5 8	400,000	 400,000
9	6	(현금) 제좌 (상품) (상품매출이익) 동성상사에 현금으로 상품을 매출하다.	1 12 5	350,000	 300,000 50,000
9	7	(당좌예금) (현금) 서울은행에서 현금 예금하다.	2 1	200,000	 200,000
9	9	(외상매출금) 제좌 (상품) (상품매출이익) 삼성상사에 상품을 외상매출하다.	3 12 5	200,000	 180,000 20,000
9	11	(외상매입금) (현금) 안성상사에 대한 외상매입금을 지급하다.	8 1	300,000	 300,000
9	13	(단기대여금) (현금) 김일남에게 현금을 대여하다.	 4	200,000	 200,000
		다음 장에 (차면이월)		4,540,000	4,540,000

일	자	적 요	원면	차 변	대 변
		앞장에서 (전면이월)		454,000	454,000
9	15	(현금)	1	150,000	
		(외상매출금)	3		150,000
		삼성상사에 대한 외상매출금을 회수.			
9	18	(상품)	5	150,000	
		(당좌예금)	2		150,000
		남성상사에서 상품을 매입하다.			
9	25	제좌 (현금)	1		65,000
		(급여)	11	60,000	
		(임차료)	10	5,000	
		급료와 9월분의 집세를 현금으로 지급하다.			
9	30	(현금)	1	7,000	
		(배당금수익)	8		7,000
		서창상사로부터 배당금을 현금으로 받다.			
				4,912,000	4,912,000

(2) 계 정

기업의 경영활동을 나타내는 회계보고서는 자산, 부채, 자본과 수익, 비용으로 구성된다. 이런 구성항목 중 동일한 성격을 지니는 항목들의 증가와 감소를 명확히 기록하고 계산하기 위해 설정된 계산단위를 계정(account : a/c)이라 하고, 각 계정에 부여된 구체적인 명칭을 계정과목이라 한다.

계정의 기입은 거래의 8요소의 원칙에 따라 기입되는데, 앞서 언급한 분개의 법칙과 같다.

이를 그림으로 표시하면 [그림 3-9]와 같다.

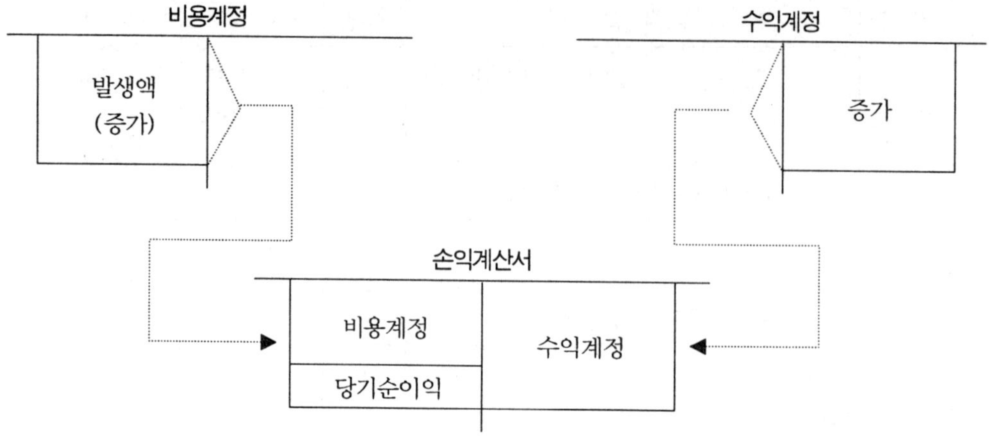

[그림 3-9] 계정의 기입

분개의 기록을 해당 계정과목의 장부계좌에 옮겨 적는 과정을 전기(轉記)라 하고, 이런 계정과목이 설정된 장부를 원장 또는 총계정원장이라 한다.

앞장에서 분개한 나라(주)의 자료에 따라 총계정원장의 전기는 다음과 같다.

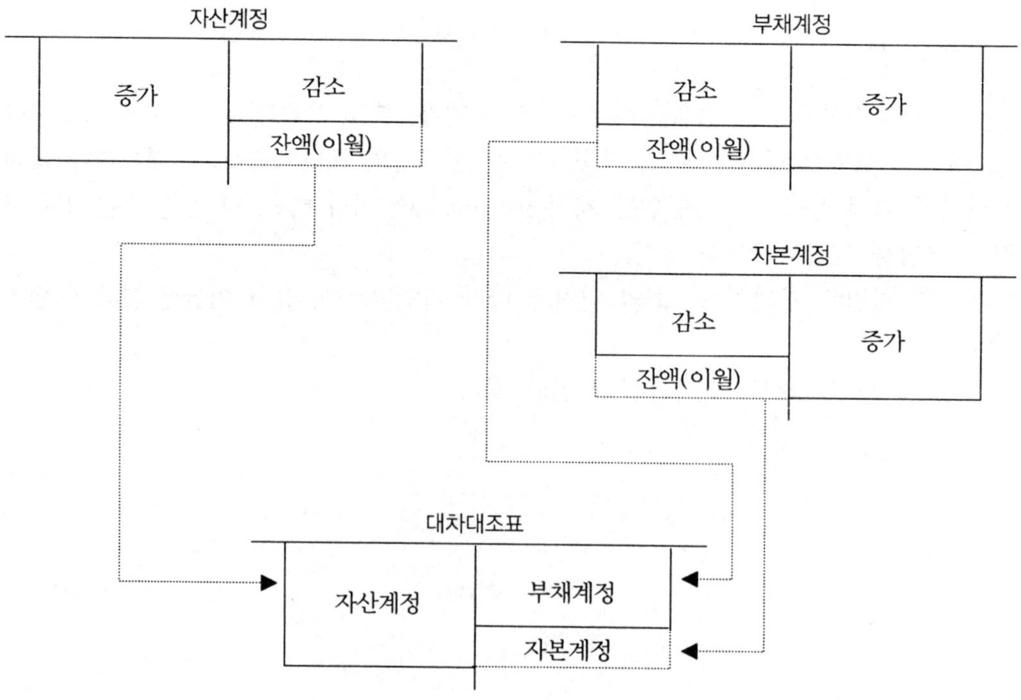

현 금

일자		적요	분면	차 변	일자		적요	분면	대 변
9	1	자본금	1	1,000,000	9	2	비품	1	140,000
	6	제좌	1	350,000		3	상품	1	250,000
	15	외상매출금	2	150,000		7	당좌예금	1	200,000
	30	배당금수익	2	7,000		11	외상매입금	2	300,000
						13	대여금	2	200,000
						25	제좌	2	65,000

당좌예금

일자		적 요	분면	차 변	일자		적 요	분면	대 변
9	7	현금	1	200,000	9	18	상품	2	150,000

외상매출금

일자		적 요	분면	차 변	일자		적 요	분면	대 변
9	9	제좌	1	200,000	9	15	현금	1	150,000

단기대여금

일자		적 요	분면	차 변	일자		적요	분면	대 변
9	13	현금	2	200,000					

상 품

일자		적 요	분면	차 변	일자		적 요	분면	대 변
9	3	현금	1	250,000	9	6	현금	1	300,000
	5	외상매입금	1	400,000		9	외상매출금	1	180,000
	18	당좌예금	1	150,000					

비 품

일자		적 요	분면	차 변	일자		적 요	분면	대 변
9	2	현금	1	140,000					

건 물

일자		적 요	분면	차 변	일자		적 요	분면	대 변
9	1	자본금	1	1,500,000					

외상매입금

일자		적 요	분면	차 변	일자		적 요	분면	대 변
9	11	현금	2	300,000	9	5	상품	2	400,000

자 본 금

일자		적 요	분면	차 변	일자		적 요	분면	대 변
					9	2	제좌	1	2,500,000

임 차 료

일자		적 요	분면	차 변	일자		적 요	분면	대 변
9	25	현금	2	5,000					

급 여

일자		적 요	분면	차 변	일자		적 요	분면	대 변
9	1	현금	1	6,000					

상품매출이익

일자		적 요	분면	차 변	일자		적 요	분면	대 변
					9	6	현금	1	50,000
						9	외상매출금	1	20,000

배당금수익

일자		적 요	분면	차 변	일자		적 요	분면	대 변
					9	30	현금	2	7,000

회계장부는 재무상태와 경영성과를 파악하기 위하여 기업의 경영활동에서 발생한 거래를 기록·계산하기 위한 것으로 기업의 업종·규모·거래량에 따라 다르다.

회계장부는 일반적으로 주요부와 보조부로 나누는데, 주요부는 경영활동에서 일어난 모든 거래를 총괄하여 기록 계산하는 장부로 분개장과 총계정원장이 있다. 보조부는 총계정원장의 각 계정에 관한 거래를 상세히 기록하는 장부로서 주요부를 보충하는 장부이다.

즉, 총계정원장의 상품계정에는 상품의 매입·매출에 관해서 상품이라는 계정과목으로 기록될 뿐이므로 총계정원장만으로는 어떤 종류의 상품을 몇 개 매입하고 매출했는지에 대한 명세는 알지 못한다. 그러므로 상품매입의 명세는 상품매입장에, 상품매출의 명세는 상품매출장이라는 보조장부에 기입한다.

- 장부
  - 주요부
    - 분개장(실무에서는 전표집계표나 전산프로그램을 활용하여 사용한다)
    - 총계정원장 : 자산계정, 부채계정, 자본계정, 수익계정, 비용계정
  - 보조부
    - 보조기입장 : 현금출납장, 당좌예금출납장, 소액현금출납장, 매입장, 매출장
    - 보조원장 : 상품재고장, 매출처원장(외상매출금원장), 매입처원장(외상매입금원장)

(3) 상업장부

1) 상법상 의무장부

상인은 영업상의 재산(재산·부채) 및 손익의 상황을 명백히 하기 위해 상업장부를 작성해야 한다. 다만 소상인의 장부, 주주명부, 주주총회나 이사회의 의사록, 중개인의 일기장 등은 상법상의 상업장부가 아니다.

가) 회계장부

회계장부에는 거래와 기타 영업상의 재산에 영향을 미치는 모든 사항을 기재하여야 한다.

나) 대차대조표

상인은 영업을 개시한 때와 매년 1회 이상 일정한 시기에 회사는 성립한 때와 결산기에 각각 회계장부에 의하여 대차대조표를 작성하고, 작성자가 이에 기명 날인 또는 서명하여야 한다.

다) 보존기간

상업장부는 폐쇄한 날로부터 영업에 관한 중요한 서류는 작성한 날(또는 타인으로부터 받은 날)로부터 계산하여 10년간 보존한다. 단, 전표 또는 이와 유사한 서류는 작성한 날로부터 5년간 보존하면 된다.

2) 세법상 장부의 비치 · 기장 의무

가) 복식부기 의무자

모든 사업자는 기업의 재산상태와 손익거래내용의 변동을 빠짐없이 이중으로 기록하여 계산하는 부기형식의 장부를 비치 · 기록해야 한다. 그리고 다음의 경우에는 복식부기형식의 장부를 비치 · 기장한 것으로 본다.

① 이중으로 대차평균이 성립되게 기표된 전표와 이에 대한 증빙서류가 완비된 때

② 부기형식의 장부 또는 위 전표와 이에 대한 증빙서류를 전산처리된 테이프 또는 디스크 등으로 보관한 때

나) 간편장부

간편장부는 중 · 소규모 개인사업자를 위하여 국세청에서 특별히 고안한 장부로 회계지식이 없는 사람이라도 쉽고 간편하게 작성할 수 있으며, 이에 의하여 소득세와 부가가치세의 신고가 가능한 장부이다. 이는 거래가 발생한 날짜 순서로 기록만 하면 장부를 기장한 것으로 인정하는 것이다.

간편장부를 사용하는 경우 혜택은 다음과 같다.

① 산출세액의 10%를 공제(연간 100만원 한도)

② 특별한 사유가 없는 한 기장 후 2년간 세무조사 면제

③ 기장상 오류나 미비점이 다소 있더라도 장부대로 인정
(기장하는 것이 훨씬 유리하도록 배려)

④ 결손이 발생한 경우 향후 5년간 이월하여 공제
부가가치세 매입매출장 작성의무를 면제

간편장부의 양식은 다음의 <표 3-13>과 같다.

<표 3-13> 간편장부 양식

(예시 : 지류도매업)

일자	거래내용	거래처	수입(매출)		비용(원가관련 매입포함)		고정자산증감(매매)		비고
			금액	부가세	금액	부가세	금액	부가세	
1. 3	컴퓨터 구입	A컴퓨터					2,000,000	200,000	
1. 3	책장, 의자 구입	B가구점					500,000	50,000	
1. 3	FAX구입	E전자					1,000,000	100,000	
1. 4	벽상지 구입	D제지			5,000,000	500,0000			
1.11	벽상지 판매	E문구	1,000,000	100,000					
1.18	벽상지 판매	L출판사	2,000,000	200,000					
소계									

* 출처 : 국세청 자료실

3. 전 표

(1) 전표의 종류

오늘날의 기업활동의 규모가 거대화・복잡화해짐에 따라 거래의 분개를 일일이 일반분개장에 차례로 기록하는 것이 매우 불편하게 되자 대부분의 기업에서는 분개장 대신에 전표(傳票, slip)를 사용하고 있다.

전표는 거래가 발생할 때마다 그 내용을 발생부서에서 기록하고 후일 기장상의 증거자료로서 보존하는 일정형식을 말한다. 전표의 종류에는 입금전표, 출금전표, 대체전표 등이 있다. 이들 전표는 기입의 종류・성질에 따라 사용하는 전표가 다르다. 전표는 분개의 법칙에 따라 작성되며, 거래가 발생한 부서에서 전표를 작성하고 관련 부서의 보조부에 기입이 완료된 전표는 최종적으로 회계과로 돌아온다. 회계과는 1일분의 전표를 집계하여 일계표 또는 전표집계표를 작성하게 된다. 이와 같이 전표를 이용한 장부조직을 표시하면 [그림 3-10]과 같다.

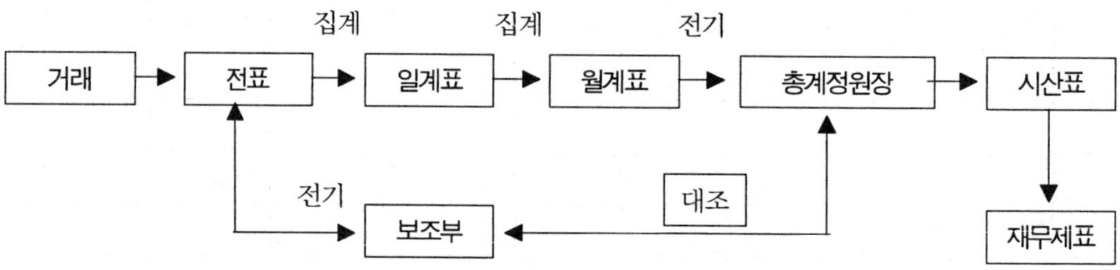

[그림 3-10] 전표를 이용한 장부조직

모든 거래는 현금의 수입과 지출이 있느냐 없느냐에 따라 현금거래와 대체거래로 구분하고, 현금거래는 다시 현금을 수입하는 입금거래와 현금을 지출하는 출금거래로 구분한다. 이때 입금거래는 입금전표에, 출금거래는 출금전표에 기입하고, 대체거래는 전표거래에 기입한다.

또한 전표의 취급 및 기장상의 오류를 방지하기 위하여 일반적으로 입금전표는 적색, 출금전표는 청색, 대체전표는 흑색으로 인쇄하여 사용한다.

1) 입금전표

현금으로 입금한 거래에 대하여 작성하는 전표로 차변의 계정과목은 항상 현금이므로 입금전표에서는 현금계정의 기입은 생략한다. 그러므로 과목란에는 입금의 원인을 표시하는 상대계정과목인 대변계정과목을 기입하고, 거래처란에는 거래상대편의 상점이름을, 적요란에는 거래의 내용을 간단히 기입한다.

<예제 1> 다음은 입·거래 자료이다. 이를 토대로 입금전표를 작성하면 다음과 같다.

9월 1일 현성상사에 대한 외상매출금 ₩150,000을 동점 발행 당좌수표(#012)로 받다.

<표 3-14> 입금전표

계 인	출납인	주장인	승인인

No. 1 2002년 9월 1일

과목	외상매출금	거래처	현성상사

적 요	금 액							
외상매출금 당좌수표로 회수			₩	1	5	0	0	0	0
합 계			₩	1	5	0	0	0	0

2) 출금전표

현금으로 지급한 거래에 대하여 작성하는 전표로 대변의 계정과목은 항상 현금이므로 출금전표에서는 현금계정의 기입은 생략된다. 따라서 과목란에는 출금의 원인을 표시하는 상대계정과목인 차변계정과목을 기입하고, 거래처란에는 거래상대편의 상점이름을, 적요란에는 거래의 내용을 간단히 기입한다.

<예제 2> 다음은 당좌거래 내역이다. 이를 토대로 출금전표를 작성하면 <표 3-15>와 같다.

신한은행에 현금 ₩500,000을 당좌 예입하다.

<표 3-15> 출금전표

계 인	출납인	주장인	승인인

No. 1 2002년 9월 1일

과목	당좌예금	거래처	신한은행

적 요	금 액								
당좌예금에 예금			₩	5	0	0	0	0	0
합 계			₩	5	0	0	0	0	0

3) 대체전표

입금거래와 출금거래 이외의 대체거래를 기입하는 전표로서 과목란과 금액란의 기입은 분개와 같이 기입한다. 적요란에는 거래의 내용을 간단히 기입한다. 대체거래는 전부대체거래와 일부대체거래가 있으며, 일부대체거래는 일부입금대체거래와 일부출금거래가 있다.

가) 전부대체거래의 전표기입

전부대체거래는 현금의 수입과 지출이 전혀 없는 거래를 말하며, 대체전표의 기입방법은 차변과 대변으로 분개하여 기입한다.

<예제 3> 다음은 외상매출자료이다. 이를 토대로 대체전표를 작성하면 <표 3-16>과 같이 작성된다.

9월 1일 종로상사에 을상품 100개 @₩3,000 ₩300,000을 외상으로 매출하다.

<표 3-16> 대체전표

담 당	대 리	과 장	부 장	대표이사

No. 1 2002년 9월 1일

차 변		대 변	
과목	금 액	과목	금 액
외상매출금	₩ 3 0 0 0 0 0	상품	₩ 3 0 0 0 0 0
합계	₩ 3 0 0 0 0 0	합계	₩ 3 0 0 0 0 0
적요	종로상사에 을상품 100개 @₩3,000을 외상매출		

9월 1일 명동상사에 갑상품 200개@₩2,000 ₩400,000을 매출하고, 대금 중에 반액은 동점 발행의 약속어음(#011)으로 받고, 잔액은 외상으로 하다.

<표 3-17> 대체전표

담 당	대 리	과 장	부 장	대표이사

No. 2 2002년 9월 1일

차 변		대 변	
과 목	금 액	과 목	금 액
받을어음	₩ 2 0 0 0 0 0	상품	₩ 4 0 0 0 0 0
외상매출금	₩ 2 0 0 0 0 0		
합 계	₩ 4 0 0 0 0 0	합 계	₩ 4 0 0 0 0 0
적 요	명동상사에 갑상품 200개 @₩2,000을 매출, 반액은 약속어음(#011), 잔액은 외상		

나) 일부대체거래의 전표기입

일부대체거래는 대체거래와 현금거래가 동시에 발생하는 거래이다. 따라서 일부입금대체거래는 입금거래와 대체거래가 동시에 발생하는 거래이며, 이때 작성하는 전표는 입금전표와 대체전표로 구분하여 작성한다.

또한 일부출금대체거래는 출금거래와 대체거래가 동시에 발생하는 거래이므로 출금전표와 대체전표를 작성한다.

<예제 4> 다음은 일부 출금대체거래자료이다. 이를 토대로 출금전표와 대체전표를 작성하면 <표 3-18>과 같다.

9월 1일 한양상사에 A상품 150개 @₩3,000 ₩450,000에 매출하고 대금 중 ₩100,000은 현금으로 받고 잔액은 외상으로 하다.

<표 3-18> 출금전표

계 인	출납인	주장인	승인인

No. 1 2002년 9월 1일

과목	상품	거래처	한양상사

적 요	금 액								
A상품 150개 @₩3,000 매출 일부 현금입금			₩	1	0	0	0	0	0
합 계			₩	1	0	0	0	0	0

<표 3-19> 대체전표

담 당	대 리	과 장	부 장	대표이사

No. 2　　　　2002년 9월 1일

차 변		대 변	
과 목	금 액	과 목	금 액
외상매출금	₩350000	상품	₩350000
합 계	₩350000	합 계	₩350000
적 요	한양상사에 A상품 150개 @₩3,000을 매출, 일부는 현금입금		

9월 1일 부산상사로부터 B상품 300개 @₩2,100 ₩630,000을 매입하고, 대금 중 ₩130,000은 현금으로 지급하고 잔액은 외상으로 하다.

<표 3-20> 출금전표

계 인	출납인	주장인	승인인

No. 1　　　　2002년 9월 1일

과목	상 품	거래처	부산상사
적 요		금 액	
B상품 300개@₩2,100 매입, 일부는 현금지급		₩130000	
합 계		₩130000	

<표 3-21> 대체전표

담 당	대 리	과 장	부 장	대표이사

No. 2　　2002년 9월 1일

차 변		대 변	
과 목	금 액	과 목	금 액
상품	₩500000	외상매입금	₩500000
합 계	₩500000	합 계	₩500000
적 요	부산상사에 B상품 300개 @₩2,100을 매입, 일부는 현금지급		

(2) 전표집계와 전기

전표는 매일 또는 1주일 간격으로 계정과목별로 전표금액을 집계하게 된다. 이 집계표를 일계표 또는 전표집계표라고 한다.

거래의 발생을 작성한 전표는 ① 전표집계표를 작성하는 방법, ② 전표집계표와 일계표를 작성하는 방법이 있다.

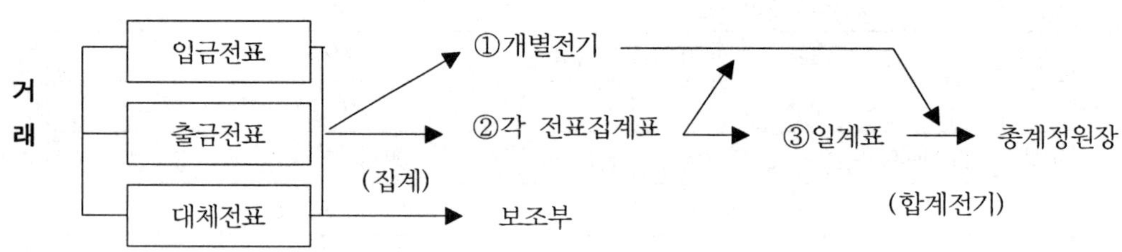

[그림 3-11] 전표 작성방법

1) 일계표 작성

전표의 매수가 적은 경우에는 전표에서 직접 총계정원장에 개별전기가 가능하다. 전표의 매수가 많은 경우에는 개별전기는 번잡할 뿐만 아니라 오류가 발생할 우려가 있다.

앞의 <예제 1>에서 <예제 4>의 결과에 의하여 일계표를 작성하면 <표 3-22>와 같다.

<표 3-22> 일계표

2002년 9월 1일

차 변	원 면	계정과목	원 면	대 변
250,000	1	현금	1	630,000
500,000	2	당좌예금		
850,000	3	외상매출금	3	150,000
200,000	4	받을어음		
630,000	5	상품	5	1,150,000
		외상매입금	21	500,000
2,430,000				2,430,000

2) 전표집계표 작성

기업의 거래량이 많고 전표의 매수도 많은 경우에는 일계표에서 계정과목별로 집계하는 데는 한계가 있다. 따라서 각 전표는 대・차별, 계정과목별로 <표 3-23>과 같이 분류하여 전표집계표를 작성하게 된다.

<표 3-23> 전표집계표

입금전표집계표

2002년 9월 1일

계정과목	매 수	원 면	금 액
외상매출금	1	4	150,000
상품	1	31	100,000
합계	2	1	250,000
전표번호No.			

출금전표집계표

2002년 9월 1일

계정과목	매 수	원 면	금 액
당좌예금	1	2	500,000
상품	1	5	130,000
합계	2	1	630,000
전표번호No.			

대체차변전표집계표 2002년 9월 1일			
계정과목	매 수	원 면	금 액
외상매출금	3	3	850,000
받을어음	1	4	200,000
상품	1	41	500,000
합계	5		250,000
전표번호No.			1,550,000

대체대변전표집계표 2002년 9월 1일			
계정과목	매 수	원 면	금 액
외상매입금	1	21	500,000
상품	4	31	1,050,000
합계	5		1,550,000
전표번호No.			

4. 시산표 작성

(1) 수정전 시산표

회계는 회계순환과정에 따라 모든 거래를 분개한 후 분개장 또는 분개전표에 기록되고, 총계정원장에 전기한다. 이때에 총계정원장상에 설정되어 있는 각 계정과목 기록의 오류나 탈락 여부를 검사할 목적으로 작성하는 표를 시산표라 한다.

총계장원장의 각 계정은 대차평균의 원리에 의하여 기장되기 때문에 시산표상에서 차변과 대변의 합계가 일치하지 않을 때에는 오류의 원인을 찾아내야 한다.

그러나 시산표에서 검증할 수 없는 오류가 존재하는데 이는 다음과 같다.

① 분개장의 차변과 대변의 계정과목을 반대로 전기한 경우
② 틀린 계정에 전기한 경우
③ 2개의 오류가 우연히 상계되는 경우

④ 분개장에서 차변과 대변 양변에 동일금액을 오기한 경우

⑤ 전기가 누락되었거나 또는 중복 전기한 경우에 합계시산표의 합계와 분개장(전표집계표)의 합계를 비교함으로써 발견할 수 있다.

위에서 예시한 N사의 총계정원장을 가지고 작성한 합계잔액시산표는 <표 3-24>와 같다.

(2) 수정분개

정확한 손익계산을 하기 위해서는 결산시에 수정분개를 해야 한다. 회계기간에서 발생한 비용과 수익은 그 사업년도 내에 모두 계상해서 정확한 손익계산을 할 필요가 있다. 정확한 손익계산을 하기 위해서는 그 사업년도에 속하지 않는 비용과 수익을 빼고, 그 사업년도에 포함시켜야 될 것은 포함시키는 수정분개를 해야 한다.

<표 3-24> 합계잔액시산표

2002년 9월 30일 현재

N사

차 변		원면	계정과목	대 변	
잔 액	합 계			합 계	잔 액
352,000	1,507,000	1	현금	1,155,000	
50,000	200,000	2	당좌예금	150,000	
50,000	200,000	3	외상매출금	150,000	
200,000	200,000	4	단기대여금		
320,000	800,000	5	상품	480,000	
	140,000	6	비품		
1,500,000	1,500,000	7	건물		
	300,000	8	외상매입금	400,000	100,000
		9	자본금	2,500,000	2,500,000
5,000	5,000	10	임차료		
60,000	60,000	11	급여		
		12	상품매출이익	7,000	
		13	배당금수익	7,000	
2,677,000	4,912,000			4,912,000	2,677,000

1) 비용의 이연

보험에 가입하는 경우 대부분의 보험료는 장래의 불확실성에 대한 보장의 대가로 미래 1년치의 보험료를 미리 내게 된다. 이 경우에는 이를 보험료라는 비용으로 계상하지 않고 선급이란 말을 붙여 선급보험료로 인식하고 자산으로 처리한다.

이 경우의 분개는 다음과 같다.

<방법 1>

7월 1일 보험료 1년치 ₩120,000을 현금으로 지급하다.

7/1(차변) 선급보험료	120,000	(대변) 현금	120,000

12월 31일 수정분개

12/31(차변) 보험료	60,000	(대변) 선급보험료	60,000

<방법 2>

7월 1일 보험료 1년치 ₩120,000을 현금으로 지급하다.

(차변) 보험료	120,000	(대변) 현금	120,000

12월 31일 수정분개

(차변) 선급보험료	60,000	(대변) 보험료	60,000

2) 수익의 이연

수익의 이연은 비용의 이연과는 반대의 경우가 된다. 사무실 등을 임대차계약을 맺어 빌려주고 매월 미리 임대료를 받고 있는 경우 결산달에 그 임대료는 당기에 포함할 임대료는 아니다.

<방법 1>

7월 1일 사무실을 대여하고 1년치 임대료 ₩120,000을 현금으로 받다.

7/1(차변) 현금	120,000	(대변) 선수임대료	120,000

12월 31일 수정분개

12/31(차변) 선수임대료	60,000	(대변) 임대료	60,000

<방법 2>

7월 1일 보험료 1년치 ₩120,000을 현금으로 지급하다.

7/1(차변) 현금 120,000 (대변) 임대료 120,000

12월 31일 수정분개

12/31(차변) 임대료 60,000 (대변) 선수임대료 60,000

3) 비용의 예상

종업원에게 지급하는 급여는 대부분 말일에 지급하지 않고 25일경에 지급하게 되는 경우가 많다. 이 경우 1월 1일부터 12월 31일까지가 회계기간이고, 12월 31일 결산시점에서는 12월 26일부터 31일까지 종업원은 일을 하였으나 급여는 차년도 1월 25일에 지급하게 된다. 이 경우 12월 31일에 실제 현금으로 지급하지는 않았지만 26일부터 31일까지의 급여는 발생된 것이므로 당 회계기간의 비용으로 인식하여야 한다.

<예 제> 종업원의 1달분의 급여는 ₩90,000이고, 급여지급일은 25일이다. 12월 31일에 아직 지급하지는 않았지만 발생한 비용은 ₩150,000으로 다음과 같이 인식한다.

12/31: (차변) 급여 150,000 (대변) 미지급급여 150,000

미지급급여는 부채계정과목이므로 잔액이 있는 경우에는 차기로 이연한다. 또한 차기의 최초에는 다음과 같이 분개하는데 이를 역분개라고 한다.

(차변) 미지급급여 150,000 (대변) 급여 150,000

4) 수익의 예상

임대차계약을 맺고 사무실 등을 빌려준 경우 결산일이 되어도 당기에 받아야 할 임대료를 아직 받지 못했을 때는 받아야 할 금액을 당기의 수익에 가산한다. 분개는 다음과 같다.

<예 제> 대여한 사무실의 1달분 임대료는 ₩90,000이고, 임대료수입은 25일에 받는다. 12월 31일에 아직 지급받지 못한 임대료는 ₩150,000으로 다음과 같이 인식한다.

(차변) 미지급급여 150,000 (대변) 임대료 150,000

미수임대료는 자산계정과목으로 차기의 최초에는 다음과 같이 역분개한다.

(차변) 임대료 150,000 (대변) 미수임대료 150,000

(3) 수정후 시산표의 작성(정산표)

수정분개를 일람표에 모아서 기재한 다음 분개해서 각 계정과목과 그 금액을 하나의 표에 전기하는데 이 표가 정산표이다. 정산표에도 여러 가지가 있으며 8위식 정산표에는 잔액시산표, 정리기입, 손익계산서, 대차대조표란이 필요하다. 10위식 정산표에는 잔액시산표, 정리기입, 수정후 시산표, 손익계산서, 대차대조표로 구성된다.

잔액시산표란에는 각 계정과목의 잔액을 기입하고, 정리기입란에는 결산정리사항을 기입한다. 그리고 계산을 하면서 대차대조표에 기재할 계정과목은 대차대조표란에, 손익계산서 계정과목은 손익계산서란에 전기한다.

정산표는 반드시 작성해야 하는 것은 보고서는 아니고 필요에 따라 편의상 작성하는 보고서이다.

<표 3-25> 정산표

계정과목	잔액시산표		수정기입		손익계산서		대차대조표	
	차 변	대 변	차 변	대 변	차 변	대 변	차 변	대 변
⋮					⋮	⋮		
여비교통비	50,000				50,000			
세금과공과	100,000				100,000			
임차료	400,000			100,000	300,000	300,000		
이자수익		250,000		50,000				

5. 재무제표의 작성

수정후 시산표의 작성이 끝나면 외부에 공시할 재무제표를 작성하게 된다.

재무제표는 기업의 이해관계자인 주주 · 채권자 · 거래처 · 정부 등에 대하여 기업회계의 결과를 정확하게 작성·보고하는 보고서이다. 그러므로 재무상태 및 경영성과를 간략하게 살펴볼 수 있어야 하고, 회계의 계산내용과 유기적인 관련성을 갖는 것이어야 한다.

상법상 재무제표는 대차대조표, 손익계산서, 이익잉여금처분계산서, 또는 결손금처리계산서로 규정하고 있다.

그러나 기업회계기준에서는 재무제표를 다음과 같이 규정하고 있다.

① 대차대조표
② 손익계산서
③ 이익잉여금처분계산서 또는 결손금처리계산서
④ 현금흐름도

재무제표는 당해 회계연도분과 직전 회계연도분을 비교하는 형식으로 작성해야 한다.

재무제표의 양식은 보고식을 원칙으로 하여 표준식 또는 요약식으로 작성한다. 다만, 대차대조표는 계정식으로 할 수 있다. 기타 필요한 명세서는 부속명세서로 작성하여 재무제표에 첨부하도록 되어 있다.

또한 재무제표를 이용하는 자에게 충분한 회계정보를 제공하도록 중요한 회계방침 등 필요한 사항에 대하여는 주기 및 주석을 기재해야 한다.

① **부속명세서**

재무제표의 부속명세서는 대차대조표, 손익계산서 등 중요한 자산·부채·자본 및 손익의 각 항목에 대하여 기초잔액, 기간 중의 증감액, 기말잔액 등 그 내용을 자세히 표시한 것으로서 재무제표의 내용을 보완하는 것이다.

② **주기**(註記)

재무제표상의 해당과목 다음에 회계사실을 간단히 자구 또는 숫자로 괄호 안에 표시하는 것을 말한다.

③ **주석**(註釋, footnote)

재무제표의 해당과목 다음에 그 회계사실의 내용을 간결하게 기재하는 것이다.

(1) 대차대조표

대차대조표는 기업의 일정시점에 있어서의 재무상태를 알려주는 보고서로 유동성 배열법을 적용하여 환금성이 빠른 항목(현금화되는 속도가 빠른 것)부터 나열한다. 먼저 현금 및 현금등가물, 단기금융상품, 유가증권, 매출증권 등과 같은 유동성이 높은 유동자산을 기재하고 나서 다음으로 고정자산을 기재한다.

그리고 부채항목에서는 제일 먼저 빨리 상환해야 하는 유동성이 강한 매입채무, 단기차입금과 같은 유동부채부터 시작하여 순차적으로 고정성이 강한 부채의 순서로 기재한다.

(2) 손익계산서

손익계산서는 기업의 일정기간에 있어서의 영업성과를 알려주는 보고서로 매출총이익, 영업이익, 경상이익, 법인세비용 차감전 순이익, 당기순이익의 각 이익계산 구분마다에 수익과 비용을 기재한다.

(3) 이익잉여금처분계산서(결손금처리계산서)

이익잉여금처분계산서는 기업이 내부에 유보하거나 외부에 유출하는 이익잉여금의 내역을 보고하는 보고서이다. 결산에 의해 산출된 당기순이익에 전기이월이익잉여금과 전기오류수정손익을 가감한 것을 차기이월이익잉여금이라고 하는데, 주식회사의 경우에는 차기이월이익잉여금을 처분하고자 할 때에는 정기주주총회의 승인을 얻어야 하고, 주식회사 이외의 경우에는 사원총회의 승인을 얻어야 한다. 그러나 결손을 처분한 경우에는 결손금처리계산서가 작성된다.

이익잉여금처분계산서는 처분전 이익잉여금과 임의적립금 등의 이입액 및 이익잉여금 처분내용, 즉 이익준비금, 배당금, 임의적립금, 기타 이익잉여금 처분액, 차기이월이익잉여금을 표시하는 재무제표이다. 즉, 결산의 결과 당기에 발생한 순이익은 전기에 처분하고 남은 이월이익잉여금과 함께 처분전 이익잉여금계정의 대변에 대체하여 이익잉여금의 처분내용이 된다. 이때 처분 중 이익준비금과 임의적립금은 회사 내부에 유보되는 것이고, 배당금은 사외로 유출되는 것이다. 임의적립금에는 배당평균적립금, 사업확장적립금 또는 특별히 목적이 정해진 것은 없으나 우선 적립해두는 별도적립금 등이 있다.

그 후 이익잉여금의 처분액이 확정되면 처분전 이익잉여금계정의 차변에 기입하고, 해당계정에 대체하여 처분한다.

(4) 현금흐름표

현금흐름표는 기업의 현금흐름을 나타내는 표로서, 현금의 변동내용을 명확하게 보고하기 위하여 해당 회계기간에 속하는 현금의 유입과 유출 내용을 적정하게 표시하는 것이다.

현금흐름표는 기업의 현금흐름을 영업활동·투자활동·재무활동으로 나누어 표시하고 그 결과인 당기의 현금증가에 기초현금을 가산하여 기말현금을 산출하는 과정을 표시한다.

재무제표는 서로 별개의 보고서가 아니라 <표 3-26>과 마찬가지로 상호 연관되어 있음을 볼 수 있다.

<표 3-26> 재무제표의 상호관계

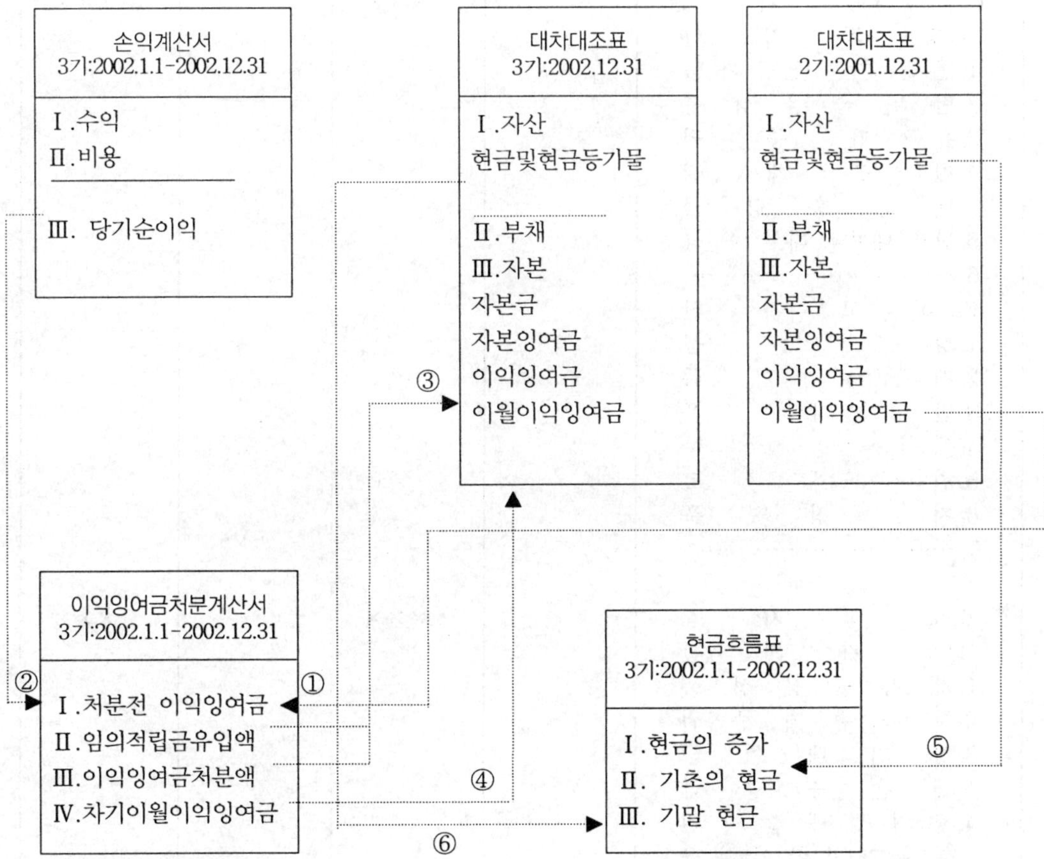

(별지 제1호 서식)

<표 3-27> 대차대조표(보고식)

제×기 19××년×월×일 현재
제×기 19××년×월×일 현재

회사명 (단위 : 원)

과 목	제×(당)기		제×(전)기	
	금 액		금 액	
자 산				
Ⅰ.유 동 자 산		×××		×××
(1) 당 좌 자 산				
1. 현 금 및 현 금 등 가 물				
2. 단 기 금 융 상 품				
3. 유 가 증 권				
4. 매 출 채 권				
대 손 충 당 금				
5. 단기 대여금 대손 충당금				
6. ································				
(2) 재 고 자 산				
1. 상 품				
2. 제 품				
3. 반 제 품				
4. 재 공 품				
5. 원 재 료				
6. 저 장 품				
7. ································				
Ⅱ.고 정 자 산		×××		×××
(1) 투 자 자 산				
1. 장 기 금 융 상 품				
2. 투 자 유 가 증 권				
3. 장 기 대 여 금				
대 손 충 당 금				
4. 장 기 성 매 출 채 권				
현 재 가 치 할 인 차 금				
대 손 충 당 금				
5. 투 자 부 동 산				
6. 보 증 금				
7. 이 연 법 인 세 차				
8. ································				

과 목	제×(당)기		제×(전)기	
	금 액		금 액	
(2) 유형자산				
1. 토지				
2. 건물				
감가상각누계액				
3. 구축물				
감가상각누계액				
4. 기계장치				
감가상각누계액				
5. 선박				
감가상각누계액				
6. 차량운반구				
감가상각누계액				
7. 건설중인자산				
8. ································				
(3) 무형자산				
1. 영업권				
2. 산업재산권				
3. 광업권				
4. 어업권				
5. 차지권				
6. 창업비				
7. 개발비				
8. ································				
자산총계		×××		×××
부채		×××		
Ⅰ. 유동부채				
1. 매입채무				
2. 단기차입금				
3. 미지급법인세				
4. 미지급배당금				
5. 유동성장기부채				
6. ×× 충당금				
7. ································				
Ⅱ. 고정부채		×××		
1. 사채				
사채발행차금				
2. 장기차입금				
3. 장기성매입채무				
현재가치할인차금				
4. ×× 충당금				
5. 이연법인세대				
6. ································				
부채총계		×××		×××

과목	제×(당)기 금액		제×(전)기 금액	
자본				
Ⅰ. 자본금		×××		×××
1. 보통주자본금				
2. 우선주자본금				
Ⅱ. 자본잉여금		×××		×××
1. 주식발행초과금				
2. 감자차익				
3. 기타자본잉여금				
Ⅲ. 이익잉여금		×××		×××
(또는결손금)				
1. 이익준비금				
2. 기업합리화적립금				
3. 재무구조개선적립금				
4. ××적립금				
5. 차기이월이익잉여금				
(또는차기이월결손금)				
(당기순이익 또는 당기순손실)				
Ⅳ. 자본조정		×××		×××
1. 주식할인발행차금				
2. 배당건설이자				
3. 자기주식				
4. 미교부주식배당금				
5. 투자유가증권평가이익				
(또는 투자유가증권평가손실)				
6. 해외사업환산대				
(또는 해외 사업 환산차)				
7. ································				
자본총계		×××		×××
부채와자본총계		×××		×××

(별지 제2호 서식)

<표 3-28> 대차대조표(계정식)

제×기 19××년×월×일 현재
제×기 19××년×월×일 현재

회사명 (단위 : 원)

과 목	제×(당)기		제×(전)기		과 목	제×(당)기		제×(전)기	
	금 액		금 액			금 액		금 액	
자 산					부 채				
Ⅰ.유 동 자 산		×××		×××	Ⅰ.유 동 부 채		×××		×××
(1)당 좌 자 산					1.매 입 채 무				
1.현금및현금등가물					2.단 기 차 입 금				
2.단기 금융 상품					3. 미지급법인세				
3.유 가 증 권					4.미지급배당금				
4.매 출 채 권					5.유동성장기부채				
대 손 충 당 금					6.× × 충 당 금				
5.단 기 대 여 금					7.…………………				
대 손 충 당 금									
6.…………………					Ⅱ.고 정 부 채		×××		×××
(2)재 고 자 산					1.사 채				
1.상 품					사채발행차금				
2.제 품					2.장 기 차 입 금				
3.반 제 품					3.장기성 매입채무				
4.재 공 품					현재가치할인차금				
5.원 재 료					4.× × 충 당 금				
6.저 장 품					5.이연법인세대				
7.…………………					6.…………………				
					부 채 총 계		×××		×××
Ⅱ.고 정 자 산		×××		×××	자 본				
(1)투 자 자 산					Ⅰ.자 본 금		×××		×××
1.장기 금융 상품					1.보통주자본금				
2.투자 유가 증권					2.우선주자본금				
3.장 기 대 여 금									
대 손 충 당 금					Ⅱ.자 본 잉 여 금		×××		×××
4.장기성 매출채권					1.주식 발행 초과금				
현재 가치할인차금					2.감 자 차 익				
대 손 충 당 금					3.기타 자본 잉여금				
5.투 자 부 동 산									
6.보 증 금									
7.이연 법인세차									
8.…………………									

과 목	제×(당)기		제×(전)기		과 목	제×(당)기		제×(전)기	
	금 액		금 액			금 액		금 액	
(2) 유 형 자 산					Ⅲ. 이 익 잉 여 금		×××		×××
1. 토 지					(또는 결 손 금)				
2. 건 물					1. 이 익 준 비 금				
감가상각 누계액					2. 기업 합리화 적립금				
3. 구 축 물					3. 재무 구조 개선 적립금				
감가상각 누계액					4. × × 적 립 금				
4. 기 계 장 치					5. 차기 이월 이익 잉여금				
감가상각 누계액					(또는 차기이월결손금)				
5. 선 박					(당기순이익 또는 당기순손실)				
감가상각 누계액									
6. 차 량 운 반 구					Ⅳ. 자 본 조 정		×××		×××
감가상각 누계액					1. 주식할인발행차금				
7. 건설중인자산					2. 배 당 건 설 이 자				
8. ………………					3. 자 기 주 식				
(3) 무 형 자 산					4. 미교부 주식 배당금				
1. 영 업 권					5. 투자유가증권평가이익				
2. 산 업 재 산 권					(또는 투자유가증권평가손실)				
3. 광 업 권					6. 해 외 사 업 환 산 대				
4. 어 업 권					(또는 해외사업환산차)				
5. 차 지 권					7. ………………………				
6. 창 업 비									
7. 개 발 비									
8. ………………									
					자 본 총 계		×××		×××
자 본 총 계		×××		×××	부 채 와 자 본 총 계		×××		×××

(별지 제3호 서식)

<표 3-29> 대차대조표(요약보고식)

제×기 19××년×월×일 현재
제×기 19××년×월×일 현재

회사명		(단위 : 원)
	제×(당)기	제×(전)기
자 산		
Ⅰ. 유 동 자 산	×××	×××
1. 현금및현금등가물		
2. 단 기 금 융 상 품		
3. 유 가 증 권		
4. 매 출 채 권		
5. 단 기 대 여 금		
6. 재 고 자 산		
7. …………………………		
Ⅱ. 고 정 자 산	×××	×××
(1) 투 자 자 산		
1. 장 기 금 융 상 품		
2. 투 자 유 가 증 권		
3. 장 기 대 여 금		
4. 장기성매 출채권		
5. 투 자 부 동 산		
6. 이 연 법 인 세 차		
7. …………………………		
(2) 유 형 자 산		
1. 토 지		
2. 건 축		
3. 구 축 물		
4. 기 계 장 치		
5. 건 설 중 인 자 산		
6. …………………………		
(3) 무 형 자 산		
자 산 총 계	×××	×××
부 채		
Ⅰ. 유 동 부 채	×××	×××
1. 매 입 채 무		
2. 단 기 차 입 금		
3. 유 동 성 장 기 부 채		
4. …………………………		

	제×(당)기	제×(전)기
Ⅱ. 고정부채	×××	×××
1. 사채		
2. 장기차입금		
3. 장기성매입채무		
4. 퇴직급여충당금		
5. 이연법인세대		
6. …………………………		
부채총계	×××	×××
자본		
Ⅰ. 자본금	×××	×××
Ⅱ. 자본잉여금[1)]	×××	×××
Ⅲ. 이익잉여금[2)]	×××	×××
(또는 결손금)		
1. 이익준비금		
2. 기타적립금		
3. 차기이월이익잉여금		
(또는 차기 이월 결손금)		
(당기순이익 또는 당기순손실)		
Ⅳ. 자본조정	×××	×××
자본총계	×××	×××
부채와자본총계	×××	×××

1) 자본잉여금으로 일괄하여 계상할 수 있음.
2) 이익잉여금으로 일괄하여 계상할 수 있음.
* 계정과목 중 금액이 중요하지 아니한 것은 기재를 생략할 수 있음.

(별지 제4호 서식)

<표 3-30> 대차대조표(요약계정식)

제×기 19××년×월×일 현재
제×기 19××년×월×일 현재

회사명 (단위 : 원)

	제×(당)기	제×(전)기		제×(당)기	제×(전)기
자산			부채		
Ⅰ.유동자산	×××	×××	Ⅰ.유동부채	×××	×××
1.현금및현금등가물			1.매입채무		
2.단기 금융상품			2.단기차입금		
3.유가증권			3.유동성장기		
4.매출채권			부채		
5.단기대여금			4. …………………		
6.재고자산			Ⅱ.고정부채	×××	×××
7. …………………			1.사채		
Ⅱ.고정자산	×××	×××	2.장기차입금		
(1)투자자산			3.장기성 매입채무		
1.장기 금융 상품			4.퇴직 급여 충당금		
2.투자 유가 증권			5. 이연법인세대		
3.장기대여금			6. …………………		
4.장기성 매출채권			부채총계	×××	×××
5.투자부동산			자본		
6.이연 법인세차			Ⅰ.자본금	×××	×××
7. …………………			Ⅱ.자본잉여금[1]	×××	×××
(2)유형자산			Ⅲ.이익잉여금[2]	×××	×××
1.토지			(또는 결손금)		
2.건축			1.이익준비금		
3.구축물			2.기타적립금		
4.기계장치			3.이월 이익 잉여금		
5.건설 중인 자산			(또는 이월 결손금)		
6. …………………			(당기순이익 또는 당기순손실)		
(3)무형자산			Ⅳ.자본조ㅇ	×××	×××
			자본총계	×××	×××
자산총계	×××	×××	부채와 자본 총계	×××	×××

1) 자본잉여금으로 일괄하여 계상할 수 있음.

2) 이익잉여금으로 일괄하여 계상할 수 있음.

* 계정과목 중 금액이 중요하지 아니한 것은 기재를 생략할 수 있음.

(별지 제5호 서식)

<표 3-31> 손익계산서

제×기 19××년×월×일부터 19××년×월×일까지
제×기 19××년×월×일부터 19××년×월×일까지

회사명________ (단위 : 원)

과목	제×(당)기		제×(전)기	
	금액		금액	
Ⅰ. 매출액		×××		×××
Ⅱ. 매출원가		×××		×××
1. 기초상품(또는 제품)재고액				
2. 당기매입액 (또는 제품제조원가)				
3. 기말상품(또는 제품)재고액				
Ⅲ. 매출총이익 (또는 매출총손실)		×××		×××
Ⅳ. 판매비와관리비		×××		×××
1. 급여				
2. 퇴직급여				
3. 복리후생비				
4. 임차료				
5. 접대비				
6. 감가상각비				
7. 무형자산상각비				
8. 세금과공과				
9. 광고선전비				
10. 연구비				
11. 경상개발비				
12. 대손상각비				
13. …………………………				
Ⅴ. 영업이익 (또는 영업손실)		×××		×××
Ⅵ. 영업외수익		×××		×××
1. 이자수익				
2. 배당금수익				
3. 임대료				
4. 유가증권처분이익				
5. 유가증권평가이익				
6. 외환차익				
7. 외화환산이익				
8. 지분법평가이익				
9. 투자 유가증권감액손실환입				
10. 투자자산처분이익				
11. 유형자산처분이익				
12. 사채상환이익				
13. 법인세환급액				
14. …………………………				

과 목	제×(당)기		제×(전)기	
	금 액		금 액	
Ⅶ. 영 업 외 비 용		×××		×××
1. 이 자 비 용				
2. 기 타 의 대 손 상 각 비				
3. 유 가 증 권 처 분 손 실				
4. 유 가 증 권 평 가 손 실				
5. 재 고 자 산 평 가 손 실				
6. 외 환 차 손				
7. 외 환 환 산 손 실				
8. 기 부 금				
9. 지 분 법 평 가 손 실				
10. 투자 유가증권 감액 손실				
11. 투 자 자 산 처 분 손 실				
12. 유 형 자 산 처 분 손 실				
13. 사 채 상 환 손 실				
14. 법 인 세 추 납 액				
15. ································				
Ⅷ. 경 상 이 익		×××		×××
(또 는 경 상 손 실)				
Ⅸ. 특 별 이 익		×××		×××
1. 자 산 수 증 이 익				
2. 채 무 면 제 이 익				
3. 보 험 차 익				
4. ································				
Ⅹ. 특 별 손 실		×××		×××
1. 재 해 손 실				
2. ································				
Ⅺ. 법인세 비용 차감 전 순이익		×××		×××
(또는 법인세 비용차감전순손실)				
Ⅻ. 법 인 세 비 용		×××		×××
ⅩⅢ. 당 기 순 이 익		×××		×××
(또 는 당 기 순 손 실)				
(주당 경상이익 : ×××원)				
(주당 순이익 : ×××원)				

(별지 제6호 서식)

<표 3-32> 손익계산서(요약식)

제×기 19××년×월×일부터 19××년×월×일까지
제×기 19××년×월×일부터 19××년×월×일까지

회사명 (단위 : 원)

	제×(당)기	제×(전)기
Ⅰ. 매출액	×××	×××
Ⅱ. 매출원가	×××	×××
Ⅲ. 매출총이익 (또는 매출총손실)	×××	×××
Ⅳ. 판매비와관리비[1)]	×××	×××
1. 급여		
2. 퇴직급여		
3. 복리후생비		
4. 임차료		
5. 접대비		
6. 감가상각비		
7. 무형자산상각비		
8. 세금과공과		
9. 광고선전비		
10. 연구비		
11. 경상개발비		
12. 대손상각비		
13. …………………………		
Ⅴ. 영업이익 (또는 영업손실)	×××	×××
Ⅵ. 영업외수익	×××	×××
1. 이자수익		
2. 배당금수익		
3. 임대료		
4. 외환차익		
5. 외화환산이익		
6. …………………………		
Ⅶ. 영업외비용	×××	×××
1. 이자비용		
2. 외환차손		
3. 외화환산손실		
4. 기부금		
5. …………………………		

	제×(당)기	제×(전)기
Ⅷ. 경 상 이 익	×××	×××
(또 는 경 상 손 실)		
Ⅸ. 특 별 이 익	×××	×××
1. 자 산 수 증 이 익		
2. 채 무 면 제 이 익		
3. 보 험 차 익		
4. …………………………		
Ⅹ. 특 별 손 실	×××	×××
1. 재 해 손 실		
2. …………………………		
Ⅺ. 법인세 비용차감전순이익	×××	×××
(또는 법인세비용차감전순손실)		
Ⅻ. 법 인 세 비 용	×××	×××
XIII. 당 기 순 이 익	×××	×××
(또 는 당 기 순 손 실)		
(주당경상이익 : ×××원)		
(주당순이익 : ×××원)		

1) 판매비와 관리비를 일괄하여 기재할 수 있음.

* 각 계정과목 중 금액이 중요하지 아니한 것은 기재를 생략할 수 있음.

(별지 제7호 서식)

<표 3-33> 이익잉여금처분계산서

제×기	19××년×월×일 부터 19××년×월×일 까지	제×기	19××년×월×일 부터 19××년×월×일 까지
처분확정일	19××년×월×일	처분확정일	19××년×월×일

회사명__________ (단위 : 원)

과목	제×(당)기		제×(전)기	
	금액		금액	
Ⅰ. 처분전이익잉여금		×××		×××
1. 전기이월이익잉여금				
(또는 전기이월결손금)				
2. 회계변경의누적효과				
3. 전기오류수정이익				
(또는 전기오류수정손실)				
4. 중간배당금				
5. 당기순이익				
(또는 당기순손실)				
Ⅱ. 임의적립금등의이입액		×××		×××
1. ××적립금				
2. ××적립금				
합계				
Ⅲ. 이익잉여금처분액		×××		×××
1. 이익준비금				
2. 기타법정적립금				
3. 주식할인발행차금상각액				
4. 배당금				
가. 현금배당				
주당배당금(율)보통주: 당기××원(%)				
전기××원(%)				
우선주: 당기××원(%)				
전기××원(%)				
나. 주식배당				
주당배당금(율)보통주: 당기××원(%)				
전기××원(%)				
우선주: 당기××원(%)				
전기××원(%)				
5. 사업확장적립금				
6. 감채적립금				
7. ································				
Ⅳ. 차기이월이익잉여금		×××		×××

(별지 제8호 서식)

<표 3-34> 결손금처리계산서

제×기	19××년×월×일 부터 19××년×월×일 까지	제×기	19××년×월×일 부터 19××년×월×일 까지
처리확정일	19××년×월×일	처리확정일	19××년×월×일

회사명 ______________ (단위 : 원)

과 목	제×(당)기		제×(전)기	
	금 액		금 액	
Ⅰ. 처 리 전 결 손 금		×××		×××
1. 전기이월이익잉여금 (또는전기이월결손금)				
2. 회계변경의누적효과				
3. 전기오류수정이익 (또는전기오류수정손실)				
4. 중 간 배 당 액				
5. 당 기 순 손 실 (또 는 당 기 순 이 익)				
Ⅱ. 결 손 금 처 리 액		×××		×××
1. 임의적립금이입액				
2. 기타법정적립금이입액				
3. 이익준비금이입액				
4. 자본잉여금이입액				
Ⅲ. 차 기 이 월 결 손 금		×××		×××

(별지 제9호 서식) (직접법)

<표 3-35> 현금흐름표

제×기 19××년×월×일부터 19××년×월×일까지
제×기 19××년×월×일부터 19××년×월×일까지

회사명 (단위 : 원)

과 목	제×(당)기		제×(전)기	
	금 액		금 액	
Ⅰ. 영업활동으로인한현금흐름		×××		×××
가. 매출 등 수익활동으로부터의 유입액				
나. 매입 및 종업원에 대한 유출액				
다. 이자수익유입액				
라. 배당금수익유입액				
마. 이자비용유출액				
바. 미지급법인세의지급				
사. ……				
Ⅱ. 투자활동으로인한현금흐름		×××		×××
1. 투자활동으로인한현금유입액				
가. 단기금융상품의처분				
나. 유가증권의처분				
다. 토지의처분				
라. ……				
2. 투자활동으로인한현금유출액				
가. 현금의단기대여				
나. 단기금융상품의취득				
다. 유가증권의취득				
라. 토지의취급				
마. 개발비의지급				
바. ……				
Ⅲ. 재무활동으로인한현금흐름		×××		×××
1. 재무활동으로인한현금유입액				
가. 단기차입금의차입				
나. 사채의발행				
다. 보통주의발행				
라. ……				
2. 재무활동으로인한현금유출액				
가. 단기차입금의상환				
나. 사채의상환				
다. 유상감자				
라. ……				
Ⅳ. 현금의증가 (감소)(Ⅰ+Ⅱ+Ⅲ)		×××		×××
Ⅴ. 기초의현금		×××		×××
Ⅵ. 기말의현금		×××		×××

(별지 제10호 서식) (간접법)

<표 3-36> 현금흐름표

제×기 19××년×월×일부터 19××년×월×일까지
제×기 19××년×월×일부터 19××년×월×일까지

회사명 (단위 : 원)

과 목	제×(당)기 금 액		제×(전)기 금 액	
Ⅰ. 영업활동으로인한현금흐름		×××		×××
1. 당기순이익(손실)				
2. 현금의 유출이 없는 비용 등의 가산				
가. 감가상각비				
나. 퇴직급여				
다. …………				
3. 현금의 유입이 없는 수익 등의 차감				
가. 사채상환이익				
나. …………				
4. 영업 활동으로 인한 자산·부채의 변동				
가. 재고자산의감소(증가)				
나. 매출채권의감소(증가)				
다. 이연법인세차의감소(증가)				
라. 매입채무의증가(감소)				
마. 미지급법인세의증가(감소)				
바. 이연법인세대의증가(감소)				
사. …………				
Ⅱ. 투자활동으로인한현금흐름		×××		×××
1. 투자활동으로인한현금유입액				
가. 단기금융상품의처분				
나. 유가증권의처분				
다. 토지의처분				
라. …………				
2. 투자활동으로인한현금유출액				
가. 현금의단기대여				
나. 단기금융상품의취득				
다. 유가증권의취득				
라. 토지의취득				
마. 개발비의지급				
바. …………				
Ⅲ. 재무활동으로인한현금흐름		×××		×××
1. 재무활동으로인한현금유입액				
가. 단기차입금의차입				
나. 사채의발행				
다. 보통주의발행				
라. …………				
2. 재무활동으로인한현금유출액				
가. 단기차입금의상환				
나. 사채의상환				
다. 유상감자				
라. …………				
Ⅳ. 현금의증가(감소)(Ⅰ+Ⅱ+Ⅲ)		×××		×××
Ⅴ. 기초의현금		×××		×××
Ⅵ. 기말의현금		×××		×××

6. 장부의 마감

수익과 비용은 당기의 당기에 발생한 장부를 마감하여 손익으로 대체시켜 이익을 계산하고 자산・부채・자본의 계정은 잔액을 다음 회계연도에 이월하기 위하여 장부를 마감한다.

앞에서 예를 든 (주)나라의 경우에 작성된 총계정원장의 마감과 마감 후 이월시산표를 작성하면 다음과 같다.

현 금 (1)

일	자	적 요	분면	차 변	일	자	적 요	분면	대 변
9	1	자본금	1	1,000,000	9	2	비용	1	140,000
	6	제좌	1	350,000		3	상품	1	250,000
	15	외상매출금	2	150,000		7	당좌예금	1	200,000
	30	배당금수익	2	7,000		11	외상매입금	2	300,000
						13	대여금	2	200,000
						25	제좌	2	65,000
						30	차기이월	∨	352,000
				1,507,000					1,507,000
10	1	전기이월	∨						

당좌예금 (2)

일	자	적 요	분면	차 변	일	자	적 요	분면	대 변
9	7	현금	1	200,000	9	18	상품	2	150,000
					9	30	차기이월	∨	50,000
				200,000					200,000
10	1	전기이월	∨	50,000					

외상매출금 (3)

일 자		적 요	분면	차 변	일 자		적 요	분면	대 변
9	9	제좌	1	200,000	9	15	현금	1	150,000
					9	30	차기이월	∨	50,000
				200,000					200,000
10	1	전기이월	∨	50,000					

단기대여금 (4)

일 자		적 요	분면	차 변	일 자		적 요	분면	대 변
9	13	현금	2	200,000	9	30	차기이월	∨	200,000
10	1	전기이월	∨	200,000					

상 품 (5)

일 자		적 요	분면	차 변	일자		적 요	분면	대 변
9	3	현금	1	250,000	9	6	현금	1	300,000
	5	외상매입금	1	400,000		9	외상매출금	1	180,000
	18	당좌예금	1	150,000	9	30	차기이월	∨	320,000
				800,000					800,000
10	1	전기이월	∨	320,000					

비 품 (6)

일 자		적 요	분면	차 변	일 자		적 요	분면	대 변
9	2	현금	1	140,000	9	30	차기이월	∨	140,000
10	1	전기이월	∨	140,000					

건 물 (7)

일 자		적 요	분면	차 변	일 자		적 요	분면	대 변
9	1	자본금	1	1,500,000	9	30	차기이월	∨	1,500,000
10	1	전기이월	∨						

외상매입금 (8)

일자		적요	분면	차변	일자		적요	분면	대변
9	11	현금	2	300,000	9	5	현금	1	400,000
9	30	차기이월	V	100,000					
				400,000					400,000
					10	1	전기이월	V	100,000

자 본 금 (9)

일	자	적 요	분면	차 변	일	자	적 요	분면	대 변
9	30	차기이월	V	2,500,000	9	2	제좌	1	2,500,000
					10	1	전기이월	V	2,500,000

임 차 료 (10)

일	자	적 요	분면	차 변	일	자	적 요	분면	대 변
9	25	현금	2	5,000	9	30	손익		5,000

급 여 (11)

일	자	적 요	분면	차 변	일	자	적 요	분면	대 변
9	1	현금	1	60,000	9	30	손익		60,000

상품매출이익 (12)

일	자	적 요	분면	차 변	일	자	적 요	분면	대 변
9	30	손익		70,000	9	6	현금	1	50,000
						9	외상매출금	1	20,000
				70,000					70,000

배당금수익 (13)

일	자	적 요	분면	차 변	일	자	적 요	분면	대 변
9	30	손익		7,000	9	30	현금	2	7,000

손 익 (5)

일	자	적 요	분면	차 변	일	자	적 요	분면	대 변
9	30	급여		60,000	9	30	상품매출이익		70,000
	30	임차료		5,000		30	배당금수익		7,000
	30	이익잉여금		12,000					
				77,000					77,000

<표 3-37> 이월시산표

2002년 9월 30일 현재

나라(주)

차 변	원면	계정과목	대 변
352,000	1	현금	
50,000	2	당좌예금	
50,000	3	외상매출금	
200,000	4	단기대여금	
320,000	5	상품	
	6	비품	
1,500,000	7	건물	
	8	외상매입금	100,000
	9	자본금	2,500,000
60,000	11	이익잉여금	1,200
2,677,000			2,677,000

총계정원장 중 손익계산서계정을 마감한 후 대차대조표계정인 자산 · 부채 · 자본계정의 이월액을 한 표에 모아 결산의 오류 및 이월액의 정확성 여부를 검사하는 기능을 가진 표가 작성되는데 이것을 이월시산표라 한다.

제4절 건물자산관리회계실무

1. 회계업무

건물자산관리회계실무는 일일회계업무, 월말회계업무 연말회계업무로 나누어 처리해야 한다.

(1) 일일회계업무

회계실무의 최종 산출물은 재무제표를 작성하는 것이지만, 기말에 재무제표를 작성할 수 있기 위해서는 매일매일 발생하는 거래에 대한 처리가 명확히 이루어지고 매일매일의 장부가 일치하여야 한다.

일상적으로 발생하는 매일업무의 처리과정은 [그림 3-12]와 같다.

1. 분개
2. 전표작성, 분개장 작성, 일계표 작성
3. 총계정원장 작성
4. 보조부 작성
5. 현금의 예금과 출금
6. 실제액과 장부상 잔액의 비교
7. 어음과 수표 등의 발행 · 결제 · 회수
8. 납품서, 주문서, 거래명세표의 작성
9. 일일 자금조달계획 수립
10. 기타 장부의 작성

[그림 3-12] 회계업무의 일일업무흐름

1) 현금의 관리와 회계처리

현금은 일상 영업활동 중에서 유·출입이 빈번하여 도난의 위험이 매우 높은 자산이므로 현금에 대한 내부통제는 매우 중요한 부분이다.

현금의 관리를 위한 내부통제 기법으로는 다음과 같은 방법들이 있다.

① **현금 예금 등의 보관** : 현금·수표·예금통장증서 등은 안전한 금고에 보관하고, 금고의 접근을 통제하고, 열쇠는 출납담당자에 의해 적절하게 보관해야 한다. 또한 은행에 신고된 인장은 수표나 예금통장 등과는 별도로 보관해야 수표의 부정발행을 예방할 수 있다.

② **현금과 관련된 업무의 분장** : 현금수취 담당자는 현금수입자의 기록과 같은 회계기록 업무를 담당하지 않도록 한다. 또한 현금지출 담당자는 현금지출장과 같은 회계장부의 기록업무를 담당해서는 안된다.

③ **대금지급시 그 정당성 및 적법성의 확인** : 대금의 지급은 반드시 승인절차를 거친 정당한 금액만이 지출되어야 한다.

④ **매일의 장부확인** : 현금출납 담당자는 매일 업무마감 후 실물을 계산하여 장부잔고와의 일치를 확인해야 한다. 현금과 장부잔액이 일치하지 않으면, 차이의 내용을 명확히 밝혀야 한다. 수시감사로 현금출납 담당자 이외의 사람에 의해 예고없이 현금과 장부잔액에 대한 감사를 하면, 출납 담당자의 부정이나 실수를 방지할 수 있다.

⑤ **기업이 수취하는 모든 현금의 당일 내 은행예입** : 현금을 기업내 보유하면 도난과 분실의 위험이 존재하므로 현금을 보관하지 않고 은행에 예치하도록 해야 한다.

⑥ **수표를 이용한 대금의 지급** : 현금의 지급을 되도록 자제하고 수표를 통해 대금을 지급하도록 하여 현금지출에 대한 증거를 확보하도록 한다.

⑦ **정기적으로 은행계정조정표 작성** : 기업의 예금잔액원장과 은행측의 은행계정명세서 잔액의 일치여부를 확인하기 위한 은행계정조정표를 정기적으로 작성하여 차이를 조정해야 한다.

가) 소액현금

기업은 일상적인 업무를 수행하는 과정에서 소액의 현금지출을 필요로 하는 경우가 빈번히 발생한다. 이런 적은 금액의 현금을 소액현금이라 하며, 이 소액현금을 관리하는 장부를 소액현금출납장이라고 한다. 경리담당 부서에서 각 용도계의 소액현금 담당자와 필요한 소액현금을 설정하고 미리 지급하면 소액현금을 지급받는 담당자는 필요시 지출을 하고, 월말에 영수증과 함께 경리과에 보고한다. 그리고 경리과에서는 보고받은 지출금액 중 부족분을 다시 소액현금 담당자에게 지급한다.

나) 현금에 과부족이 있는 경우

현금출납장을 마감한 후에 실제 현금과 장부상의 잔액이 맞지 않는 경우가 있다. 이 경우 현금과부족이라는 계정과목을 만들어 현금과부족의 원인을 밝혀질 때까지 처리한다.

<예>

현금의 금고가액은 ₩150,000이나 장부상의 잔액은 ₩200,000인 경우 회계상의 처리는 일단 장부가액을 현금실재액에 맞춘다.

(차) 현금과부족	50,000	(대) 현금	50,000

그 후 현금과부족의 원인이 소모품을 현금으로 구입하고 이를 장부에 누락시킨 것을 발견했다.

(차) 소모품비	50,000	(대) 현금과부족	50,000

만약 현금과부족의 원인을 결산시까지 발견하지 못한 경우는 이를 잡손실 또는 잡이익 처리한다.

2) 수표・어음의 관리

가) 수표의 발행

수표를 발행하기 위해서는 먼저 거래은행에 당좌예금 계좌를 개설해야 한다. 이때 기업이 현금이나 타인이 발행한 수표를 예입시키면 당좌예금계정이 증가하게 되고, 대금을 결재하기 위해 수표를 발행하면 당좌예금계정이 감소하게 된다.

발행인은 수표용지에 액면금액・발행일・발행지를 기재하고, 발행인이 기명 날인하여 수취인에게 교부한다.

당좌예금의 주된 사용목적은 수표와 어음의 발행이다. 수표와 어음을 발행한 후 만기일이 되어도 당좌예금에 잔액이 없으면 부도처리되며, 1년에 3회 이상 부도를 내게 되면 은행과 거래정지처분을 당한다.

단, 미리 은행과 당좌차월약정을 맺어 예금잔액이 부족해도 차월 한도액 이내에서 발행한 수표와 어음은 지급이 가능하게 할 수 있다.

나) 수표관련 용어

① 횡선수표

횡선수표는 수표의 표면에 두 줄의 평행선을 긋고 그 사이에 은행 또는 이와 동일한 의미가 있는 문자를 기재한 수표를 말한다. 이를 은행에 제시하면 은행에서는 직접 현금으로 지급하지 않고 제시한 사람의 은행계좌에 입금시키므로 지급처가 명확하게 되고, 도난의 위험도 방지할 수 있다. 특정 횡선수표를 받은 경우 그 은행에 계좌가 없으면 지급을 받을 수 없게 된다.

② 선일자수표

선일자수표는 은행과 어음거래 약정을 맺지 못한 영세업자들이 주로 사용하는 방법으로 수표를 발행할 때 실제로 발행하는 날짜를 기입하지 않고 장래의 날짜를 발행일로 기입하는 수표이다. 실제 발행한 날짜에 지급제시를 하면 결재할 능력이 없으므로 미래의 지정한 날짜를 발행일로 하여 그날에 지급 제시하면 결재하겠다는 뜻이나, 수표법에서는 은행이 선일자수표 소지인에게 지급을 청구받더라도 지급을 하도록 되어 있기 때문에 선일자수표를 발행할 경우에는 상대방의 신용도를 잘 판단해야 한다.

다) 어음의 발행

일반적으로 많이 사용되는 어음은 약속어음인데 은행을 지급장소로 하는 어음을 발행할 때에는 수표의 경우와 마찬가지로 당좌예금계좌를 개설할 필요가 있다. 그러나 어음의 발행은 수표의 발행과 달리 은행에 한정되지 않고 신용금고나 신용조합 등의 금융기관에서도 취급하고 있다.

어음관련 용어는 다음과 같다.

① 어음의 결재

어음의 만기일에 어음이 현금화되는 것을 어음의 결재라고 한다.

② 어음의 개서

어음의 만기일을 연장하고 싶은 경우 수취인의 양해를 얻어 새롭게 어음을 발행하고 이전 어음과 교환할 수 있는데, 이를 어음의 개서라고 한다. 개서할 경우에는 연기한 날짜분만큼의 이자를 수취인에게 지급한다.

③ 어음기입장

어음거래가 빈번한 경우에는 총계정원장만으로는 상세한 내용을 알기 어려우므로, 상세한 내용을 기입해서 관리할 장부가 필요하다. 이런 어음의 명세를 기입하는 장부를 어음기입장이라고 한다. 어음발행시 지급어음기입장에, 수취시 받을어음기입장에 기입한다.

<표 3-38> 일일자금운용표

2002년 10월 4일 현재

결재	담당	대리	과장	부장	대표이사

1. 자금운용

구 분		전일잔액	증가액	감소액	금일잔액	비 고
현 금						
예금	정기예금					
	정기적금					
	신탁형저축					
	보통예금					
	계					
미수금	보험료					
	가산금					
	징수금					
	가산금					
	수입이자					
	계					

2. 가수금(본인부담 환급금)

구 분	전일잔액	증가액	감소액	금일잔액	비고
현 금					
보통예금					
계					

3. 거래내역

입 금		출 금	
적 요	금 액	적 요	금 액

3) 자주 발생되는 비용의 회계처리

가) 복리후생비

복리후생비는 종업원의 복리를 증진하거나 건강관리를 촉진하기 위한 경비로서 법정복리비와 회사가 독자적으로 실시하고 있는 복리후생시설, 사내의 각종 행사・의료・보건・소모품・음식・교양 등을 위한 비용으로 나눈다. 법정복리비는 근로기준법에 의해 의료보험이나 산재보험 등에 드는 비용이다.

나) 통근비, 여비교통비, 출장비

통근비는 회사에 근무하는 사람이 통근하기 위해 드는 비용이다. 이를 회사에 따라서는 여비교통비로서 일괄적으로 처리하기도 한다.

반면, 회사의 업무상 교통수단을 이용해서 이동한다거나 출장을 가는 경우의 교통비나 숙박비 등을 여비교통비라고 한다. 여비교통비에는 전철・버스・택시의 운임, 고속도로・유료도로의 통행요금, 주차비, 여관이나 호텔의 숙박비, 출장수당 등이 포함된다.

출장이 장기인 경우 미리 출장비 견적을 내서 출장 전에 회사로부터 그 비용을 지급받는데, 이를 가지급금으로 회계 처리한다. 가지급금은 출장에서 돌아온 단계에서 정산하고, 여비교통비로 대체된다.

다) 소모품비

소모품이란 사용함에 따라 소멸된다거나 마모되는 자산으로 이 소모품 구입에 드는 비용을 소모품비로 처리한다. 소모품비는 표류・장부류・노트・용지・필기구・스탬프・도장・전자계산기・근무시간기록표 등 사무에 사용하는 소모품의 소비액인 사무용품비와 소모성 공구・기구・비품비 등으로 나누어진다.

소모품의 구입시 소모품비로 처리한 후 결산이 재고가 남아 있는 경우 미사용분을 소모품비로부터 소모품 또는 저장품 과목으로 대체하고 당기 사용분만은 손익계산서에 소모품비로 계상한다.

라) 수선비

수선비란 건물・집기・기계・자동차 등의 고장이나 성능저하를 원래상태로 복구하거나 현상태를 유지하도록 보수하기 위한 비용을 말한다.

예를 들면 벽을 새로 칠한다거나, 옥상의 수리・해체에 드는 비용이나 비품의 칠・부품 교환, 자동차의 칠・부품 교환, 기계의 부품 교환, 정기점검, 이동에 필요한 비용 등이 있다. 또, 가라앉은 지반을 다시 평평하게 하는 데 드는 비용, 배수가 잘 되도록 노면에 모래를 까는 데 드는 비용 등도 수선비에 포함한다. 이를 수익적 지출로 인식하여 당기의 비용으로 계상한다.

<표 3-39> 공동주택 관리비의 구성내역

비 목	구 성 내 역
1. 일반관리비	· 인건비 : 급여 · 제수당 · 상여금 · 퇴직금 및 산재보험료 · 고용보험료 · 국민연금 · 의료보험료 · 식대 등 복리후생비 · 제사무비 : 일반사무용품비, 도서인쇄비, 교통통신비 등 관리사무에 직접 소요되는 비용 · 제세공과금 : 관리기구가 사용한 전기료 · 전화료 · 우편료 및 관리기구에 부과되는 세금 등 · 피복비 · 교육훈련비 · 차량유지비 : 연료비 · 수리비 및 보험료 등 차량유지에 직접 소요되는 비용 · 그밖의 부대비용 : 관리용품 구입비, 회계감사비, 그밖에 관리업무에 소요되는 비용
2. 청소비	용역시에는 용역금액, 직영시에는 청소원 인건비 · 피복비 및 청소용품비 등 청소에 직접 소요된 비용
3. 경비비	용역시에는 용역금액, 직영시에는 경비원 인건비 · 피복비 등 경비에 직접 소요된 비용
4. 소독비	용역시에는 용역금액, 직영시에는 소독용품비 등 소독에 직접 소요된 비용
5. 승강기유지비	용역시에는 용역금액, 직영시에는 제부대비 및 자재비 등. 다만, 전기료는 공동으로 사용되는 시설의 전기료에 포함한다.
6. 난방비	난방 및 급탕에 소요된 원가(유류대 · 동력전기료 · 난방 및 급탕용수비)에서 급탕비를 뺀 금액
7. 급탕비	급탕용 유류대 · 동력전기료 및 급탕용수비
8. 수선유지비	· 보수용역시에는 용역금액으로 하고, 직영시에는 자재 및 인건비 · 정화청소비 · 냉난방시설의 청소비 · 소화기충약비 · 옥상방수공사비 · 외부대장비 등 공동으로 이용하는 시설의 보수유지비 및 제반검사비

4) 일일업무의 회계처리 예시

<표 3-40> 일일업무의 회계처리 예시

거 래	차 변		대 변	
9/1. 청소비 ₩200,000을 현금으로 지급하다.	청소비	200,000	현금	200,000
9/1. 1305호로부터 9월분 관리비 ₩135,000를 미리 받다.	현금	135,000	선수관리비	135,000
9/1. 현금 ₩100,000을 통장에 예입하다.	제예금	100,000	현금	100,000
9/1. 502호가 이사를 가서 전에 선수하였던 관리비 ₩80,000을 예금통장에서 인출하여 환불하다.	현금 선수관리비	80,000 80,000	제예금 현금	80,000 80,000
9/1. B/C유를 입고하고 대금 ₩2,000,000은 나중에 지급하기로 하다.	저장품	2,000,000	미지급금	2,000,000
9/1. 1년간의 화재보험료 ₩1,200,000을 현금으로 지급하다.	선급보험료	1,200,000	현금	1,200,000
9/1. 종업원이 9월분 급여일부인 ₩500,000을 가불하다.	가지급금	500,000	현금	500,000
9/1. 전화설치와 관련설비비 ₩200,000과 설치비 ₩20,000과 수수료 ₩3,000을 현금지급하다.	전신전화가 입권 통신비	200,000 23,000	현금	223,000
9/1. 공구 ₩2,000,000과 비품 ₩500,000을 예금통장에서 인출하여 구입하다.	현금 비품	2,500,000 2,500,000	제예금 현금	2,500,000 2,500,000
9/1. 테니스장을 1년간 임대하기로 하고 임대보증금 ₩10,000,000을 정기예금하다.	제예금	10,000,000	임대보증금	10,000,000
9/1. 종업원 김갑돌에게 교통비 ₩1,500을 현금지급하다.	교통비	1,500	현금	1,500
9/1. 8월분 전화요금 ₩80,000을 현금납부하다.	통신비	80,000	현금	80,000
9/1. 8월분 일지 인쇄비 ₩200,000을 현금으로 지급하다.	도서인쇄비	200,000	현금	200,000
9/1. 회계장부 ₩10,000을 현금구입하다.	사무용품비	6,000	현금	6,000
9/1. 종업원의 회식비 ₩150,000을 현금으로 지급하다.	복리후생비	150,000	현금	150,000
9/1. 목장갑을 ₩5,000 현금으로 구입하다.	소모품비	5,000	현금	5,000
9/1. 위탁관리협회의 정기교육참가비 ₩50,000을 현금지급하다.	교육훈련비	50,000	현금	50,000
9/1. 곤도라 사용료 ₩30,000을 현금으로 받다.	현금	30,000	곤도라사용 수익	30,000

(2) 월말회계업무

회계기간은 1년을 기준으로 이루어지지만 실무에서는 월단위로 장부를 마감하고 각 장부의 합계와 잔액을 산출하는 작업을 하게 된다. 또한 종업원에게 월단위로 급여를 제공하므로 급여의 지급은 가장 대표적인 월말업무 중의 하나이다. 월말결산과 함께 차월의 예산수립도 중요한 업무 중 하나이다. 월말업무를 도식화하면 [그림 3-13]과 같다.

1. 월말 결산(월계표 작성 등)
2. 매출대금 회수
3. 매입대금 지급준비
4. 급여계산 및 지급
5. 원천징수세액 신고 · 납부(매달 10일)
6. 원가계산 · 분석
7. 월차분석
8. 월자금 조달계획

[그림 3-13] 회계 월말업무흐름

1) 급여계산 및 회계처리

가) 급여의 종류

일반회사에서 임원에게 지급하는 것을 임원보수라 칭하고, 사용인에게 지급하는 것을 급여라고 한다. 급여에는 크게 나누어 임금 · 급료 · 제수당 · 상여금 · 퇴직금 등이 있다. 임금은 제조활동과 관련된 종업원에게 지급하는 것으로 제조원가에 계산되고, 급료는 사무직이나 영업직에게 지급하는 것으로 복리후생비 · 접대비 등과 함께 판매비와 관리비의 한 계정과목이 된다.

나) 급여처리원장

급여관련원장에는 여러 가지 종류가 있는데 급여명세서와 원천징수부 첨부용지를 같이 사용한다. 계산순서는 다음과 같다.

1. 급여는 먼저 기본급에 가족수당, 통근수당, 잔업수당, 정근수당 등의 각종 수당을 가산해서 급여총액을 계산 2. 급여총액에서 비과세액을 빼고 과세분 급여액을 산출 3. 과세분 급여액에서 의료보험료 등의 차감 4. 원천징수세액표를 근거로 과세분 급여액에서 사회보험료를 뺀 금액에 대한 소득세 산출 5. 소득세와 주민세 차감후 실제 현금지급액 산출

① 원천징수 세액의 납부

- 원천징수한 세액은 다음날 10일까지 은행 · 우체국 등 가까운 금융기관에 납부하고, 원천징수이행상황신고는 세무서에 제출한다.
- 반기별납부 승인을 받은 자는 상반기 원천징수한 세액은 7.10까지, 하반기 원천징수한 세액은 다음해 1.10까지 납부한다. '원천징수이행상황신고서'도 반기별로 제출한다.
- 원천징수할 세액은 '간이세액표'에 의하여 계산한다.

⇒ 일용근로자의 경우에 원천징수할 세액은 다음과 같다.

원천징수할 세액=(하루급여액－5만원)×9%(세율)
×55%(근로소득세액 공제를 감안한 비율)

<참 고>

근로소득의 경우에는 매월 급여지급 시에는 간이세액표에 의하여 원천징수하고, 다음 연도 1월 급여지급 시에는 1년간의 근로소득에 대하여 연말정산을 하여야 한다.

월급여액은 비과세소득만 제외한 급여액이므로 국민건강보험료 등을 차감하지 아니하고 과세대상금액 전액에 대하여 해당란에 세액을 적용한다.

공제대상 가족의 수는 기본공제대상자인 본인 · 배우자 · 부양가족의 수로 계산한 것이므로 경로우대 또는 장애자공제 등의 추가인원은 공제대상가족수 계산시 추가로 반영하지 아니한다.

<표 3-41> 간이세액표

월급여액(비과세소득은 제외)		공제대상 가족의 수(본인 · 배우자를 각각 1인으로 봄)										
		1	2	3	4	5	6	7	8	9	10	11
천원 이상	천원 미만											
1,480	1,485	22,520	20,230	17,930	13,350	8,770	4,180	0	0	0	0	0
1,485	1,490	22,770	20,470	18,180	13,600	9,020	4,430	0	0	0	0	0
1,490	1,495	23,040	20,720	18,430	13,850	9,260	4,680	100	0	0	0	0
1,495	1,500	23,360	20,970	18,680	14,090	9,510	4,930	340	0	0	0	0
1,500	1,510	23,830	21,340	19,050	14,470	9,880	5,300	720	0	0	0	0
1,510	1,520	24,460	21,840	19,540	14,960	10,380	5,790	1,210	0	0	0	0
1,520	1,530	24,950	22,220	19,930	15,340	10,760	6,180	1,590	0	0	0	0
1,530	1,540	25,580	22,710	20,420	15,840	11,260	6,670	2,090	0	0	0	0
1,540	1,550	26,210	23,290	20,920	16,330	11,750	7,170	2,580	0	0	0	0
1,550	1,560	26,840	23,920	21,410	16,830	12,250	7,660	3,080	0	0	0	0
1,560	1,570	27,470	24,550	21,910	17,320	12,740	8,160	3,570	0	0	0	0
1,570	1,580	28,100	25,180	22,400	17,820	13,240	8,650	4,070	0	0	0	0
1,580	1,590	28,730	25,810	22,900	18,310	13,730	9,150	4,560	0	0	0	0
1,590	1,600	29,360	26,440	23,520	18,810	14,230	9,640	5,060	480	0	0	0
1,600	1,610	29,990	27,070	24,150	19,300	14,720	10,140	5,550	970	0	0	0
1,610	1,620	30,460	27,540	24,630	19,670	15,090	10,510	5,920	1,340	0	0	0
1,620	1,630	31,090	28,170	25,260	20,170	15,590	11,000	6,420	1,840	0	0	0
1,630	1,640	31,720	28,800	25,890	20,660	16,080	11,500	6,910	2,330	0	0	0
1,640	1,650	32,350	29,430	26,520	21,160	16,580	11,990	7,410	2,830	0	0	0
1,650	1,660	32,980	30,060	27,150	21,650	17,070	12,490	7,900	3,320	0	0	0

월급여액이 155만원이고, 공제대상 가족이 4인(본인 포함)이면 원천징수할 세액은 14,470원이 된다.

가) 기본급

직책에 따라 설정된 기본급이 달라진다.

나) 충당금

① **상여충당금** : 상여금 지급을 위해 적립하는 금액. 1개월을 넘는 기간마다 정기 또는 임시로 근로자의 근무성적 등을 감안하여 지급되고 있는 상여금은 근로계약에 의해 달라질 수 있다. 예를 들어 300%의 충당금을 설정한 경우 통상 '기본급×300%÷12월'로 계산한다.

'기본급×300%÷12월'

<참 고>

<표 3-42> 공동주택관리업무의 급여산정안

<table>
<tr><th colspan="2">비 목</th><th>세부내역</th></tr>
<tr><td colspan="2" rowspan="4">기본급</td><td>관리직 ○명 ○월분 기본급(급여)</td></tr>
<tr><td>전기직 ○명 ○월분 기본급</td></tr>
<tr><td>설비직 ○명 ○월분 기본급</td></tr>
<tr><td>경비직 ○명 ○월분 기본급(용역인 경우 제외)</td></tr>
<tr><td colspan="2" rowspan="3">충당금</td><td>상여충당금 : 기본급 × 300% ÷ 12월</td></tr>
<tr><td>연차충당금 :
일급(日給)통상임금×10일÷12월
={(기본급+자격수당+직책수당+출납수당+식대보조비)÷226×8}×10일÷12월</td></tr>
<tr><td>퇴직충당금 :
(1년 뒤의 퇴직금−총액 현재 적립한 충당금)÷12월</td></tr>
<tr><td rowspan="2">제수당</td><td>법정수당</td><td>월차수당 : 일급통상임금
생리수당 : 일급통상임금
연차수당 : A.b.b)연차충당금으로 지급(별도부과 안됨)
야간근로수당 : 시간급통상임금×야간근로시간×1.5
휴일근로수당 : 시간급통상임금×휴일근로시간×1.5
(감시단속직 승인을 받은 경우 제외)
연장근로수당 : 시간급통상임금×연장근로시간×1.5
(감시단속직 승인을 받은 경우 제외)</td></tr>
<tr><td>법정외수당</td><td>자격수당 : 주택관리사, 방화관리자, 전기기능사, 전기산업기사
출납수당
직책수당</td></tr>
</table>

*자료원 : 부산지역 공동주택 관리비 부과내역서 표준화 - 아파트를 중심으로 한 보고서

② **연차충당금** : 근로기준법에 의한 연차휴가는 1년간 개근한 근로자에게는 10일, 9할 이상 출근한 근로자에게는 8일의 연차유급휴가를 부여하며, 근속년수가 늘어남에 따라 1년당 1일의 연차유급휴가가 늘어난다.

근로기준법에 따라 계산하면 다음과 같다.

일급(日給)통상임금×10일÷12월 일급통상임금=월급통상임금÷226(월평균 법정근로시간)×8(1일 법정근로시간)

통상임금이란 근로자에게 정기적·일률적으로 소정근로 또는 총근로에 대하여 지급하기로 정하여진 시간급·일급·주급·월급금액 또는 도급금액을 말하는 것(근로기준법시행령 제31조 제1항)으로 관리사무소 종사근로자들의 월급통상임금은 기본급+자격수당+직책수당+출납수당+식대보조비가 포함되며, 법정수당인 연장(시간외)근로수당, 휴일근로수당, 야간근로수당, 월차수당, 연차수당, 생리수당 등은 제외된다.

이에 따라 일급통상임금은 다음과 같다.

월급통상임금(기본급+자격수당+직책수당+출납수당+식대보조비)÷226×8

그리고 직원들의 근속연수에 따라 연차휴가일수도 다양할 수 있으나 일률적으로 10일로 계산한 것은 연차휴가 지급시기가 직원별로 다르므로 충당금이 부족한 일은 별로 없기 때문에 직원별로 세분화함에 따른 불편을 없애기 위함이다.

통상임금의 개념을 살펴보면 다음과 같다.

통상임금이란 근로자에게 정기적·일률적으로 소정근로 또는 총근로에 대하여 지급하기로 정해진 시간급·일급·주급·월급금액 또는 도급금액을 말하는 것(근로기준법시행령 제31조 제1항)으로 관리사무소 종사근로자들의 월급통상임금은 기본급+자격수당+직책수당+출납수당+식대보조비가 포함되며, 법정수당인 연장(시간외)근로수당, 휴일근로수당, 야간근로수당, 월차수당, 연차수당, 생리수당 등은 제외된다.

이에 따라 일급통상임금은 다음과 같다.

월급통상임금(기본급+자격수당+직책수당+출납수당+식대보조비)÷226×8 연차충당금=일급통상임금×10일÷12월

③ **퇴직충당금** : 근로기준법상 계속 근로연수가 1년 이상된 근로자가 퇴사하는 경우 퇴직금을 지급하도록 되어 있는 바 아파트에서는 직원들의 퇴사에 대비하여 퇴직금을 매월 일정액씩 부과하여 적립하고 있다. 근로기준법상 기준에 따르면 퇴직금은 근속연수 1년에 대하여 평균임금 30일분 이상을 지급하게 되어 있는데 보통 아파트는 그 기준에 따라 평균임금 30일분을 지급하고 있으며, 누진제를 시행하는 단지는 거의 없다.

여기서 평균임금의 개념을 살펴보면 다음과 같다.

평균임금은 통상의 생활임금을 있는 그대로 산정하려는 의도에서 산정하여야 할 사유가 발생한 날 이전 3개월간에 그 근로자에 대하여 지급한 임금의 총액을 그 기간의 총일수로 나눈 금액을 말하며 취업 후 3개월 미만도 이에 준하게 된다고 규정하고 있다(근로기준법 제19조 제1항). 또 통상임금보다 저액일 때는 근로자의 보호를 위해 그 통상임금을 평균임금으로 하게 되는데 그 산식은 다음과 같다.

평균임금＝이전 3개월간의 임금총액/이전 3개월간의 총일수

평균임금에서의 임금총액에 해당하는 항목은 기본급＋연차수당＋월차수당＋생리수당＋연장근로수당＋야간근로수당＋휴일근로수당＋직책수당＋출납수당＋자격수당＋당직수당(당직인 경우 해당)＋식대보조비＋상여금＋업무추진비(관리소장의 경우에 해당) 등이 포함되며, 체력단련비 등은 제외된다.

월급 평균임금＝(기본급＋제수당(연차수당＋월차수당＋생리수당＋연장근로수당＋야간근로수당＋휴일근로수당＋직책수당＋출납수당＋자격수당)＋식대보조비＋1개월치 상여금)

＊제수당에 당직수당이나 업무추진비(관리소장인 경우) 등이 포함될 수 있다.

그런데 많은 아파트에서 적립하고 있는 퇴직급여충당금의 계산방법이 잘못되어 있어 과다징수한 단지가 있는 반면 과소 부과하여 직원 퇴사시 퇴직금이 부족하여 어려움을 겪는 단지도 있다.

일반적으로 사용되고 있는 많은 아파트의 퇴직급여충당금 계산방법을 보면 다음과 같다.

(기본급＋제수당(연차수당＋월차수당＋생리수당＋연장근로수당＋야간근로수당＋휴일근로수당＋직책수당＋출납수당＋자격수당)＋식대보조비＋1개월치 상여금)÷12＝월 적립금

위 식과 같이 개략적인 1개월치 평균임금을 12로 나누어 매년 같은 방식으로 적립하는데 재직 중에 임금에 변동이 없었다면 별 문제가 없겠으나 만약 임금이 인상되었다면 퇴직급여충당금이 부족하게 된다. 그 이유는 퇴직금 산정의 기준이 되는 평균임금은 퇴직하는 날 이전 3개월간의 임금을 기준으로 계산되기 때문이다. 구체적인 예를 들어 설명해보면 다음과 같다.

<예>

한 직원이 아파트 입사 첫회의 30일분 평균임금이 100만원이었고, 매년 10만원씩 인상된 아파트가 있다. 이 아파트에서 10년 근속한 직원의 퇴직급여충당금 적립액을 계산한다고 하면 <표 3-42>에서 나타난 바와 같이 1,900만원이나 현재의 방법으로는 1,450만원이므로 450만원이 부족한 결과가 나타난다.

즉, 매년 임금인상이 있었다면 퇴직금 계산은 퇴직금 산정 시점의 평균임금을 기준으로 하므로, 인상되기 전 평균임금으로 산정하여 적립한 충당금은 그만큼 부족할 수밖에 없다.

반대로 남는 경우도 있는데 이 경우는 1년이 채 지나지 않아 퇴사한 직원들이 있을 경우 이미 부과하여 적립되어 있는 충당금만큼 남게 된다.

결론적으로 말하자면 임금 인상폭이 크고 인원이 많을수록 또 장기근속자가 많을수록 종전의 방법대로 할 경우 부족액은 많아지게 된다. 이 경우 많은 인원이 한꺼번에 퇴직할 때에는 충당금이 부족하여 퇴직금 지급이 곤란하게 된다.

<표 3-43> 현재 퇴직급여충당금 계산방법의 예

(단위 : 만원)

근속연수	평균임금 30일분	현재의 방법		실제 지급해야 할 퇴직금	부족금액
		연 적립액	누계액		
1	100	100	100	100	0
2	110	110	210	220	10
3	120	120	330	360	30
4	130	130	460	520	60
5	140	140	600	700	100
6	150	150	750	900	150
7	160	160	910	1,120	210
8	170	170	1,080	1,360	280
9	180	180	1,260	1,620	360
10	190	190	1,450	1,900	450

따라서 이런 사태를 예방하기 위해서는 퇴직급여충당금 적립금 산정 시점에서 1년 뒤 전 직원이 동시에 퇴사한다고 가정하고 퇴직금 총액을 계산한 뒤 현재 적립되어 있는 퇴직급여충당금을 뺀 나머지 금액을 12개월로 나누어 매월 적립하면 된다.

(1년 뒤의 퇴직금총액－현재 적립한 충당금)÷12＝매월 퇴직급여충당금부과액

이런 방법을 매년 반복하면 퇴직급여충당금이 남거나 부족한 일이 발생되지 않을 것이다. 부족액이 너무 많다면 1년만에 모두 메우기에는 무리가 따르므로 몇 년에 걸쳐 조금씩 채워나가면 좋을 것이다.

1년 뒤의 퇴직금 총액 계산방식의 예를 들어보자.

한 아파트 단지에 3명의 직원이 있고, 1년 뒤 전 직원이 동시에 퇴직한다고 가정하여, 1년 뒤의 퇴직금총액 계산방법은 다음과 같다.

<방법 1>

1일평균임금×총근무일수/365×30일＝직원의 1년 뒤 퇴직금 예상 총액

직원 A : 39,710×1,167/365×30일＝3,808,896원(A의 1년 뒤 퇴직금 예상 총액)

직원 B : 42,310×930/365×30일＝3,234,107원(B의 1년 뒤 퇴직금 예상 총액)

직원 C : 52,310×1,050/365×30일＝4,514,425원(C의 1년 뒤 퇴직금 예상 총액)

계 11,557,428원 : 전직원의 1년 뒤 퇴직금 예상 총액

<방법 2>

(전직원 1일평균임금 합계/직원수)×(전직원 근속일수 합계/365)×30

(39,710＋42,310＋52,310)/3×(1,167＋930＋1,050)/365×30＝11,581,908원

<방법 1>과 <방법 2>는 거의 비슷한 총액이 제시된다. 이를 통해 공식을 세운다면 다음과 같다.

전직원 년 뒤 예상 퇴직금 총액＝전직원 1일 평균임금의 평균 ×전직원 평균 근속연수×30

이를 다시 풀면 다음과 같다.

1년 뒤의 예상 퇴직금 총액＝(전직원 1일평균임금 합계/직원수) ×(전직원 근속일수 합계/365)×30

<표 3-44> 1년 뒤의 퇴직금 총액 계산방식의 예

<table>
<tr><td colspan="2">* 퇴직금 산출을 위한 기본 조건</td></tr>
<tr><td colspan="2">- 기본급 : 월급 800,000원
- 제수당 : 직책수당 월 100,000원
식대 월 50,000원
- 상여금 : 연 300%(기본급 기준)
- 임금지급일 : 매월 말일 당월 임금을 지급함
- 연차휴가수당 12일분 403,540원을 2001년 10월 31일에 지급할 예정
- 입사일 : 1998년 10월 4일－산정시점 : 2000년 1월
- 퇴직일 : 2001년 12월 15일자로 사직－총근무일수 : 1,167일</td></tr>
<tr><td colspan="2">* 계산식</td></tr>
<tr><td colspan="2">- 퇴직금 총액＝일일 평균임금×30일×근속년수
- 일일 평균임금＝과거 3개월간의 임금총액÷과거 3개월간의 역(曆)일수
- 근속년수＝총근무일수÷365일</td></tr>
<tr><td colspan="2">* 산출방법</td></tr>
<tr><td>가. 산정기간(임금계산기간)</td><td>나. 평균임금 계산기간</td></tr>
<tr><td>- 2000년 12월 퇴직급여충당금 부과를 위해 매월 충당금 액수를 정할 필요가 발생
- 98년 10월 4일 입사한 직원 홍길동이 2001. 12.15 퇴사한다고 가정하면 총근무일수 1,167일이 됨</td><td>2001. 9. 15 - 9. 30 : 16일
2001. 10. 1 - 10. 31 : 31일
2001. 11. 1 - 11. 30 : 30일
2001. 12. 1 - 12. 14 : 14일
계 : 91일</td></tr>
<tr><td colspan="2">다. 임금내역</td></tr>
<tr><td>(1) 기본급
9월 : 800,000원×16일/30일＝426,667원
10월 : 800,000원
11월 : 800,000원
12월 :800,000원×14일/31＝361,290원
계 2,387,957원</td><td>(2) 직책수당 등
계산방법이 동일하므로 합쳐서 계산하여도 가함
직책수당 월 100,000원, 식대 월 50,000원, 계 150,000원
9월 : 150,000원×16일/30=80,000원
10월 : 150,000원
11월 : 150,000원
12월 : 150,000원×14일/31=67,742원
계 447,742원</td></tr>
<tr><td>(3) 연차휴가수당
연차유급휴가는 3년 되는 시점인 2001년 10월 3일이면 12일(개근할 것으로 가정) 발생하여 403,540원을 지급받을 수 있으며, 이를 12로 나누어 3개월치만 계산하면 100,885원이 됨</td><td>(4) 월차휴가수당
매월 개근하여 월 31,600원 정도의 월차휴가수당을 수령하였다면 이도 평균임금 산정에 포함시켜야 한다. 다만 퇴사하는 12월은 개근하지 못하였으므로 월차수당이 없음
9월 : 31,600원×16일/30=16,853원
10월 : 31,600원
11월 : 31,600원
계 80,053원</td></tr>
</table>

(5) 상여금 연간 지급총액을 월말 계산 후 당해 월액만을 산입함 월분할액=기본급 800,000원×3배/12월=200,000원 9월 : 200,000×16/30=106,667원 10월 : 200,000 11월 : 200,000 12월 : 200,000원×14/31=90,323원 계 596,990원
* 평균임금 계산
3개월 간 임금총액=2,387,957+447,742+100,885+80,053+596,990원=3,613,627원 일일 평균임금=3,613,627원/총일수 91일=39,710원 퇴직금 총액=1일평균임금×총근무일수/365일×30일 =39,710×1167/365×30=3,808,896원
이상과 같은 방법으로 홍길동 외 전직원에 대하여도 퇴직금을 계산해야 한다. 각 직원들의 퇴직금을 계산하여 합계한 금액이 1년 뒤의 퇴직금 총액이 된다.

다) 제수당

법정수당과 법정외수당으로 구분한다. 법정수당으로는 월차수당 · 생리수당 · 연차수당 · 야간근로수당 · 휴일근로수당 · 연장근로수당이 있고, 법정외수당에는 자격수당 · 출납수당 · 직책수당 등이 있다.

경비원과 같이 감시업무에 종사하는 근로자와 야간당직기사 등과 같이 근로가 단속(斷續)적으로 행하여지는 근로자를 합쳐 감시단속직 근로자라 한다. 감시단속직으로 노동부 장관의 승인을 받은 경우 근로기준법의 제4장과 제5장에서 규정하는 근로시간 · 휴게시간 · 휴일에 관한 규정의 적용이 제외되기 때문에 연장근로수당 · 휴일근로수당이 지급되지 않을 수 있다. 또한 판례는 월차수당도 적용이 되지 않는다고 해석하고 있다. 그러나 행정해석에 의할 경우 이러한 감시단속직으로 노동부 장관의 승인을 받더라도 야간근로에 대한 수당과 연 · 월차수당, 생리수당은 지급되어야 한다고 하므로 이의 절충이 필요하다.

급여총액에 제수당을 포함하기로 하는 포괄임금제 근로계약을 체결한 경우 급여총액에 제수당이 이미 포함되어 지급되는 것으로 해석하여 따로 수당을 구분하여 지급할 필요가 없다. 이러한 포괄임금제 근로계약이 유효하기 위해서는 근로시간과 포함되는 수당의 범위를 명시하여야 한다.

<법정수당>

- 월차수당 : 근로기준법에 의한 월차휴가는 1개월 동안 개근하였을 때 1일의 유급휴가를 부여하는 제도로서 1년간에 한하여 적치하여 사용하거나 분할하여 사용할 수 있다. 그러므로 이미 발생한 월차유급휴가를 1년간 사용하지 않고 근로하였을 때에는 그에 대한 대가로 월차휴가 근무수당(통상 월차수당이라고도 함)을 통상임금으로 환산하여 지급하는 것이다. '월차수당＝일급통상임금'
- 생리수당 : 여직원에게 지급하는 수당이다. '생리수당＝일급통상임금'
- 연차수당 : 연차수당을 지급하기 위하여 연차충당금을 부과하고 있으므로 별도 부과가 이루어지지 않는다.
- 야간근로수당 : 밤 10시～새벽 6시 사이에 근무할 경우 지급되는 수당이다.

야간근로수당＝시간급통상임금×야간근로시간×1.5

- 휴일근로수당 : 법정휴일(주휴일, 근로자의 날)에 근무할 경우 시간수에 따라 지급되는 수당이다.

휴일근로수당＝시간급통상임금×휴일근로시간×1.5

(감시단속직 승인을 받은 경우 제외)

- 연장근로수당(=시간외 근로수당)

법정근로시간을 초과하여 근무하는 경우 지급되는 수당이다.

연장근로수당＝시간급통상임금×연장근로수당×1.5

(감시단속직 승인을 받은 경우 제외)

<법정외수당>

- 자격수당 : 일반적으로 아파트 단지 규모에 따라 다르게 지급되고 있는 실정이다. 주택관리사 · 방화관리자 · 전기산업기사 · 전기기능사 등이 자격수당을 받고 있다.
- 출납수당 : 회계업무를 담당하는 경리직원에게 지급되는 수당이다.
- 직책수당 : 소장 또는 중간관리자의 직책에 따라 지급되는 수당이다.

㉠ 경비반장 · 미화반장 · 소장 등에게 지급되는 수당

2) 월말 주요 회계처리

<표 3-45> 월말 주요 회계처리

거 래	차 변		대 변	
9/30. 9월장부를 마감하여 관리비 부과자료를 작성한 결과 비용계정과목의 금액합계가 ₩40,000,000이었다.	미부과관리비	40,000,000	제좌 (비용)	40,000,000
'미부과관리비'란 아직 고지되지 아니한 관리비를 의미하며, 전산처리 과정에서 발생하는 오차(부과차이)를 정리하고 부과하고자 하는 비용계정별 금액을 각각의 계정 대변에 정리함으로써 장부상 발생된 만큼 정확히 부과하였는가를 확인·점검하기 위하여 설정한 '임시계정과목'이다.				
9/30. 곤도라 사용료 ₩30,000을 현금으로 받다.	현금	30,000	곤도라사용 수익	30,000
9/30. 1월 1일부터 1월 31일까지의 B/C유와 경유 사용량을 선입선출법에 의하여 산출한 금액 ₩900,000을 관리비로 부과하기로 하다.	유류비 미부과관리비	900,000 900,000	저장품 유류비	900,000 900,000
9/30. 1년분 선급한 보험료 ₩1,200,000을 12개월로 균등분할하여 부과하다.	화재보험료 미부과관리비	100,000 100,000	선급보험료 화재보험료	100,000 100,000
9/30. 특별수선충당금전입액 ₩2,500,000을 부과하다.	특별수선충당 금전입액 미부과관리비	2,500,000 2,500,000	특별수선 충당금 특별수선충 당금전입액	2,500,000 2,500,000
9/30. 9월분 급여 ₩20,000,000에서 근로자부담의 갑근세 ₩200,000, 주민세 ₩10,000, 의료보험료 ₩50,000, 국민연금 ₩30,000을 공제한 금액을 현금인출 지급하다.	급여	20,000,000	예수금 현금	290,000 19,710,000
원천징수한 갑근세와 주민세를 현금납부하다.	예수금	110,000	현금	110,000
근로자부담의 의료보험료 ₩50,000과 사업자부담의 의료보험료 ₩50,000을 현금납부하다.	예수금 복리후생비	50,000 50,000	현금	100,000
9/30. 9월 1일부터 9월 30일까지의 소모품비 ₩40,000을 관리비로 부과하다.	미부과관리비	40,000	소모품비	40,000
9/30. 9월 30일 전기료 부과를 위하여 세대 및 공동사용량을 점검·산출한 요금 ₩22,000,000을 부과하다.	전기료 미부과관리비	22,000,000 22,000,000	미지급금 전기료	22,000,000 22,000,000
9/30. 사용검사 후 1년이 경과하여 특별수선충당금 ₩2,000,000을 관리비로 부과하다.	특별수선충당 금전입액 미부과관리비	2,000,000 2,000,000	특별수선 충당금 특별수선충 당금전입액	2,000,000 2,000,000

<참 고>

<표 3-46> 중앙집중식 난방방식 관리비 총괄표 표준안

<table>
<tr><th colspan="3">비 목</th><th>전월부과액</th><th>금월부과액</th><th>평당단가(또는 세대당단가)</th><th>평형별 부담액(또는 세대별 부담액)</th><th>비 고*1</th></tr>
<tr><td rowspan="13">관리비</td><td colspan="2">일반관리비</td><td></td><td></td><td></td><td></td><td>평당부과*2</td></tr>
<tr><td colspan="2">청소비</td><td></td><td></td><td></td><td></td><td></td></tr>
<tr><td colspan="2">오물수거비</td><td></td><td></td><td></td><td></td><td></td></tr>
<tr><td colspan="2">소독비</td><td></td><td></td><td></td><td></td><td></td></tr>
<tr><td colspan="2">승강기유지비</td><td></td><td></td><td></td><td></td><td></td></tr>
<tr><td colspan="2">수선유지비</td><td></td><td></td><td></td><td></td><td></td></tr>
<tr><td colspan="2">특별수선충당금
(소유자 부담분)</td><td></td><td></td><td></td><td></td><td></td></tr>
<tr><td colspan="2">공유부지수선충당금</td><td></td><td></td><td></td><td></td><td></td></tr>
<tr><td colspan="2">안전점검 및 안전진단
실시 비용
(소유자 부담분)</td><td></td><td></td><td></td><td></td><td></td></tr>
<tr><td colspan="2">난방비</td><td></td><td></td><td></td><td></td><td></td></tr>
<tr><td colspan="2">급탕비</td><td></td><td></td><td></td><td></td><td></td></tr>
<tr><td colspan="2">소계</td><td></td><td></td><td></td><td></td><td></td></tr>
<tr><td rowspan="8">전기료</td><td rowspan="2">주택용</td><td>세대사용료</td><td></td><td></td><td></td><td></td><td></td></tr>
<tr><td>TV수신료</td><td></td><td></td><td></td><td></td><td></td></tr>
<tr><td rowspan="3">일반용</td><td>공용전기료</td><td></td><td></td><td></td><td></td><td></td></tr>
<tr><td>승강기전기료</td><td></td><td></td><td></td><td></td><td></td></tr>
<tr><td>광가입자
전송장치
전기료*3</td><td></td><td></td><td></td><td></td><td></td></tr>
<tr><td colspan="2">산업용전기료</td><td></td><td></td><td></td><td></td><td></td></tr>
<tr><td colspan="2">가로등전기료</td><td></td><td></td><td></td><td></td><td></td></tr>
<tr><td colspan="2">소계</td><td></td><td></td><td></td><td></td><td></td></tr>
<tr><td rowspan="4">수도료</td><td colspan="2">세대사용료
(상·하수도금액)</td><td></td><td></td><td></td><td></td><td></td></tr>
<tr><td colspan="2">공동사용료</td><td></td><td></td><td></td><td></td><td></td></tr>
<tr><td colspan="2">지하수 하수도료</td><td></td><td></td><td></td><td></td><td></td></tr>
<tr><td colspan="2">소계</td><td></td><td></td><td></td><td></td><td></td></tr>
<tr><td colspan="3">합계</td><td></td><td></td><td></td><td></td><td></td></tr>
</table>

*1. 금월부과액과 전월부과액의 비용차이가 클 경우에만 증감사유를 비고란에 제시할 것
*2. 관리비·전기료·수도료의 부과방법은 대부분이 평당부과임. 평당부과가 아닐 경우만 별도 표시할 것
*3. 광가입자 전송장치 가동에 드는 전기료로 세대 부담분이 아니고 해당 인터넷 사업자가 전기료를 부담한다.

(3) 연말회계업무

기업은 결산을 하기 위해 정해진 사업년도를 정하는데 사업년도의 개시일과 결산일은 각 회사마다 자유로이 정할 수 있지만, 상법의 규정에 따라 매년 1회 이상 결산을 해야 하므로 사업년도의 기간이 1년을 초과할 수는 없다.

결산서를 작성할 때에는 1년분 총계정원장의 계정과목을 모두 집계하고, 연간 합계를 내어야 할 뿐만 아니라 결산을 위한 감가상각 등과 같은 특별 회계처리도 해야만 한다. 감가상각이란 고정자산의 사용에 따른 가치의 감소 상당분을 고정자산의 사용기간 중 각 기간에 비용으로서 배분하는 절차를 말하며, 결산서에는 감가상각의 내용을 빠짐없이 정리해서 회사의 재무상태와 경영성적을 표시해야 한다. 결산서작성은 [그림 3-14]와 같이 작성하면 된다.

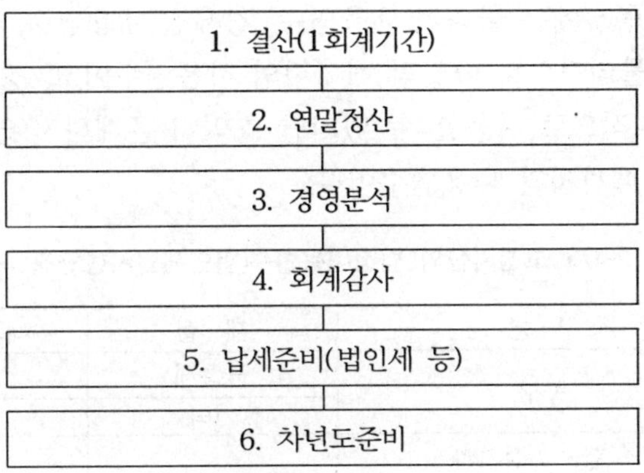

[그림 3-14] 결산서 작성

1) 유형자산의 회계처리

가) 유형자산의 취득

유형자산의 취득시의 원가는 원칙적으로 매입대금에다 부대비용을 가산한 가격으로 기장된다.

① **구입** : 구입대금 이외에 매입수수료 · 소개료 · 등기료 · 취득세 · 인수비 · 하역비 · 시운전비 등의 부대비용이 포함된다.

② **자가제작 · 건설** : 적정한 원가계산방법에 의해 계산된 제조원가를 취득원가로 한다.

③ **현물출자** : 주식을 발행하여 고정자산을 취득한 경우에는 주식발행가액을 취득원가로 한다.

④ **교환에 의하여 취득한 경우** : 교환에 의해 제공된, 제공받은 자산의 공정한 평가액을 취득원가로 한다.

⑤ **증여에 의한 경우** : 외부로부터 구입한 것으로 가정하여 공정시장가치로 평가하여 자산의 취득원가로 한다.

나) 유형자산의 감가상각

유형자산은 취득시의 가격과 사용 후 처분시의 가격과는 차이가 생긴다. 그 이유는 유형자산을 영업활동에 사용함으로 해서 가치의 감소가 생기는 것이라 인식하고, 그 가치의 감소를 수익을 창출하기 위해 희생된 비용으로 보아 비용 처리한다. 이를 감가상각이라 한다.

감가상각비는 해당자산의 사용용도에 따라 제조과정에 사용된 유형자산의 감가상각비는 제조원가로 계상하고, 일반관리용 유형자산의 감가상각비는 판매비와 관리비로 계상된다.

다) 감가상각자산의 법정내용연수

법정내용연수란 감가상각자산을 취득하여 폐기할 때까지의 사용 가능한 연수(年數)를 말한다. 내용연수의 종류에는 물리적 내용연수, 경제적 내용연수, 법정 내용연수가 있다. 물리적 내용연수는 물리적으로 마멸될 때까지의 사용연수이고, 경제적 내용연수는 기술혁신 등에 의해 물리적으로 사용할 수 있지만 효익이 존재하지 않으므로 해서 더 이상 사용할 수 없게 될 때까지의 내용연수이다.

<표 3-47> 고정자산의 법정내용연수(법인세법시행규칙 제27조)

구 분	재 질	내용연수(년)
공구	금속제	6
	기타	3
시험 · 측정기기		
광학기기		
음향기기		
사용책상, 캐비닛	금속제	10
	기타	5
사무용의자, 사무기기		5
금고, 양수지		5
전화기		6
냉장고		6
침구류		3
난방기기		6
응접세트		8
주방용품	유리, 자기	2
	기타	5
알루미늄사다리, 시계		3

법정 내용연수는 세법상 규정된 내용연수를 말한다. 실무에서는 주로 법정 내용연수에 의거하여 결정한다.

라) 감가상각의 잔존가액

잔존가액은 감가상각자산이 내용연수가 끝난 시점에서 폐기될 때 기대되는 추정처분액이다. 감가상각 방법에는 정액법, 정률법, 연수합계법, 비례법 등이 있으며, 회계에서는 이 중 회사의 특성 및 유형자산의 특성에 맞게 어떤 것을 사용하여도 상관없다. 세법에서는 유형자산의 잔존가액을 없는 것으로 하되 정률법에 의한 상각률 계산시 취득원가의 5%로 하고, 동 잔존가액은 감가상각이 종료하는 연도에 전액 상각해야 한다.

또한 무형자산의 잔존가액도 0이다. 즉 취득가액 전부를 비용으로 상각할 수 있는 것이다.

세법에서는 건축물은 정액법, 건축물 이외의 유형자산은 정률법 또는 생산량비례법으로 하도록 정하고 있다.

① **정액법** : 정액법은 매기간 균등한 금액을 상각하는 방법으로서 취득원가에서 잔존가액을 뺀 금액을 내용연수로 나누어 감가상각비를 산출한다.

감가상각비=(취득원가－잔존가액)/내용연수

② **정률법** : 감가상각자산의 장부가액에 정률을 곱해서 계산하는 방법이다. 여기서 장부가액이란 취득원가에서 감가상각누계액을 차감한 금액을 말하며, 각각의 정률은 세법에 의해 정해져 있다.

감가상각비=장부가액×정률

③ **연수합계법** : 감가상각비가 감가상각 첫해는 많이 발생하고 점차 감소하는 방법이다.

감가상각비=(취득원가－잔존가액)×(내용연수를 역으로 표시한 수/내용연수합계)

④ **비례법** : 비례법에는 생산량 비례법과 작업시간 비례법이 있다. 광산의 채굴권, 산림의 채벌권 등의 상각에는 생산량 비례법·특수한 기계·자동차·항공기 등의 상각에는 작업시간 비례법이 이용된다.

<생산량 비례법> 감가상각비=(취득원가－잔존가액)×(당기실제생산량/총추정생산량)

<작업시간 비례법>
감가상각비=(취득원가-잔존가액)×(당기 실제작업시간/총추정작업시간)

⑤ **유형자산의 감가상각 회계처리** : 컴퓨터를 ₩1,000,000을 주고 구입한 경우 내용연수 10년 잔존가치를 0으로 하여 정액법으로 첫 해년도에 감가상각을 하게 되면 다음과 같이 분개한다.

(차) 감가상각비	100,000	(대) 감가상각누계액	100

이때 감가상각누계액은 자산의 평가계정으로 대차대조표에 각 자산의 금액 밑에 기록되어 자산의 가액을 차감하는 형식으로 기재한다.

B/S

비품 1,000,000 감가상각누계액 △100.000	

⑥ **처분** : 유형자산의 처분시 유형자산의 장부가액이 처분가액보다 큰 경우에는 유형자산처분손실이 발생하고 유형자산의 장부가액이 처분가액보다 적은 경우에는 유형자산처분이익이 발생한다.

<예>

취득원가가 ₩1,000,000이고 감가상각누계액인 ₩300,000인 컴퓨터를 ₩400,000에 처분한 경우 다음과 같이 기록된다.

(차) 현금	400,000	(대) 비품	1,000,000
비품감가상각누계액	300,000		
유형자산처분손실	300,000		

2) 충당금설정

충당금에는 부채로 계상되는 부채성충당금과 대손충당금처럼 해당 계정과목을 평가하는 평가성충당금의 두 종류가 있다.

가) 부채성충당금

① **퇴직급여충당금** : 앞으로 종업원이 일시에 퇴직할 것에 대비해 기말에 퇴직급여

로 인식하고 이를 퇴직급여충당금으로 전입하는 것을 말한다. 상여충당금과 마찬가지로 종업원이 대상이므로 임원은 포함되지 않는다.

<예> (차) 퇴직급여 ××× (대) 퇴직급여충당금 ×××

• 제품보증충당금 : 판매한 제품에 결함이 있는 경우 판매 후 일정기간 내에 무료로 수리하는 등의 서비스에 드는 비용을 미리 예상해놓은 충당금이다.

<예> (차) 판매보증비 ××× (대) 판매보증충당금 ×××

② **기타의 부채성충당금** : 그밖에도 건설공사에 있어서 공사상의 하자나 보수공사에서 발생하는 채무에 대비한 공사보증충당금 또는 회사가 판매한 제품에 대해 1년 이상의 장기 품질보증으로 인한 손해배상이나 각종 환경오염으로 인한 손해배상 등에 대비한 손해배상충당금 등이 있다.

③ **특별수선충당금** : 몇 년에 한 번 비율로 많은 금액의 비용이 드는 수선에는 특별수선충당금을 인식한다.

<참 고>

<표 3-48> 공동주택 특별수선충당금 징수대상 및 구성내역

비 목	구 성 내 역
특별수선충당금	– 적립대상 : 300세대 이상의 공동주택, 승강기가 설치된 공동주택, 중앙집중식 난방방식의 공동주택 – 사업주체가 공용부분과 부대시설 및 복리시설에 대해 수립한 장기수선계획에서 정한대로 공동주택의 사용검사 후 1년이 경과한 날로부터 매월 적립하여 장기수선계획에 의해 사용함. – 장기수선계획이 수립되지 않은 공동주택의 경우에는 승강기유지비, 난방비, 급탕비, 수선유지비의 월별 금액을 합한 금액의 3~20%로 함. – 동 비용은 관리비와 구분하여 징수해야 하고, 사용절차는 관리규약으로 정함(실제로는 관리비부과내역서상으로 일괄 부과되어 사용자가 부담하는 경우가 많으나 주택건설촉진법상 부담주체는 소유자가 된다).

나) 대손충당금

매출처의 도산 등으로 받을어음·외상매출금 또는 대여금 등의 수취채권을 회수할 수 없을 경우를 인식하여 기말의 미회수액에 대해서 일정 대손추정률에 따라 대손예상액을 인식한다.

이 대손충당금은 해당계정 아래 차감하는 형식으로 표시한다.

3) 연말정산

일용근로자를 제외한 소득자별 모든 근로소득자에 대하여 매과세연도마다 소득자별로 근로소득원천징수부를 1매씩을 작성하여 비치한다. 근로소득원천징수부에는 근로소득자에 대한 인적사항, 가족사항, 세액공제요건, 각 월별 근로소득 지급명세, 연말정산 등 일체의 모든 사항을 기록한다.

매월 급여에서 공제되는 원천징수세액은 1년간의 부담세액을 예상납부하는 것이므로, 매년 12월에는 1년간 산출된 소득세액과 지금까지 원천징수해온 세액과 비교하여 많으면 환급받고, 부족하면 추가로 납부하는 업무를 하게 된다.

연말정산은 일반적으로는 12월분의 급여를 지급하는 시기에 한다. 단, 부득이한 사정으로 연말정산을 하지 못한 경우에는 다음해 1월분 급여를 지급한 날까지 의무적으로 연말정산을 해야 한다.

이때에는 12월분 급여에 대한 세액을 간이세액표에 의해 징수하여 다음달 10일까지 납부해야 한다. 12월분 급여를 다음해 1월 31일까지 지급하지 못한 경우에도 1월 31일에 지급한 것으로 보아 연말정산을 해야 하며, 세액은 다음 연도 2월 10일까지 납부해야 한다.

또한 당해 연도 중도에 퇴직한 자의 연말정산은 퇴직한 달의 급여를 지급하는 때에 한다.

<참 고>

<표 3-49> 근로자 급여 및 지출사항

◆ 근로자 : 홍길동(621104-1138027. 서울시 종로구 낙원동 100)
◆ 근무처 : 세계(주) 김대표 (210-81-21542. 서울시 강북구 수유동 123)

1. 급여상황
   ① 월급여액(5월~12월) : 월 200만원
   ② 전 근무처(우리(주).108-81-00021) 급여액 : 500만원
   ③ 현근무처 상여금 연 300%(6, 9, 12월)과 특별상여금 100%(12월)
   ④ 월차・연차수당은 12월에 60만원을 일괄지급받음
   ⑤ 현근무처에서 매월 식대 10만원 지급받음(식사제공 없음)
   ⑥ 이미 납부한 원천징수 소득세액 50만원, 주민세액 5만원
2. 가족사항
   배우자, 20세 이하 자녀 2명, 모(만 66세), 본인 외의 가족은 소득이 없음
3. 지출비용
   ① 보험료 지출
      · 국민건강보험료 : 연 30만원
      · 보장성보험 : 생명보험료 연 30만원, 자동차보험 : 연 50만원
   ② 병원치료비등
      · 배우자와 자녀 병원치료비 200만원
      · 어머니 입원치료비 100만원, 약품구입비 40만원, 한약(보약) 30만원
   ③ 교육비 지출
      · 6세이하 자녀 : 유치원비 연 50만원, 태권도 도장비 연 36만원
      · 중학생 등록금 : 연 100만원, 책 구입비 : 연 20만원
   ④ 기부금 지출
      · 수재의연금 50만원
   ⑤ 국민연금보험료
      · 납부액 : 연 100만원
4. 저축금액
   ① 근로자주택마련저축 불입액 : 연 100만원
   ② 장기주택저당차입금 이자상환액 : 연 100만원
   ③ 개인연금저축(2000년 10월가입) 불입액 : 연 100만원
5. 신용카드 사용액
   ① 병원진료비 중 200만원을 신용카드로 결재
   ② 2001. 11월 가전제품 구입 200만원(1년할부)
   ③ 기타 잡화 등 구입비 600만원
   ④ 2001. 9월 현금서비스 50만원 받음

*국세청 제공 종합사례(http://www.nts.go.kr)

<표 3-50> 항목별 계산금액

1. 총급여 (3,000만원)
   ① 주(현)근무처 급여총액 : 1,700만원
      －급여액 1,600만원(200만원×8개월)＋월·연차수당 60만원＋식대 40만원(월 5만원까지 비과세. 5만원×8개월)
   ② 주(현)근무처 상여총액 : 800만원 (200만원×400%)
   ③ 종(전)근무처 급여총액 : 500만원
      ※ 비과세급여 : 40만원

2. 근로소득공제 (1,050만원)
   －900만원＋(3,000만원－1,500만원)×10%＝1,050만원

3. 기본공제 및 추가공제(550만원)
   ① 기본공제 : 500만원(본인, 배우자, 부양가족 3명)
   ② 추가공제 : 50만원(경로우대자 1명)

4. 특별공제(690만원)
   ① 보험료 공제 : 100만원
      －국민건강보험료(의료보험료) : 30만원(전액)
      －보장성보험 : 70만원(일반보장성보험 지출액 80만원이나 한도 70만원)
   ② 의료비 공제 : 250만원
      －공제대상의료비는 의료비총액 340만원(보약값 제외)에서 총급여액의 3%(90만원)을 차감한 250만원으로 공제한도 300만원 이내
   ③ 교육비 공제 : 150만원
      －6세이하 자녀 유치원비 50만원, 중학생 등록금 100만원
      *태권도 도장비와 책 구입비는 공제대상이 아님
   ④ 주택자금 공제 : 140만원
      －근로자주택마련저축 불입액의 40%(40만원)과 장기주택저당차입금 이자상환액(100만원)의 합계액(140만원)으로 공제한도 300만원 이내
   ⑤ 기부금 공제 : 50만원
      －수재의연금 50만원(전액)

5. 연금보험료공제 (50만원)
   －납부보험료등의 50%(100만원×50%)

6. 기타 소득공제 (180만원)
   ① 개인연금저축 소득공제 : 40만원(불입액의 40%(40만원))
   ② 신용카드 등 소득공제 : 140만원
      －공제대상 사용액(1,000만원)중 총급여액의 10%(300만원)를 초과하는 금액 700만원의 20%(140만원)를 공제(500만원과 총급여의 20%(600만원)중 적은 금액 한도)
      * 현금서비스 사용액은 공제대상이 아님

7. 세액공제 (21만 6천원)
   ① 근로소득 세액공제 : 21만 6천원(산출세액(48만원)×45%)

<표 3-51> 소득공제신고서

☑ 근로소득자 소득공제신고서
☐ 소득공제신고서

소득자	① 성명	홍길동	② 주민등록번호	621104-1138027
	③ 주소	서울시 종로구 낙원동 100		
근무처	④ 명칭	세계(주)	⑤ 대표자 성명	김대표
	⑥ 사업자등록번호	210-81-21542	⑦ 소재지	서울시 강북구 수유동 123

소득공제명세(2001년)

공제대상	구분	⑧관계	⑨성명	⑩자산합산대상 소득외의 소득	⑪주민등록번호	⑫주소	⑬공제액
기본공제	본인	본인	홍길동		6211041138027	종로구낙원동 100	1,000,000
	배우자	배우자	김○○		6401011234567	〃	1,000,000
	부양가족	자	홍○○		8705051234678	〃	1,000,000
	〃	자	홍○○		9611122345892	〃	1,000,000
	〃	모	이○○		3510102356895	〃	1,000,000
	〃						
	〃						
추가공제	경로우대	모	이○○		3510102356895	〃	500,000
	〃						
	장애자						
	부녀자						
	자녀양육비						
	〃						
소수공제자추가공제							
특별공제	보험료	본인	홍길동				1,000,000
	의료비	모외	이○○외				2,500,000
	교육비	자	홍○○외				1,500,000
	주택자금	본인	홍길동				1,400,000
	기부금	본인	홍길동				500,000
	계						6,900,000
	표준공제						
연금저축	2001.1.1이후 가입분						
	2000.12.31이전가입분	본인	홍길동				400,000
투자조합출자공제							
신용카드소득공제		본인외	홍길동외				1,400,000
공제액계							14,200,000

※ 참고사항(세액공제명세)

공제종류	공제대상(저축)금액	공제율	세액공제액	공제한도액

2001년 12월 일

신고인 홍길동 (서명 또는 인)

귀하

※ 작성요령 및 구비서류 : 소득공제신고서 뒤쪽을 참조하시기 바랍니다.

4) 경영분석

경영분석이란 회사의 재무활동 · 생산 · 판매 · 관리 등 경영활동 전반에 대한 분석으로 기업의 안정성 · 수익성 · 생산성 · 비용효율 등을 다루고, 재무상태나 경영성적을 비교 분석한다.

가) 회사의 재무능력 분석

① **유동비율** : 유동비율은 기업의 채무지급능력을 알 수 있는 비율이다. 기업의 신용도 평가에 가장 많이 영향을 미치는 비율로서 지급어음 · 외상매입금 등 이러한 채무에 대한 지급능력이 어느 정도인가를 평가하는 데 있어 사용되는 비율이 유동비율이다.

유동비율이 클수록 그 회사의 지급능력이 안정되어 있다고 말할 수 있다.

유동비율(%) = 유동자산/유동부채×100

② **당좌비율** : 당좌비율은 유동자산 중 비화폐성 자산을 제외한 당좌자산과 유동부채의 비율로 계산한 비율이다. 이는 유동비율보다 재무상환능력을 더욱 명확하게 나타내는 실질적인 비율이다.

당좌비율(%)=당좌자산/유동부채×100

③ **고정비율** : 고정비율이란 설비투자와 자금의 균형상태를 알 수 있는 비율로 고정자산을 자기자본으로 얼마만큼 충당했는가를 나타내는 비율을 말한다. 고정자산은 장기에 걸쳐서 운용되는 자산이기 때문에 이에 투하된 자본은 원칙적으로 장기간 이용이 가능한 자기자본으로 조달하는 것이 건전하다. 고정비율은 통상 100% 이하인 것이 바람직하다고 본다. 고정비율이 너무 높아지면 안정성있는 회사라고 말할 수 없게 된다.

고정비율(%)=고정자산/자기자본×100

④ **고정장기적합률** : 고정자산에의 자본의 비중을 타인자본과 자기자본을 합쳐 분석한 비율이다. 타인자본 중 장기차입금 · 사채 등의 고정부채는 장기에 걸쳐 상환하는 것이므로 안정된 자본이라 할 수 있으므로, 이에 자기자본을 더해서 고정자산과의 비율을 산출한 것이다.

고정장기적합률(%)=고정자산/(자기자본+고정부채)×100

⑤ **이자보상비율** : 이자보상비율은 회사의 영업이익으로 회사가 지급하는 이자비용을 감당할 수 있는가를 측정하는 비율이다.

이자보상비율=(세전순이익+금융비용)/금융비용×100

나) 회사의 수익력 분석

① **총자본순이익률** : 회사의 수익력을 알 수 있는 비율로 투하한 자본에 대해서 얼마만큼의 이익을 얻을 수 있는가로 판단한다.

총자본순이익률(%)=당기순이익/총자산(=총자본)×100

② **자기자본순이익률** : 이는 자기자본이 올린 이익률을 알아보는 것으로 당기순이익을 자기자본으로 나눈 비율을 말한다.

자기자본순이익률(%)=당기순이익/자기자본×100

③ **총자본경상이익률** : 총자본경상이익률은 총자본에 대한 경상이익의 비율로서 투하자본에 대한 회사본래의 수익력을 표시한다. 따라서 총자본경상력이 안정되었다는 것을 알 수 있게 해준다.

자기자본순이익률(%)=당기순이익/자기자본×100

5) 회계감사

가) 주식회사의 외부감사에 관한 법률

주식회사의외부감사에관한법률은 간단히 '외감법'이라고도 하는데 주식회사가 독립된 외부의 감사인으로 하여금 해당 회사에 대하여 회계감사를 실시하여 회계처리의 적정성에 대한 의견을 표명하게 함으로써 이해관계자를 보호하기 위해 제정되었다.

이 법에 의하면 직전사업년도 말 자산총액 70억 원 이상인 회사는 반드시 외부감사계약을 체결하고 외부감사를 받도록 하고 있으며, 감사계약 체결사실을 증권선물위원회에 보고하도록 하고 있다.

또한 회사는 정기주주총회 이후 2주 이내 증권선물위원회에 감사보고서를 제출하여야 한다.

나) 공동주택관리업무 회계감사

관리주체는 공인회계사 등에 의한 감사실시 여부를 사전에 입주자 대표회의와 협의하여 결정한다. 또한 관리주체는 공인회계사 등에 감사를 받은 경우 그 결과를 입주자 대표회의에 보고하고, 감사보고서를 비치하여 입주자 또는 이해관계인이 열람할 수 있도록 해야 한다.

6) 납세준비

가) 결산 후의 납세

결산 후에 법인이 내야 할 세금은 법인세, 법인세할주민세, 농어촌특별세, 사업소제 등이 있다.

① **법인세** : 기업회계기준에 따라서 작성된 재무제표의 이익 또는 손실은 법인세법의 규정에 따라 이를 수정하는 세무조정을 한다. 여기서 세무조정이란 기업회계기준에 의한 기간손익이 세법의 규정과 비교하여 과소계상되어 있는 부분을 가산하고, 반대로 과대계상되어 있는 부분은 차감하는 절차를 말한다.

납세의무가 있는 모든 회사는 결산확정일로부터 15일(외부조정계산서 첨부시는 30일) 이내에 과세표준과 세액을 서면으로 세무서에 신고해야 한다. 여기서 결산확정일이란 주주총회에서 당해 사업년도의 결산과 잉여금 처분을 확정한 날을 말한다.

신고서의 제출은 관할세무서 접수처에 직접 가지고 가서 접수도장을 받아 후일의 증거로 남기는 것이 원칙이다.

세금의 납부는 은행에서도 가능하며, 법인세의 납부기한은 사업년도 종료일로부터 3월 이내에 과세표준과 세액을 관할세무서장에게 신고·납부하여야 한다. 따라서 정해진 기한 내에 자진납부를 하지 않으면 가산세를 물게 된다.

- 법인세의 중간예납 : 법인세의 사업년도 종료 후 세액을 확정하여 신고·납부하게 되어 있는데, 법인들의 사업년도가 대부분 비슷한 시기에 있어 세액의 납부가 일정기간에 집중적으로 행해지고 있다. 따라서 이러한 집중납세 현상을 해소하기 위해 중간예납이라는 제도를 두고 있다. 이는 사업년도가 6개월을 초과한 법인에 대해서 중간예납기간(사업년도 개시일에서 6개월간)을 두어 그 기간의 법인세액을 중간예납기간이 경과한 날로부터 60일 이내에 신고 납부하도록 하는 제도이다.

② **주민세** : 회사는 소재지인 시나 군에 주민세를 납부하고 지방재정에 공헌하는 것이 의무로 되어 있다. 회사에 부과되는 주민세에는 균등할과 법인세할이 있다. 균등할은 회사의 자본금이나 종업원 수에 의해서 세액이 결정되며, 이것은 회사의 손익과는 관계없이 일률적으로 부과된다. 반면 법인세할은 당해 사업

년도의 법인세액을 토대로 부과되며, 법인세액이 많을수록 세액이 증가한다. 법인이 두 군데 이상의 시나 군에 사무소를 두고 있는 경우의 법인세할은 법인세액을 사업소 종업원 수 등의 기준으로 나눈 후 주된 사무소, 또는 본점 소재지의 관할 시나 군에 균등할을 첨가하여 납부해야 한다.

③ **사업소세** : 사업소세는 도시 등의 환경개선과 정비에 필요한 비용에 충당하기 위하여 특정지역 내에 사업소를 두고 사업을 경영하는 사업주에게 부과되는 목적세이다. 사업소세에는 재산할과 종업원할이 있다.

재산할의 과세표준은 납기개시일 현재의 사업소의 연면적이며, 종업원할의 과세표준은 매월 말일 지급한 종업원의 급여총액으로 한다.

제4장 건물자산조세관리

제1절 조세의 의의와 세무용어개념

건물자산을 관리함에 있어서 세법에 의한 세금과 부동산상법에 의한 교통유발부담금, 환경개선부담금 등을 납부해야 한다. 또한 이와 같은 건물자산세무처리를 위해서는 세무용어개념, 세무실무절차 및 세법 등 관계법의 내용을 숙지해야 한다.

1. 조세의 의의

세금이란 개인이나 기업에게 부과되는 조세의 금액을 말한다. 개인생활이나 가정생활을 영위하기 위해서는 자금이 필요하다. 기업도 마찬가지이다. 국가나 지방자치단체가 국민의 생활과 재산을 보호하고 국가경제를 발전시키기 위해서는 재정수입이 있어야 한다. 그 재정수입의 대부분은 조세수입에서 충족된다.

조세(tax)란 국가나 지방자치단체가 재정수입을 조달할 목적으로 납세의무가 있는 모든 사람에게 개별적인 반대 급부없이 강제적으로 거두어들이는 금전적인 가치이다.

따라서 조세되는 세금은 다음과 같은 특징을 가지고 있다.

첫째, 국가나 지방자치단체가 실업자를 t구제하고 국민생활을 편리하게 해주기 위해 필요한 재원을 조달한다는 목적을 갖고 있다.

둘째, 납세의무가 있는 모든 사람에게 강제적으로 징수된다.

셋째, 세금은 특정한 개별보상을 하지 않고 일반보상의 성격을 갖고 있다.

넷째, 세금은 현금이나 수표 등의 금전에 의하여 납부하는 것을 원칙으로 하고 있다. 다만 법인세나 상속세 등은 현물납부도 예외적으로 인정(물납제도)하고 있다.

2. 세무용어개념

세법에서 사용하는 세무관계 주요 용어와 그 정의는 다음과 같다.

(1) 납세자와 납세의무자

납세자란 세금을 실제로 납부하는 자로서 납세의무자와 징수의무자를 총칭하는 개념으로 다음과 같이 분류할 수 있다.

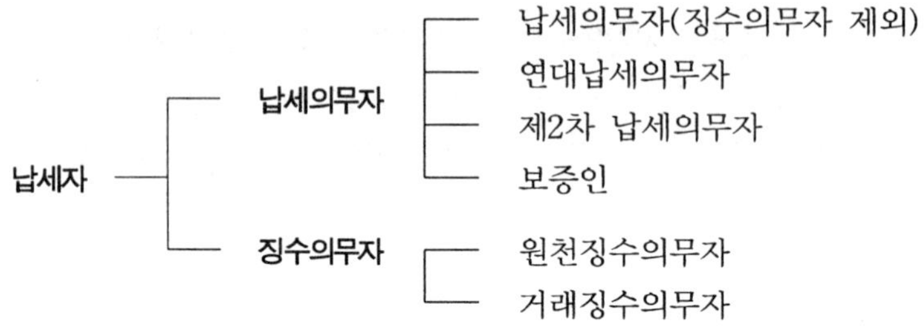

1) 납세의무자

납세의무자라 함은 세법에 의하여 국세를 납부할 의무(징수의무 제외)가 있는 자를 말한다.

2) 연대납세의무자

하나의 납세의무를 2인 이상이 연대하여 납부할 의무를 지는 것을 연대납세의무라 하며, 이는 여러 명의 채무자가 채무전부를 이행할 의무가 있고, 채무나 1인의 채무이행으로 다른 채무라도 그 의무를 면하게 되는 민법상의 연대채무를 준용하는 것이다. 법인세법상 청산인과 잔여재산 분배를 받은 자의 연대납세의무와 상속세법상의 상속인, 또는 수증자의 연대납세의무, 그리고 소득세법상의 자산합상대상 가족의 연대납세의무 등이 있다.

3) 제2차 납세의무자

납세자가 납세의무를 이행할 수 없는 경우에 그 부족분에 대하여 납세자를 대신하여 납부할 의무를 지는 자를 말하며, 국세기본법상 제2차 납세의무자에는 다음과 같은 것이 있다.

(2) 가산세

가산세는 세법에서 규정하는 각종 의무의 성실한 이행을 확보하기 위하여 그 세법에 의하여 산출한 세액에 가산하여 징수하는 금액을 말하며, 가산금은 이에 포함되지 않는다.

(3) 가산금과 중가산금

국세를 납부기한까지 납부하지 아니한 때에 국세징수법에 의하여 고지세액에 가산금을 가산하여 징수하게 되는데, 여기서 가산금이란 국세를 납부기한까지 완납하지 아니한 경우 체납된 국세의 5/100를 고지세액에 가산하는 가산금과 납부기한이 경과한 날로부터 매 1월이 경과할 때마다 체납된 국세의 12/1,000를 가산하는 중가산금을 말한다.

이 경우 중가산금을 가산하여 징수하는 기간은 60월을 초과하지 못하며, 체납된 국세가 50만원 미만인 경우에는 중가산금을 징수하지 않는다.

(4) 체납처분비

국세징수법 중 체납처분에 관한 규정에 의한 재산의 압류・보관・운반과 공매에 소요된 비용을 말한다.

(5) 과세기간

과세기간은 세법에 의하여 국세의 과세표준계산에 기초가 되는 기간을 말한다.

(6) 과세표준

과세표준은 세법에 의하여 직접적으로 세액산출의 기초가 되는 과세물건의 수량 또는 가액을 말한다.

(7) 과세표준신고서 및 과세표준 수정신고서

과세표준신고서는 국세의 과세표준과 국세의 납부 또는 환급을 위하여 필요한 사항을 기재한 신고서를 말하며, 과세표준 수정신고서는 당초에 제출한 과세표준신고서의 기재사항을 수정하는 신고서를 말한다.

(8) 법정신고기한

법정신고기한은 세법에 의하여 과세표준신고서를 제출하여야 할 기한을 말한다.

(9) 체납자와 체납액

체납자는 국세를 납부기한까지 납부하지 아니한 납세자를 말하고, 체납액이라 함은 체납된 국세, 그 가산금과 체납처분비를 포함한 것을 말한다.

제2절 건물자산관리와 세무

1. 세무관리의 범위

관리대상 건물이 일반임대용 건물일 때 세무관리의 범위는 관리대상 건물과 토지에 대해 취득하거나, 보유 · 양도하는 경우에는 취득세 · 등록세 · 재산세 · 소득세 · 양도세 등은 물론 관리업무를 담당하는 직원, 일용근로자, 용역제공자의 근로소득에 대한 보수에서 소득세를 원천징수하여 납부를 대행하는 업무 등이 건물관리에 있어서 세무관리 범위에 해당한다.

2. 사업자등록

① 일반임대 건물의 경우에는 건물소유자 개인 또는 법인의 이름으로 임대사업자 등록을 해야 한다.

② 공동주택 관리사무소인 경우에는 부가가치세법 제5조에 의거하여 관리사무소는 구분소유자로 구성되는 입주자 대표회의 회장 명의로 관할세무서에 사업자 등록을 필하고 사업자등록증을 교부받아야 하며, 매년 1월과 7월에 관할세무서에 신청하여 사업자등록을 검열받아야 한다.

3. 공동주택 관리와 조세

(1) 갑종 근로소득세

근로소득이란 근로를 제공하고 받는 대가로서 봉급(급료) · 보수 · 임금 · 상여 · 수당 등 명칭이나 형식에 불구하고 모든 근로제공의 대가로 구성하게 되며, 현금이 아닌 현물급여도 원칙적으로 근로소득에 포함된다. 그리고 근로소득은 지급자에 따라 갑종 근로소득과 을종 근로소득으로 구분된다. 이 중에서 갑종 근로소득은 다음과 같은 경우에 해당된다.

① 근로의 제공으로 인하여 받는 봉급 · 급료 · 보수 · 세비 · 임금 · 상여 · 수당과 이와 유사한 성질의 급여

② 법인의 주주총회, 사원총회 또는 이에 준하는 의결기관의 결의에 의하여 상여로 받는 소득

③ 법인세법에 의하여 상여로 처분된 금액

④ 퇴직으로 인하여 받는 소득으로서 퇴직소득에 속하지 아니하는 소득

1) 근로소득의 과세방법

근로소득의 징수방법은 다음과 같다.

- **근로소득**
  - **갑종 근로소득**
    - 일반급여 : 매월 급여지급시 원천징수를 하게 되며 연말정산을 하여야 한다.
    - 일용근로자의 급여 : 분리과세 원천징수로서 납세가 종결된다.
  - **을종 근로소득** — 원천징수를 하지 않고 종합과세를 하게 된다.

2) 갑종 근로소득세의 범위

① 당해 연도에 발생한 근로소득으로서 원천징수의 대상이 되는 소득이다.

② 근로의 제공으로 인하여 받는 봉급・급료・보수세비・임금・상여수당과 이와 유사한 성질의 급여

③ 법인의 주주총회・사원총회, 기타 이와 유사한 의결기관에서 상여로 받은 소득

④ 법인세법에 의하여 상여로 처분된 금액

⑤ 퇴직금으로 인하여 지급받은 소득으로서 이때 국민연금법 제75조의 규정에 의하여 사용자가 국민연금기금에 납부하는 종업원의 퇴직전환금은 퇴직급여에 포함되는 것으로 본다.

3) 갑종 근로소득 금액의 계산

① 일반급여는 급여액에서 보험료・의료비・교육비・근로소득 등을 공제한 금액

② 일용근로자가 일급 또는 시간급으로 받은 급여, 일급여에서 근로소득공제(1일 50,000)를 제한 금액

4) 소득세 징수 및 납부 대행

① 관리사무소에서는 관리직원 등에 대한 다음의 소득금액 또는 수입금액을 지급하는 경우 그 관리직원에 대한 소득세를 원천징수하여야 한다(소득세법 제142조).

② 대통령령이 정하는 자유직업에서 발생하는 사업소득에 대한 수입금액

③ 갑종에 속하는 근로소득 금액

④ 갑종에 속하는 퇴직소득 금액

5) 원천징수 납부시기

근로소득에 대한 원천징수 시기는 원천징수 의무자가 매월분의 급여를 지급하는 때이다.

다만 관할 세부서장에게 직전 연도의 11월 1일부터 12월 31일까지 신청하여 다음 연도 1월 31일까지 분기별 납부승인을 얻은 자는 종업원의 근로소득에 대한 원천징수 세액을 매분기별로 분기의 마지막 달의 다음달 10일까지 납부할 수 있다.

(2) 부가가치세

부가가치세는 재화(상품 등)의 거래나 서비스(용역)의 모든 유통과정에서 나타난 부가가치(매출액－매입액)에 대하여 과세되는 간접세의 대표적인 세금이다.

우리나라에서는 1977년 7월 1일부터 시행되어온 세금이다.

1) 납세의무자

납세의무자는 사업자이다. 사업자는 일반과세자와 간이과세자, 과세특례자로 구분한다.

2) 과세기간

부가가치세의 과세기간은 6개월이다.

① 1기 : 1.1 ~ 6.30
② 2기 : 7.1 ~ 12.31

3) 과세대상

우리의 일상생활 중에는 여러 가지 경제적인 거래가 이루어지는데, 그 중에서 부가가치세가 과세되는 거래는 크게 재화의 공급, 용역의 공급, 그리고 재화의 수입으로 나누어볼 수 있다.

이 경우 재화와 용역의 공급은 반드시 사업상의 공급이 되는 것이어야 하나, 재화의 수입은 사업유무에 불구하고 외국으로부터 수입되는 재화는 모두 과세대상이 된다.

① **재화** : 재산적 가치가 있는 유체물 및 무체물
- 유체물 : 상품, 기계 등
- 무체물 : 전기, 동력, 열, 광업권 등

② **용역** : 재화 이외의 재산적 가치가 있는 서비스를 제공하거나 시설물 또는 권리를 사용하게 하는 것

(3) 주민세

주민세란 지방자치단체가 당해 시·군 내에 주소를 둔 개인이나 사무소 또는 사업소를 둔 법인에게 부과하는 조세로서 소득 유무에 관계없이 균일하게 부과하는 주민세와 소득세·법인세·농지세 등을 과세표준으로 하여 부과하는 소득할 주민세 등 두 가지 종류가 있다.

4. 일반임대건물에 관련된 조세

일반임대건물의 관련조세는 대체로 다음과 같으나 <부동산 관련 조세>편에서 구체적으로 기술하고자 한다.

(1) 종합토지세

일반적으로 부동산을 보유하는 기간 중 토지에 대해서는 종합토지세를 부담하여야 하고, 주택과 같은 건물에 대해서는 재산세를 부담하여야 한다.

종합토지세는 개인이나 법인이 가지고 있는 전국의 모든 토지를 소유자별로 합산하여 그 토지가액에 따라 누진세율을 적용하여 과세하는 지방세이다.

종합토지세는 원칙적으로 모든 토지를 합산하여 과세하여야 하나, 과세대상 토지를 종합합산 과세대상, 별도합산 과세대상, 분리 과세대상의 3가지로 나누어 각각 별도의 과세표준과 세율을 적용하고 있다.

이것은 이용형태가 다양한 전국의 3,200만 필지에 대하여 하나의 세금체계 속으로 획일적으로 과세한다는 것이 현실적으로 어려움을 나타내주고 있다.

(2) 재산세

재산세는 건물·선박·항공기 등 등록된 재산에 대하여 부과되는 세금이다.

재산세의 납세의무자는 5월 1일(과세기준일) 현재 재산세과세대장에 재산의 소유자로 등재된 재산명의자가 된다. 다만 권리의 양도, 도시계획사업의 시행, 또는 기타 사유로 인하여 재산세과세대장에 등재된 자의 권리에 변동이 생겼거나 재산세과세대장에 등재가 되지 아니하였을 때에는 사실상의 소유자가 재산세를 납부할 의무를 진다. 또한 소유권의 귀속이 분명하지 아니하여 소유권을 알 수 없을 때에는 그 사용자가 재산세를 납부할 의무를 진다.

(3) 취득세 및 등록세

지방세법상 부동산의 취득에 관련된 주요한 세금으로 취득세와 등록세가 있다.

취득세의 과세대상은 토지 · 건물뿐만 아니라 골프회원권 · 콘도회원권 · 차량 · 중기 · 항공기를 취득하였을 때에도 취득세가 부과된다. 또한 매매 · 신축 · 상속 · 증여 · 교환 등 일체의 방법에 의하여 유 · 무상으로 부동산을 취득하였을 경우에도 해당된다.

등록세는 재산권 및 기타 권리의 취득 · 이전 · 변경 등에 관한 사항을 공부에 등기 · 등록하는 경우에 부과되는 세금이다.

(4) 사업소득세

사업을 하는 경우에는 원칙적으로 부가가치세를 내야 하며, 모든 사업자는 소득세 납세의무가 있다. 또한 특별소비세를 내야 하는 업종도 있다.

1) 사업을 하는 경우 원칙적으로 부가가치세를 내야 한다

그러나 다음과 같이 생활필수품의 판매나 의료 · 교육관련 용역의 제공 또는 신문 · 도서출판, 판매의 경우에는 부가가치세를 내지 않는다.

① 곡물 · 과실 · 육류 · 생선 등 가공되지 아니한 식료품 판매
② 연탄 · 무연탄 · 담배 · 복권의 판매
③ 병 · 의원의 의료보건 용역업
④ 허가받은 학원 · 강습소 · 교습소 등 교육용역업
⑤ 도서 · 신문 · 잡지발간

2) 모든 사업자는 소득세 납세의무가 있다

사업을 해서 얻는 소득에 대해서는 소득세를 내야 한다. 그러나 소득세는 여러 가지 공제제도가 있어 영세사업자는 다음해 5월 중 소득세 확정신고를 하는 경우 공제혜택을 받아 소득세를 내지 않는 때가 있다.

사업을 위하여 종업원을 채용하여 급여를 지급할 경우 급여액에 따라 근로소득을 원천징수하여 납부하여야 한다.

3) 소득할 주민세를 신고 납부하여야 한다

소득세를 확정신고 납부한 후 이에 따른 소득할 주민세(소득세액의 7.5%)도 6월 30일까지 관할 시 · 군 · 구청에 신고하여야 한다.

4) 특별소비세를 내야 하는 업종도 있다

사업을 하는 사업자는 부가가치세와 소득세의 특별소비세를 다음과 같은 경우에는 납부하여야 한다.

① 카바레 · 나이트클럽 · 요정 · 사롱 · 디스코클럽 등 과세유흥장소
② 귀금속 · 고급가구 · 모피의복 등의 제조

특별소비세의 신고는 부가가치세 신고와 별도로 매월 신고를 하여야 한다.

(5) 부가가치세 · 주민세 · 갑종 근로소득세

① 공동주택관리에 관련된 조세 참조

(6) 기타 지방세

1) 도 세

등록세 · 취득세 · 면허세이다.

2) 시군세

① 보통세 · 주민세 · 재산세 · 자동차세 · 농지세
② 목적세 · 도시계획세 · 소방공동시설세 · 사업조세

3) 재산세

① 재산세에는 개인이 소유하는 재산순액이 아니라 재산총액(순재산액+그 재산에 포함된 부채액)을 과세표준으로 하여 그 소유자의 조세부담 능력에 관계없이 부과하는 물세이다.
② 과세대상 및 과세표준

재산세의 과세대상은 토지 · 건물 · 광구 · 선박이고, 과세표준도 재산가액이다.

5. 환경개선부담금

(1) 과세대상

① 연면적 1000m^2 이상의 시설물(관리사무소의 경우 임대상가가 과세대상)
② 경유사용 자동차
③ 면제대상 : 사회복지시설, 주택, 분할 또는 공동소유로서 1인 기준 50m^2 미만

인 시설물

(2) 납세의무자

과세대상 소유자(소유자가 불분명할 때에는 점유자)

1) 대기오염물질 배출

연료사용량×단위당 부과금액×연료계수×지역계수

2) 수질오염물질 배출

용수사용량×단위당 부과금액×오염유발계수×지역계수

3) 자동차부담료

8100×오염유발계수×차량계수×지역계수

(3) 납세방법

1) 부과기준일

① **상반기** : 6월 30일
② **하반기** : 12월 31일

2) 부과기간

① **상반기** : 1월 1일~6월 30일
② **하반기** : 7월 1일~12월 31일

3) 납 기

① **상반기** : 9월 16일~9월 30일
② **하반기** : 3월 16일~3월 30일

(4) 교통유발 부담금

교통유발 부담금이란 대도시의 건물이나 시설물에 대해 교통유발 정도에 따라 부과하는 부담금을 말한다.

도시교통 정비촉진법 11조에 근거하여 1990년 처음으로 시행되었으며, 매년 1회씩 부과한다.

부과대상 지역은 서울특별시와 5개 광역시 및 전주·마산·포항·청주 등 11개 도시이다. 부과대상시설은 건축물의 연면적이 1,000㎡ 이상인 시설물이며 분할소유 시설물인 경우에는 1인 소유면적이 30㎡ 미만이면 부담금이 면제된다. 징수된 부담금은 전액 각 지방자치단체별로 지방교통사업 특별회계의 세입으로 귀속되어 교통시설의 설치·개선 등을 위한 사업비로 쓰인다.

2001년부터는 초·중·고등학교에 대한 교통유발 부담금을 부과하는 방침이 폐지된다. 교육시설물에 대한 교통유발 부담금을 물리기로 한 종전의 입장을 바꾸어 제외시키기로 하였는데, 대학은 여기에서 제외되어 부담금을 납부해야 한다. 그리고 시설물 소유자가 주차장 유료화, 승용차 10부제, 통근버스 운영 등 교통수요 감축프로그램을 실시할 경우에는 부담금의 최대 90%까지 경감받는다.

(5) 세무처리

1) 세금예입

징수된 갑종 근로소득세, 주민세는 예수금 과목으로 공제당일 은행에 예입한다.

2) 세금납부

① **납부기한** : 익월 19일한

② **국세** : 국고금 또는 지정납입처에 납부한다.

③ **지방세** : 시금고 또는 지정납입처에 납입한다.

3) 비치장부 및 서류

① 원천과세 징수부

② 소득자별 근로소득 원천징수부

③ 부가가치세 원장

④ 부가가치세 매출장

⑤ 기타 연말정산에 필요한 서류

제3절 부동산관련조세

1. 부동산관련조세의 종류와 내용

부동산(건물)관리와 관련된 조세의 종류는 다음과 같이 부동산 취득·보유·처분에 따른 조세로 분류되며, 부동산관련조세의 종류와 내용은 다음과 같다.

(1) 부동산취득에 따른 조세

① 취득세(농어촌특별세 10% 포함)
② 등록세(지방교육세 20% 포함)
③ 건물신축 또는 매입시 부가가치세 환급
④ 증여세(자금출처가 불분명한 경우 : 개인에게만 적용)
⑤ 상속세

(2) 부동산보유에 따른 조세

① 건물분 재산세(지방교육세 20% 포함)
② 토지분 종합토지세(지방교육세 20%, 농어촌특별세 10%~15% 포함)
③ 부동산임대에 따른 부가가치세 신고납부
④ 부동산임대에 따른 소득세와 법인세의 신고납부(주민세 10% 포함)
⑤ 도시계획세
⑥ 공동시설세
⑦ 사업소세

(3) 부동산처분에 따른 조세

① 부동산양도에 따른 부가가치세(토지 제외, 건물만 해당)
② 부동산양도에 따른 양도소득세(개인), 사업소득세(부동산매매업자 및 건물신축판매업자)
③ 법인세(특별부가세 포함, 법인에게만 적용)

이 책에서는 건물관리에 관한 조세(세금)만 연구의 대상이므로 부동산관리와 관련한 조세 중 부동산취득에 따른 조세와 부동산보유에 따른 조세만 설명하기로 한다.

2. 부동산취득 관련조세

부동산취득에 따른 조세는 취득세 · 등록세 · 건축신축 또는 매입시의 부가가치세 · 증여세 · 상속세 등이 있으나 여기에서는 건물자산관리와 관련된 취득세 · 등록세 · 부가가치세에 관해서만 설명하기로 한다.

(1) 취득세

1) 의 의

취득세는 재산의 취득행위를 과세대상으로 하는 지방세로서 원칙적으로 취득일로부터 30일 이내에 신고 납부하여야 한다(농어촌특별세 포함).

2) 납세의무자

취득세 납세의무자는 부동산 등 과세대상을 사실상으로 취득한 자이다. 따라서 개인과 법인 모두 납세의무자가 될 수 있다.

취득이라 함은 매매 · 교환 · 상속 · 증여 · 기부, 법인에 대한 현물출자, 건축, 공유수면의 매립, 간척에 의한 토지의 조성 등과 기타 유사한 취득으로서 원시취득 · 승계취득 또는 유상 · 무상을 불문한 일체의 취득을 말한다.

3) 과세대상

취득세 과세대상에는 ① 부동산(토지 및 건축물), 차량, 기계장비, 입목, 항공기, 선박, 광업권, 어업권, 골프장, 콘도미니엄회원권, 종합체육시설 이용회원권, ② 건축물의 증개축, ③ 토지의 지목변경, ④ 선박 · 차량 · 기계장비의 종류변경, ⑤ 과점주주의 소유주식 또는 지분에 해당하는 당해 법인의 주식 등이 있다.

4) 과세표준

① 취득세의 과세표준은 취득당시 취득자가 신고한 가액으로 한다. 다만, 연부로 취득하는 경우에는 연부금액으로 한다. 그러나 신고가액이 시가표준액에 미달하는 경우 등의 경우에는 시가표준액에 의한다.

- 시가표준액

  예 토지 : 개별공시지가×과세표준액 적용비율

  예 건축물 : 지방자치단체의 장이 조사결정한 가액

- 건축물의 시가표준액＝신축건물 기준가액×구조지수×용도지수×지역지수 ×경과년수별 잔가율×면적(㎡)×가감산율

② 국가 등으로부터 취득한 다음의 경우에는 사실상 취득가격에 의한다.

- 국가, 지방자치단체, 지방자치단체조합으로부터의 취득
- 외국으로부터의 수입에 의한 경우
- 판결문, 법인장부에 의해 취득가격이 입증되는 경우
- 공매·경매에 의한 취득

5) 세 율

가) 일반세율

2%의 표준세율로 하여 당해 표준세율의 50%범위 내에서 조례에 의해 가감 조정이 가능하다.

나) 중과세율

① **사치성재산** : 일반세율의 5배 중과

② **과밀억제권역 내 공장의 신설, 증설을 위한 사업용 과세물건** : 일반세율의 3배 중과

③ **과밀억제권역 내 본점, 주사무소의 사업용 부동산** : 일반세율의 3배 중과

6) 취득시기

가) 유상승계취득

계약서상 잔금지급일로 하되 계약상 잔금지급일이 명시되지 아니한 경우에는 계약일로부터 30일이 경과되는 날로 한다. 다만 다음의 경우에는 사실상의 잔금지급일로 한다.

① 잔금을 계약상의 지급일 이전에 사실상 지급한 경우
② 국가 등으로부터 취득한 경우

나) 무상승계취득

그 계약일로 하되 상속으로 인한 취득의 경우는 상속개시일

다) 연부로 취득하는 것

사실상의 연부금액지급일

라) 취득일 전에 등기·등록한 것

위의 세 가지 경우 취득일 전에 등기·등록한 경우에 그 등기일 또는 등록일

마) 건축물

허가를 받은 경우 사용승인서 교부일. 다만 사용승인서 교부일 이전에 사실상 사용하거나 임시사용승인을 받은 경우에는 사실상의 사용일 또는 임시사용승인일로 하고, 허가를 받지 않은 경우에는 그 사실상의 사용일로 한다.

바) 토지의 지목변경

사실상 변경된 날. 사실상 변경된 날을 알 수 없는 경우에는 공부상의 지목변경일

7) 비과세 및 감면

가) 비과세

① 국가 등에 대한 비과세
② 용도구분에 의한 비과세
③ 대체취득에 의한 비과세(재해 등 불가항력으로 멸실 또는 파손된 자산의 2년 내 취득 등)
④ 형식적인 소유권 취득 등에 대한 비과세(1가구 1주택의 상속으로 인한 취득, 법인합병 또는 공유물의 분할로 인한 취득 등)

나) 감 면

조세특례제한법상 중소기업간 통합, 법인전환, 현물출자, 기업분할 등으로 인하여 취득하는 재산에 대하여 취득세를 감면한다.

8) 부과징수

가) 신고납부

취득세 과세물건을 취득한 자는 원칙적으로 취득일부터 30일(상속 또는 실종으로 인한 취득의 경우는 상속개시일 또는 실종선고일부터 6월) 이내에 신고 납부하여야 한다.

나) 가산세

신고납부기한 내 납부하지 않거나 부족하게 납부한 경우

① **일반가산세(중가산세 적용시 제외)** : 부족세액의 20%
② **중가산세(취득 후 2년 이내에 신고납부없이 매각)** : 부족세액의 80%

다) 면세점

취득가액이 50만원 이하인 때에는 취득세를 부과하지 아니한다.

(2) 등록세(지방교육세 포함)

1) 의 의

등록세는 재산권 등의 권리변동에 관한 사항에 대해 공부에 등기·등록받는 자에게 부과되는 도세이다.

2) 납세의무자

등록세는 재산권 기타 권리의 취득·이전·변경 또는 소멸에 관한 사항을 공부에 등기 또는 등록하는 경우에 그 등기 또는 등록을 받는 자에게 부과된다.

3) 과세대상

과세대상은 다음과 같다.

① **부동산** : 토지와 건축물
② **부동산에 관한 관리의 등기** : 소유권·지상권 등 물권에 대한 등기

4) 과세표준

가) 가액에 의한 과세표준

등록세의 과세표준은 권리 등을 등기·등록할 당시의 가액이나 채권금액 또는 출자금액으로 한다. 다만 신고가 없거나 신고가액이 시가표준액에 미달하는 경우에는 등기등록 당시의 시가표준액으로 한다.

한편 취득세의 과세표준을 사실상 취득가액으로 하는 경우에는 등록세 과세표준도 사실상 취득가액으로 한다.

나) 건수에 의한 과세표준(종량세)

말소등기, 지목변경등기 등은 매 1건을 과세표준으로 한다.

5) 세 율

가) 일반세율

① **부동산등기의 일반세율**
- 소유권
  - 유상취득 : 부동산가액의 2%
  - 상속 이외의 무상취득 : 부동산가액의 1.5%
  - 상속으로 인한 취득 : 부동산가액의 0.8%
  - 소유권의 보존 : 부동산가액의 0.8%

- 공유 · 합유 · 총유물의 분할 : 0.3%

• 소유권 이외의 물권과 임차권의 설정 등

- 지상권 : 부동산가액의 0.2%
- 저당권 : 채권금액의 0.2%
- 지역권 : 요역지가액의 0.2%
- 전세권 : 전세금액의 0.2%
- 임차권 : 월임차금액의 0.2%
- 경매신청 · 가압류 · 가처분 : 채권금액의 0.2%
- 가등기 : 부동산가액의 0.2%

• 위의 것 이외의 등기 : 매 1건에 3,000원

② 법인등기의 세율

• 법인의 설립과 합병(설립과 자본의 증가) : 불입액의 0.4%(비영리법인은 0.2%)

• 재평가적립금의 자본전입(재평가일로부터 3년 이내에 자본전입하는 경우는 제외) : 증자금액의 0.1%

• 본점 또는 주사무소의 이전 : 매 건당 75,000원

• 지점 · 분사무소의 설치 : 매 건당 23,000원

• 위의 것 외의 등기 : 매 건당 23,000원

나) 중과세율

① 법인등기

• 대도시 내에서 법인설립(설립 후 5년 내 증자하는 경우 포함), 지점 · 분사무소의 설치에 따른 법인등기

• 대도시 외의 법인이 대도시 안으로의 본점 · 주사무소의 전입(전입 후 5년 이내에 증자하는 경우 포함)에 따른 법인 등기. 이 경우 전입은 법인의 설립으로 보아 세율을 적용한다.

② 부동산등기

• 대도시 안에서의 법인설립, 지점 · 분사무소의 설치에 따른 부동산등기와 그 설립 · 설치 이후 5년 내 부동산등기

• 대도시 안으로의 법인의 본점 · 주사무소 · 지점 · 분사무소 전입에 따른 부동산등기와 그 전입 이후 5년 이내의 부동산등기

• 대도시 안에서 공장의 신설 · 증설에 따른 부동산등기

6) 납세의무 성립시기

등기·등록하는 때 납세의무가 성립한다.

7) 비과세 감면

취득세와 유사하게 비과세·감면이 적용된다.

8) 납세절차

가) 신고납부

등기·등록을 하고자 하는 자는 등기·등록을 하기 전까지 등록세를 신고·납부하여야 한다. 또한 등록세 과세물건을 등기 또는 등록한 후에 중과세율의 적용대상이 된 때에는 30일 이내에 이미 납부한 세액을 공제한 금액을 신고·납부하여야 한다.

나) 가산세

신고납부를 하지 않거나 미달하게 신고·납부한 때에는 그 부족세액의 20%를 징수한다.

(3) 건축신축 또는 매입시 부가가치세 환급

건물을 신축하거나 매입할 때 부가가치세를 환급받기 위해서는 건물을 신축할 경우의 도급금액 또는 건물을 매입할 경우의 매매대금 중 계약금을 지급하기 전(부가가치세법 용어는 거래시기 도래 전)에 일반과세자로 사업자등록을 한 후 세금계산서를 거래상대방으로부터 교부받아 예정신고 또는 확정신고할 때 세무서에 제출하여야 한다.

예컨대 김승환씨가 임대사업을 위해 오피스텔 분양계약을 K건설회사와 다음과 같이 분양계약을 체결할 때 어떻게 해야 부가가치세를 환급받을 수 있는지에 대하여 살펴보면 다음과 같다.

1) 분양조건

① **분양대상** : 오피스텔 100평
② **분양가액** : 토지대금 1억, 건물대금 3억(부가가치세 3,000만원 별도)
③ **대금지급조건** : 10회 분할 납부하되 첫회 납부금은 계약금으로 함(2001. 1. 15 부터 매 3개월 균등납부).

- **해설** : 분양계약 전에 관할세무서에 임대사업자등록을 하고 계약금 4천3백만원(토지가액 1,000만원, 건물가액 3,000만원, 부가가치세 300만원)을 2004년 1월 15일 건설회사에 납부하고 2004. 4. 25까지 관할세무서에 부가가치세환급신고를 하여야 300만원을 환급받을 수 있다. 또 매 3개월마다 중도금을 납부하고 환급신고를 하여야 부가가치세 전액

을 환급받을 수 있다.

3. 부동산 보유관련 조세

부동산 보유에 따른 조세에는 건물분 재산세, 토지분 종합토지세, 임대부가가치세, 소득세, 도시계획세, 공동시설세, 사업소세 등이 있다. 이상과 같은 부동산보유에 따른 조세의 내용을 설명하면 다음과 같다.

(1) 건물분 재산세

1) 의 의

재산세는 건축물·선박 및 항공기의 소유에 대하여 그 소유자에게 부과하는 시·군세(또는 구세)이다.

2) 납세의무

가) 원 칙

재산세 과세기준일(매년 5월 1일) 현재 재산세과세대장에 재산의 소유자로 등재되어 있는 자가 납세의무가 있다. 다만 권리양도 등으로 재산세과세대장에 등재된 자의 권리에 변동이 생겼거나 과세대장에 등재되어 있지 않은 때는 사실상의 소유자가 재산세 납부의무를 진다.

나) 예 외

① **소유권의 귀속이 분명하지 아니하여 소유권자를 알 수 없는 재산** : 재산의 사용자

② **국가·지방자치단체 등과 연부매매계약을 체결하고 사용권을 무상으로 부여받은 재산** : 매수계약자

③ **신탁법에 의하여 수탁자 명의로 등기·등록된 신탁재산** : 위탁자

④ **상속개시 후 상속등기와 사실상 소유자의 신고를 하지 아니한 재산** : 주된 상속자

3) 과세대상

재산세의 과세대상은 건축물·선박 그리고 항공기이다.

4) 과세표준

재산세의 과세표준은 당해 자산의 과세기준일 현재 시가표준액으로 한다.

5) 세 율

가) 일반세율

① **건축물**

- 주택 : 0.3%~7%의 초과누진세율
- 골프장, 별장, 고급오락장용 건축물 : 5%
- 시내주거지역 및 조례상 지정지역 내의 공장용 건축물 : 0.6%
- 위 이외의 건축물 : 0.3%

② **선박 · 항공기** : 0.3%(고급선박은 5%)

나) 중과세율

과밀억제권역 내 공장의 신설 · 증설의 경우에 한하여 5년간 0.3%의 5배 중과세

6) 비과세 · 감면

① 국가 등에 대한 비과세

② 용도구분에 대한 비과세

7) 부과징수 등

가) 과세기준일 및 납기

재산세의 과세기준일은 매년 5월 1일로 하고, 매년 6월 16일부터 6월 30일까지로 한다.

나) 부과징수방법

재산세는 관할 시장 · 군수가 보통징수의 방법에 의해 징수한다.

다) 소액부징수

재산세는 세액이 2,000원 미만인 경우 징수하지 아니한다.

라) 물납과 분납

재산세는 물납과 분납이 인정된다.

(2) 종합토지세

1) 의 의

종합토지세는 토지를 과세대상으로 하여 토지의 사실상 소유자에게 과세하는 시군세(또는 구세)이다. 종합토지세는 납세의무자별로 전국의 토지에 대한 세액을 누진과세한 후 각 지방자치단체에 안분한다.

2) 납세의무자

가) 원 칙

종합토지세의 납세의무자는 과세기준일 현재 토지를 사실상 소유하고 있는 자이다. 다만 공유토지인 경우 그 지분에 해당하는 면적(지분표시 없는 경우 지분이 균등한 것으로 본다)에 대하여 그 지분권자를 납세의무자로 본다.

나) 예 외

사실상의 소유자를 신고하지 아니하거나 확인할 수 없는 경우에는 다음의 자가 납세의무를 진다.

① **공부상 소유권의 변동을 신고하지 아니하여 사실상 소유자를 알 수 없는 경우** : 공부상의 소유자

② **상속이 개시 후 상속등기와 사실상 소유자의 신고를 하지 않은 때** : 주된 상속자

③ **공부상 소유자가 종중 소유임을 신고하지 않은 사실상의 종중 토지** : 공부상 소유자

④ **국가, 지방자치단체 등과 연부매매계약을 체결하고 무상으로 사용권을 부여받은 토지** : 매수계약자

⑤ **신탁법에 의하여 수탁자 명의로 등기된 신탁토지** : 위탁자

⑥ **도시개발사업 등에 있어서 환지로 정하지 아니하고 체비지 또는 보유지로 정한 토지** : 사업시행자

⑦ **소유권의 귀속이 분명하지 아니하여 사실상의 소유자를 확인할 수 없는 토지** : 토지의 사용자

3) 과세대상

종합토지세의 과세대상은 전국의 모든 토지로 한다.

4) 과세표준과 세율

종합토지세의 과세표준은 소유자별로 전국의 과세대상 토지를 종합합산과세표준, 별도합산과세표준, 분리과세표준으로 구분하여 계산한다. 과세표준인 토지의 가액은 개별공시지가에 과세표준액 적용비율을 곱하여 산정한 가액으로 한다.

가) 분리과세표준

다른 토지의 가액과 합산하지 아니하고 당해 토지의 가액만을 과세표준으로 하여 비례세율로 과세한다.

① **토지·목장용지 및 임야** : 0.1%

② **공장용지 또는 공급목적으로 소유하는 토지** : 0.3%

③ **골프장, 별장, 고급오락장용 토지** : 5%

나) 별도합산과세표준

일정한 토지의 가액만을 별도로 합산하여 과세표준을 계산하고, 이것에 누진세율을 적용하여 과세하는 방법이다.

기준면적 내의 건축물의 부속토지 : 0.3%~2%의 9단계 초과누진세율

나) 종합합산과세표준

분리과세대상과 별도합산과세대상을 제외한 모든 토지의 가액을 합산하여 과세표준을 계산하고, 이것에 누진세율을 적용하여 과세한다.

종합합산과세의 세율 : 0.2%~5%의 9단계 초과누진세율

5) 비과세 · 감면

① 국가 등에 대한 비과세

② 용도구분에 의한 비과세

6) 부과징수 등

가) 과세기준일과 납기

종합토지세의 과세기준일은 매년 6월 1일이며 납기는 매년 10월 16일부터 10월 31일까지이다.

나) 공람과 이의신청

시장 · 군수(또는 구청장)는 관할구역 안의 과세대상 토지를 조사하여 매년 과세기준일부터 15일간의 기간을 정하여 이를 공람하여야 한다.

공람한 토지에 이의가 있는 자는 공람기간 종료일로부터 10일 이내에 토지 소재지 관할시장 · 군수에게 이의신청을 할 수 있으며, 이의신청을 받은 시장 · 군수는 이의신청을 받은 날로부터 15일 이내에 이를 심의하여 결정하고 이를 신고인에게 통지하여야 한다.

다) 부과징수

① 분리과세 대상토지에 대한 종합토지세는 관할시장 · 군수가 직접 세액을 산정한다.

② 종합합산세액과 별도합산세액 중 각 시 · 군이 징수할 세액은 모든 과세 대상토지의 시가표준액에서 당해 시 · 군이 소재하는 과세 대상토지의 시가표준액으로 한다.

라) 물납과 분납

종합토지세에 대하여는 물납과 분납을 할 수 있다.

(3) 부가가치세

1) 의 의

① 부가가치세란 사업자가 영업활동을 하는 과정에서 부가된 가치(added value)에 대하여 내는 세금이지만 실제로는 소비자가 부담하는 세금이다.
부가가치세=매출세액-매입세액

② 부가가치세가 과세되는 거래를 할 경우에는 반드시 세금계산서를 주고받아야 한다. 세금계산서, 계산서, 신용카드 매출전표를 정규영수증이라 한다.

③ 부가가치세는 사업장 단위로 과세한다.
- 2 이상의 사업장이 있는 경우에는 각 사업장마다 부가가치세를 신고 납부하여야 한다.
- 다만 주사업장 총괄납부승인을 받은 경우에는 주된 사업장에서 총괄하여 납부 또는 환급받을 수 있다.

④ 부가가치세는 자율신고·납부하여야 하는 세금이다.

2) 부가가치세 개요

가) 납세의무자

부가가치세의 납세의무자는 사업자로서 이는 영리목적의 유무에 불구하고 사업상 독립적으로 재화 또는 용역을 공급하는 자이다.

나) 납세지

납세지란 납세의무자가 납세의무 및 협력의무를 이행하고 과세권자가 부과징수권을 행사하는 기준이 되는 장소이다. 현행 부가가치세법은 사업장을 납세지로 정하고 있다.

① **부동산매매업의 경우** : 사업자가 법인인 경우 법인의 등기부상 소재지이고 개인인 경우 그 업무를 총괄하는 장소가 사업장이다.

② **부동산임대업의 경우** : 그 부동산 등기부상의 소재지

3) 일반과세자와 간이과세자

부가가치세법상 과세사업자는 일반과세자와 간이과세자로 구분되어 납부세액의 계산방법 등에 차이를 두고 있다. 간이과세자는 영세한 소규모 사업자의 신고편의 및 세부담 경감을 위하여 두고 있는 제도이다.

가) 간이과세자의 범위

① 연간매출액(공급대가)이 4,800만원 미만인 사업자

② 간이과세 배제업종에 해당되지 않아야 한다.

나) 간이과세 배제업종

① **광업**

② **제조업** : 과자점업 · 도정업 · 제분업(떡방아간 포함) · 양복점업 · 양장점업 · 양화점업은 간이과세 적용 가능

③ **도매업** : 소매업을 겸업하는 경우를 포함

④ **부동산매매업**

⑤ **일정지역의 과세유흥장소** : 특별시 · 광역시 및 시지역의 과세유흥장소

⑥ **일정규모 이상의 부동산임대업** : 특별시 · 광역시 지역에 소재하는 국세청장이 정하는 규모 이상의 부동산임대업

⑦ **전문인적용역 제공업** : 변호사업, 법무사업, 공인회계사업, 세무사업, 건축사업 등

⑧ **기타** : 국세청장이 정한 간이과세 배제기준에 해당하는 사업자

다) 일반과세자와 간이과세자의 차이점

일반과세자와 간이과세자의 차이점은 다음과 같다.

구 분	일반과세자	간이과세자
매출세액	공급가액의 10%	공급대가의 10%×업종별 부가가치율
세금계산서 발행	의무적으로 발행	발행할 수 없음
매입세액 공제	전액 공제	매입세액×업종별 부가가치율
기장의무	매입매출장 등 기장의무	주고받은 영수증 및 세금계산서만 보관하면 기장한 것으로 봄

4) 부가가치세가 면제되는 재화와 용역

사업을 하는 경우, 즉 모든 재화(상품)나 용역(서비스)을 공급할 경우에는 부가가치세가 과세되지만 다음의 재화나 용역에 대하여는 저소득층의 세부담 경감 또는 기타 조세정책적 목적으로 부가가치세를 면제한다.

가) 기초생활필수품

① 가공되지 아니한 식료품(쌀 · 채소 · 육류 · 어류 · 건어물 등)

② 우리나라에서 생산된 식용이 아닌 농산물 · 축산물 · 수산물 등

③ 수돗물 · 연탄 · 여객운송용역(항공기 · 고속버스 · 택시 등 제외)

나) 국민후생용역

① 의료보건용역

② 교육용역(정부의 인가 또는 허가를 받은 학원 · 교습소 등)

③ 주택(국민주택규모 이하)

다) 문화관련 재화 · 용역

도서 · 신문 · 잡지 · 방송(광고 제외)

라) 생산요소

① 토지(토지의 임대는 과세)

② 저술가 · 작곡가 등이 직업상 제공하는 인적 용역

③ 금융 · 보험용역

마) 기 타

① 우표 · 인지 · 복권 · 공중전화

② 국가 등이 공급하는 재화 · 용역

③ 국가 등에 무상으로 공급하는 재화 · 용역 등

5) 부동산 임대시 조세 유의사항

① 주택을 임대하면 부가가치세가 면제되지만, 점포를 임대하면 부가가치세가 과세된다.

- 주택에는 부수토지도 포함된다(주택정착면적의 5배 또는 10배).
- 그러나 주택이라 하더라도 상시 주거용이 아니고 사업을 위한 주거용으로 임대하는 경우와 점포나 사무실 등으로 임대하는 경우에는 부가가치세가 과세된다.

② 주택과 점포가 함께 있는 건물을 임대하는 경우에는 임대면적 중 주택부분이 차지하는 비율에 따라 달라진다.

- 주택면적이 점포면적보다 큰 경우 : 전부를 주택으로 보아 부가가치세 면제
- 기타의 경우 : 주택부분만을 주택으로 보아 점포에 대하여는 부가가치세 과세

  예 2인 이상에게 임대하는 경우에는 임차인 별로 판단한다.

③ 부동산 임대사업자의 부가가치세 과세표준 : 과세표준=임대료+간주임대료

- 임대료는 월세에 관리비 등을 포함하여 받는 경우에는 전체금액에 대하여 과세된다.
- 임차인이 부담하여야 할 전기료 · 수도료 등을 별도로 구분징수하여 납부를 대행하는 경우에는 과세표준에 포함하지 아니한다.

가) 임대료(월세)

건물임대시 임대료(월세)에 대한 부가가치세는 누가 납부하는가에 대하여 살펴보면 임대인이 임차인으로부터 받아서 임대인이 부가가치세 신고때 납부하는 것이며, 임대인이 임차인으로부터 월세와 부가가치세를 못받았어도 임대인의 돈으로 부가가치세는 내야 되는 것이다.

또한 월세에 대한 과세표준은 어떻게 계산되는가를 확인해보면 계약서에 부가가치세를 별도로 표시하지 않은 경우에는 월세에 부가가치세가 포함된 것으로 보아 월세에서 부가가치세를 제외한 금액을 과세표준으로 보고, 월세와 별도로 부가가치세를 받는 경우에는 월세가 과세표준이 된다.

그렇다면 월세에 대한 세금계산서는 누가 언제 발행하는가에 대한 답은 임대인이 월세를 받기로 한 날을 기준으로 세금계산서를 발행하는 것이다. 즉 월세를 받기로 한 날에 못받았어도 받기로 한 날을 기준으로 세금계산서를 발행하는 것이다.

<사 례>

부가가치세에 대한 계약서상에 표시하는 경우와 하지 않는 경우를 살펴보면 다음과 같다.

■ 부가가치세를 계약서에 별도로 표시하지 않은 경우

월세를 2,000,000을 받기로 하였으나 부가가치세의 언급이 없으면

2,000,000×100/110=1,818,190(부가가치세 과세표준)

2,000,000×10/110=181,810(부가가치세)

■ 부가가치세를 월세(2,000,000)와 별도로 받기로 되어 있는 경우

2,000,000×100/100=2,000,000(부가가치세 과세표준)

2,000,000×10/100=200,000(부가가치세)

나) 간주임대료

임대보증금에 대한 부가가치세는 누가 납부하는가에 대한 해답은 원칙적으로 임대인이 납부한다. 다만 당사자 즉 임대인과 임차인 간에 임차인이 납부하는 것으로 계약이 되어 있으면 임차인이 납부한다.

임대보증금에 대한 과세표준은 어떻게 계산되는가에 대한 대답은 다음과 같다.

과세표준＝전세금 · 임대보증금적수×국세청장이 정한 정기예금이자율×1/365

임대보증금에 대한 부가가치세도 세금계산서를 발행하는가에 대한 질문의 답은 세금계산서는 발행할 수는 없고 임대보증금에 대한 부가가치세를 수령한 자가 입금표 등을 발행하는 것이다. 그러면 임대보증금에 대한 부가가치세를 납부한 자는 그 부가가치세를 비용으로 처리하는 것이다.

<사 례>

부동산 임대용역의 부가가치세 과세표준(2004. 1기 예정신고기간)의 사례를 기초로 세금계산서, 간주임대료, 부가가치세 과세표준을 계산하면 다음과 같다.

임차인	임대보증금	월임대료	임대기간
A	50,000,000원	1,000,000원	2001. 1. 1～2001. 12. 31
B	200,000,000원	500,000원	2001. 3. 1～2002. 2. 28

• 임대료 : 과세세금계산서 교부

A :	1,000,000×3＝	3,000,000
B :	500,000×1＝	500,000
계		3,500,000

• 간주임대료

A :	50,000,000×9일×1/365×5.8%＝	715,068
B :	200,000,000×9일×1/365×5.8%＝	985,205
계		1,700,273

• 부가가치세 과세표준

㉮＋㉯＝5,200,273

6) 사업자등록

가) 사업자등록 방법은 다음과 같다.

① 사업자등록의 신청 및 발급

－모든 사업자는 사업을 시작할 때 반드시 사업자등록을 하여야 한다.

- 사업자등록은 사업장마다 하여야 한다.
- 사업자등록은 사업을 시작한 날부터 20일 안에 구비서류를 갖추어 관할 세무서의 납세서비스센터에 신청하면 즉시 사업자등록증을 교부한다.
- 사업을 시작하기 전에 등록을 할 수도 있다.

② 사업자등록 신청시 구비서류

- 사업자등록신청서 1부
- 임대차계약서 사본 1부(사업장을 임차한 경우)
- 사업허가증 사본 1부(허가를 받아야 하는 경우)
- 법인은 법인등기부등본 1부
- 법인설립등기 전 또는 사업허가 전에 등록을 하고자 하는 경우에는 발기인의 주민등록등본 또는 사업허가신청서 사본이나 사업계획서
- 2인 이상이 공동으로 사업을 하는 경우에는 공동사업 사실을 증명할 수 있는 서류(동업계약서 등)

③ 사업자등록신청서 작성시 유의할 사항

- 사업자등록을 신청할 경우에 사업자 유형을 먼저 고려하여야 한다.
- 부가가치세 과세사업과 면세사업을 겸업할 경우에는 부가가치세 과세사업자로 등록하면 된다.
- 사업자등록번호를 한번 부여받으면 특별한 경우 외에는 바꾸지 않고 평생 사용하게 된다.

④ 사업자등록을 하지 않는 경우의 불이익

- 구입한 상품 등에 대한 매입세액 공제를 받을 수 없다.
- 미등록가산세 부과(사업개시일부터 등록한 날이 속하는 예정신고기간 또는 과세기간의 공급가액에 적용)
  - 개인 : 공급가액의 1%(간이과세자 : 0.5%)
  - 법인 : 공급가액의 2%

7) 부가가치세신고 납부

가) 예정신고

사업자는 예정신고기간에 대한 부가가치세를 예정신고기간 종료 후 25일 이내에 신고 납부하여야 한다.

예정신고기간은 다음과 같다.

① **제1기 예정신고기간** : 1. 1~3. 31(4. 25일까지 신고 납부)

② **제2기 예정신고기간** : 7. 1~9. 30(10. 25일까지 신고 납부)

나) 확정신고

사업자는 각 과세기간에 대한 부가가세를 과세기간 종료 후 25일 이내 신고 납부하여야 한다.

과세기간은 다음과 같다.

① **제1기** : 1. 1~6. 30(7. 25일까지 신고 납부)

② **제2기** : 7. 1~12. 31(다음해 1. 25일까지 신고 납부)

(4) 소득세

1) 의 의

① 소득세는 여러 가지 경제활동을 통하여 얻는 소득에 대하여 내는 세금이다.
- 소득이란 연간 총수입금액(매출액)에서 그 수입을 얻기 위하여 지출한 비용을 차감한 것이다.
- 소득금액 = 연간총수입금액 - 필요경비
- 장부를 기장하지 않은 사업자의 경우에는 총수입금액에 업종별 표준소득률을 곱하여 소득금액을 계산한다.
- 소득금액 = 연간총수입금액×표준소득률

② 우리나라의 소득세는 종합과세방법을 채택하고 있다
- 이자소득, 배당소득, 부동산임대소득, 사업소득, 근로소득, 일시재산소득, 연금소득, 기타소득은 개인별로 종합하여 과세한다.
- 퇴직소득, 산림소득, 양도소득은 소득별로 별도로 과세한다.

③ 종합소득세는 1년을 단위로 과세한다. 종합소득이 있는 사람은 매년 1. 1부터 12. 31까지의 소득을 합하여 다음해 5. 1부터 5. 31까지 신고납부하여야 한다.

④ 소득세는 주소지를 납세지로 하고 있다.

⑤ 소득세는 개인별로 과세한다. 소득세는 개인별로 과세함을 원칙으로 하지만 자산소득(이자소득, 배당소득, 부동산 임대소득)은 부부 중 주된 소득자에게 합산하여 과세한다.

⑥ 소득세는 누진세율 구조로 되어 있다. 종합소득세의 세율은 10%에서 40%까지 4단계로 되어 있다.

2) 부동산 임대소득

가) 부동산 임대소득의 범위

부동산(토지 및 건축물 등)과 부동산상의 권리의 대여로 발생하는 소득

나) 비과세 임대소득

서민생활보호 목적에서 2개 이하의 주택을 소유하는 자의 주택 임대소득에 대하여 비과세된다.

다만 고급주택의 임대소득이나 농어촌지역 이외의 지역에 소재하는 주택으로서 연면적이 116㎡(공동주택은 전용면적 85㎡)를 초과하는 2주택을 소유한 자의 임대소득은 과세한다.

① **전답의 임대소득** : 전답을 작물생산에 이용하게 함에 따른 소득에 한한다.
② **일정한 주택의 임대소득 등**

(5) 도시계획세

1) 과세대상

도시계획세는 도시계획사업에 필요한 비용에 충당하기 위하여 도시계획법에 의하여 고시한 도시계획 구역 안에 있는 토지와 건축물에 대하여 부과한다.

2) 납세의무자

과세기준일 현재 종합토지세 또는 재산세의 납세의무가 있는 자가 도시계획세의 납세의무자이다.

3) 과세표준

도시계획세의 과세표준은 도시계획세의 과세기준일 현재 토지의 가액(시가표준액) 또는 건축물의 시가표준액으로 한다.

4) 세 율

도시계획세의 표준세율은 0.2%로 한다. 시장・군수는 조례가 정하는 바에 의하여 당해 연도분의 도시계획세 세율을 0.2%와 다르게 정할 수 있다. 이 경우의 세율은 0.3%를 초과할 수 없다.

5) 부과징수방법

도시계획세의 부과징수에 관하여는 서울특별시와 광역시 또는 당해 시・군의 조례가

정하는 바에 의한다.

6) 재산세와 종합토지세의 준용

재산세와 종합토지세의 감면, 면제, 비과세, 과세기준일 및 납기와 소액부징수 규정은 건축물분 도시계획세와 토지분 도시계획세에 각각 준용한다.

(6) 공동시설세

1) 납세의무자

시 · 도는 소방시설, 오물처리시설, 수리시설, 기타 공공시설에 필요한 경비에 충당하기 위하여 그 시설로 인하여 이익을 받는 자에게 공동시설세를 부과할 수 있다.

2) 과세표준과 세율

가) 소방시설에 요하는 공동시설세

① **일반건축물** : 소방시설에 요하는 공동시설세는 건축물의 시가표준액을 과세표준으로 하여 다음의 세율을 순차적으로 적용하여 산출한 금액의 합계액을 그 세액으로 한다.

과세표준	세 율
500만원 이하의 가액	0.06%
1,000만원 이하의 가액	0.8%
2,000만원 이하의 가액	0.1%
3,000만원 이하의 가액	0.12%
5,000만원 이하의 가액	0.14%
5,000만원 초과하는 가액	0.16%

② **화재위험건축물** : 저유장 · 주유소 · 정유소 · 백화점 · 호텔 · 극장 · 유흥장 · 4층 이상의 건축물 등 화재위험건축물에 대하여는 그 세율을 2배로 한다.

나) 오물처리시설, 수리시설, 기타 공공시설에 요하는 공동시설세

오물처리시설, 수리시설, 기타 공공시설에 요하는 공동시설세는 토지 및 건축물의 전부 또는 일부에 대한 시가표준액을 과세표준으로 하여 부과하되, 그 표준세율은 0.03%로 한다. 도지사는 조례가 정하는 바에 의하여 당해 연도분 공동시설세의 표준세율과 다르게 정할 수 있다. 이 경우의 세율은 그 가액의 0.1%를 초과할 수 없다.

다) 재산세와 종합토지세의 준용

재산세와 종합토지세의 면제, 감면, 비과세, 과세기준일 및 납기와 소액부징수 규정은 건축물 종합토지세와 토지분 공동시설에 이를 준용한다.

(7) 사업소세

1) 의 의

사업소세란 도시 등의 환경개선 및 정비에 필요한 비용에 충당하기 위하여 사업주에게 부과하는 조세이다. 사업소세는 사업소용 건물 연면적을 과세표준으로 하는 재산할과 종업원의 급여총액을 과세표준으로 하는 종업원할의 두 가지가 있다.

2) 납세의무자

사업소세는 시·군·내에 사업소(매년 7월 1일 현재 1년 이상 휴업하고 있는 사업소를 제외한다)를 둔 자(이하 사업주라 한다)로서 다음에 게기하는 자에게 부과한다.

가) 재산할

매년 7월 1일 현재 사업소 과세대장에 등재된 사업주, 다만 사업소용 건축물의 소유자와 사업주가 다른 경우에 이미 부과된 재산할을 사업주의 재산으로서 징수하여도 부족한 경우에는 건축물의 소유자에게 제2차 납세의무를 지울 수 있다.

나) 종업원할

종업원에게 급여를 지급하는 사업주가 납세의무자가 된다.

3) 과세표준과 세율

가) 일반세율

① **재산할 사업소세** : 사업소 연면적 1㎡당 250원을 적용한다.

② **종업원할 사업소세** : 종업원 급여총액의 0.5%를 적용한다.

나) 중과세율

폐수 또는 산업폐기물 등을 배출하는 사업소로서 오염물질 배출사업소에 대하여는 위의 재산할 일반세율의 2배를 적용한다.

4) 면세점

당해 사업소의 종업원이 50인 이하인 경우에는 종업원할을 당해 사업소의 건축물의 연면적이 330㎡ 이하인 경우에는 재산할을 각각 부과하지 아니한다.

5) 징수와 납기

사업소세의 징수방법은 신고납부의 방법에 의한다. 종업원할의 납세의무자는 매월 납부할 세액을 계산하여 다음달 10일까지, 재산할의 납세의무자는 매년 납부할 세액을 7월 1일부터 7월 10일까지를 납기로 하여 납세지를 관할하는 시장 · 군수에게 신고납부하여야 한다.

6) 가산세

납부기한까지 신고 납부하지 아니하거나 미달하게 납부한 경우에는 납부하지 아니한 세액, 또는 부족세액의 20% 상당액을 가산한 세액으로 하여 보통징수방법에 의해 징수한다.

제5장 건물자산관리용품과 용역의 구매관리

제1절 구매관리의 기초개념

제2절 구매기본계획

제3절 구매절차

제1절 구매관리의 기초개념

1. 구매관리의 중요성

건물자산관리에 있어서 구매관리의 중요성은 아무리 강조해도 지나치지 않을 만큼 중요하다. 왜냐하면 건물자산관리에 있어서 필요한 용품과 용역없이는 건물자산관리활동이 불가능하기 때문이다. 또한 건물자산관리에 있어서 건물자산관리활동에는 직접 관리수단의 인적 설비와 물적 설비를 최유효구매하고 이를 효과적으로 활용하거나 사용할 때, 비로소 양질의 관리효과를 경제적인 방법으로 얻을 수 있기 때문이다. 뿐만 아니라 건물자산관리에 소요되는 물품과 관리용역서비스의 비용은 연간 관리비의 약 50% 이상을 상회하고 있어 건물자산관리학의 경제성원칙과 건물자산관리활동의 경제성고려의 원칙 및 최소의 비용으로 최대의 관리효과를 창출하는 경제원칙 측면에서 볼 때도 대단히 중요한 관리분야이다. 그러므로 건물자산관리에 지장이 없도록 필요한 물품과 용역을 양호한 거래선으로부터 적절한 시기에 고품질의 관리용품과 관리용역을 최소의 비용으로 필요한 수량을 확보하는 것이 너무나 필요하고 중요하다.

특히 건물시설관리에 있어서는 공식적인 관리조직의 구성(협의의 인적 구성체제) 외에 시설관리 · 청소 · 경비 · 주차장관리 등에 필요한 용역(서비스)과 각종 검사, 유지보수를 위한 용역이 비상주 조건이긴 하나, 연중 필요하다.

또한 건물관리소요 용품의 경우 필요한 물건과 용역의 종류가 매우 다양하고 규격이나 재질 및 품질 등이 서로 상이하며 시설관리 업무마다 소요용품이 서로 상이하다.

그러나 건물자산관리를 위해서는 소요용품과 용역을 계속해서 사용되어야 하고, 제공받아야 하므로 언제나 연구하고 조사하여 최유효구매가 항상 이루어지도록 구매담당자는 특별히 유념해야 한다. 구매소요용품 구매비용이 연간 관리비의 약 50% 이상 상회하므로 건물자산의 경제관리 측면에서도 매우 중요하게 관리해야 한다.

다음에서 구매와 구매관리의 개념을 먼저 살펴본 후 소요구매물건과 용역의 종류를 분류하고 계속해서 구매절차와 재고관리 및 용역사후관리 등에 대하여 실무중심으로 고찰하여 구매업무에 참고해야 한다.

2. 구매와 구매관리의 의의

건물자산관리에 있어서 구매라 함은 자산관리주체가 건물자산관리활동에 필요한 물품과 용역을 일정한 대가를 지불하고 취득하거나 용역(서비스)을 빌려 쓰는 것을 의미한다. 또한 구매관리란 건물자산관리활동에 전혀 지장이 없도록 자산관리에 필요한 물품과 용역을 양호한 거래선(거래처 및 협력사)으로부터 적정한 시기에 필요한 물품의 수량이나 고품질의 용역을 최소의 비용으로 획득하기 위한 일련의 활동을 의미한다.

다시 말하면 구매관리란 구매를 계획하고 구매의 절차를 결정하며 조정하고 통제, 평가 사후관리(재고관리)하는 일련의 활동을 의미한다.

3. 구매대상용품과 용역의 내용

건물자산관리에 필요한 구매대상에는 물건과 용역이 있다. 전자를 물적 설비라 하고 후자를 광의의 인적 설비라 한다.

(1) 구매대상용품

물건이라 함은 일정한 형체를 갖추고 있는 것으로서 구체적이고 관리가능하며 사용할 수 있는 물질적 존재를 말한다.

민법에서는 이와 같은 물건은 유체물, 전기 기타 관리할 수 있는 자연력으로 설명하고 있다. 즉 형태가 있는 물건, 에너지인 전기, 관리된 자연력을 물건으로 정의하고 있다.

건물자산관리에 필요한 물건, 즉 자산관리의 물적 설비에는 건축설비(전기기계설비)의 운전과 정비 · 청소 · 경비 · 소독 · 조경 · 건축물영선 · 보수작업 · 보강작업 · 관제 · 제어 · 소방 · 환경 · 사무 · 조명 등의 관리를 위하여 필요한 물건을 구매대상물건이라 하며, 이에는 부품 · 원료 · 에너지 · 재료 · 약품 · 공구 · 기구 · 기기 · 장비 · 자재 · 소모용품 · 사무용품 등이 있다. 이와 같은 구매대상물건은 관리대상물건의 규모나 용도 · 성격 · 시설의 종류 · 용량 등에 따라 구매물건의 종류와 수량 · 규격 · 재질 · 품질 등이 다를 수 있으며 생산자나 거래처 역시 매우 상이하다. 그러므로 구매담당자는 각 부서별로 연초에 구매신청을 받아 검토한 후 정확한 구매계획을 수립하고 최유효구매가 되도록 최선을 다해야 한다.

이 절에서 기술하는 구매대상물건은 주로 시설관리와 청소 · 경비 등에 소요되는 것들이며 대형건물(연건평 10,000평 이상, 20층 이상의 건물), 업무용 · 수익성빌딩을 직영관리할 때를 기준으로 작성된 것임을 참고로 밝혀둔다.

1) 환경청소미화분야 물적 설비

환경청소미화관리 분야의 준비물 또는 구매대상 물적 설비에는 청소도구 및 청소자재 등이 있다.

가) 환경청소미화도구

① 부유분진 · 측정기
② PH-Meter
③ Co/Co_2 · 측정기
④ Do Meter
⑤ 조도계
⑥ 공구 박스(tool box)
⑦ 휴대용 랜턴
⑧ 배기진공청소기
⑨ 흡수진공청소기
⑩ 진동마루 세척기
⑪ 왁스머신기
⑫ 펌프카
⑬ 최고압 세정기
⑭ 양수기
⑮ 수중모터
⑯ 잔수 처리기
⑰ PH 측정기
⑱ 탁도 · 색도측정기
⑲ 잔류염소 측정기
⑳ 빗자루
㉑ 자동 빗자루
㉒ 걸레
㉓ 마른 걸레
㉔ 젖은 마포
㉕ 젖은 걸레
㉖ 총채 · 기틀 총채
㉗ 일반 브러시
㉘ 샌드 브러시

㉙ 빈닥 브러시
㉚ 전기 브러시
㉛ 수세미
㉜ 샌드페이퍼
㉝ 가죽용칼
㉞ 로프 등

나) 환경청소자재

① 물
② 세제
③ 합성세제
④ 산・알칼리 표백제
⑤ 비누
⑥ 왁스
⑦ 톱밥 등

2) 경비보안관리분야 물적 설비

경비보안관리분야 준비 또는 물적 설비에는 다음과 같은 것이 있다.

① CCTV
② 연속촬영 카메라
③ 분할상영 카메라
④ 가스 분사기
⑤ 무전기
⑥ 호루라기
⑦ 곤봉
⑧ 플래시(랜턴)
⑨ 망원경
⑩ 가스총
⑪ 경비원 휴대 장구 등

3) 전기설비관리분야 물적 설비

전기설비관리분야의 준비물 또는 구매대상 물적 설비에는 계측기・장비・공구・자재 등이 있다.

가) 전기계측기

① 비중계(배터리)
② 멀티테스터(전자식)
③ 사이클 카운터
④ 후크 미터
⑤ 적외선 온도계
⑥ 결상계
⑦ 절연저항계(500V～1,000MΩ)
⑧ 절연저항계(2,000V～5,000MΩ)
⑨ 후크온 접지저항계
⑩ 누설전류 측정기
⑪ 배터리 테스터
⑫ 저압 검전기(전류가 흐르는 경우 계측)
⑬ 가변 변압기
⑭ 테스터(약전 보수용)
⑮ 테크미터(회전계)
⑯ 계가(수동식 · 전자식)
⑰ 계기용 변압기, PT(고일반 · 플레이 · 계기용)
⑱ 변류기, CT(고일반 · 플레이 · 계기용)
⑲ 전류계 부착박스 개폐기
⑳ 플러그식 황선 전류계(전선제위 측정)
㉑ 전류계 배연박스(삼상 전류기 개폐용)
㉒ 클램트미터(활선전류 · 전압측정시)

나) 전기장비

① 휴대용 무전기
② 조식 진공청소기
③ 핸드카
④ 알루미늄 사다리(1.5M · 2M · 3M · 5M 용)

다) 전기공구

① 전공 나이프
② 수탁식 못총(못박는 기계)
③ 절연 펀치

④ 전동 드라이브
⑤ 컬플러그
⑥ 압착 펜치
⑦ 리드렛치형 나이트 나사 절삭기
⑧ 리머
⑨ 리벳 박기총
⑩ 파이프 벤더
⑪ 선삽입기
⑫ 와이어 스트리터
⑬ 슬리브 비트는 기구
⑭ 고정용 그린드
⑮ 휴대용 그린드
⑯ 충전용 드릴
⑰ 현미경용 드릴
⑱ 비상 라이트
⑲ 릴 콘센트
⑳ 몽키 펜치
㉑ 다운 트랜스(220V~110V/1kw)
㉒ 접지기구
㉓ 터미널 압착기
㉔ 전기공구박스
㉕ 핀셔
㉖ 필터
㉗ 대 · 중 · 소용 드라이브(+/-)
㉘ 검정 드라이브(테스터용)
㉙ 자동 드라이브
㉚ PVC 해머
㉛ 납 해머
㉜ 주평(알루미늄 · 고급)
㉝ 작업등
㉞ 줄자
㉟ 함석가위

㊱ 쇠톱틀
㊲ 공업용 칼
㊳ 대목 · 세목 줄
㊴ 휴대용 그리스 건
㊵ 휴대용 랜턴

라) 전기재료

건물관리현장에서 전기설비의 유지나 관리 및 운용 · 정비 등을 위하여 자주 사용되는 재료를 전기재료라 하는데 일반적으로 자주 사용되고 필요한 전기재료의 종류는 다음과 같다.

① **전 선**
- 평형 비닐 케이블
- 600V 비닐 전연전선

② **퓨 즈**
- 갈고리 퓨즈
- 관 퓨즈
- 통형 퓨즈
- 실 퓨즈
- 플러그 퓨즈

③ **코 드**
- 평형 비닐코드
- 접질로 묶은 코드

④ **스위치**
- 스냅 스위치
- 풀 스위치
- 펜던트 스위치
- 연음파동 스위치
- 노출 텀블러 스위치
- 매입 텀블러 스위치

⑤ **기 타**
- 브레이커

– 커버 부착 나이트 스위치
– 스템플
– 접지 클램프
– 콘크리트 박스
– 아우틀세박스
– 새들
– 웨드캡
– 유니버설
– 둥근형 노출박스(4방출용)
– 코드 펜던트
– 파이프 펜던트
– 체인 펜던트
– 다운 라이트
– 스폿 라이트
– 글로램프(40W용/90W 이하)

4) 기계설비 관리분야 물적 설비

건물자산관리업무 중 건축설비 관리분야의 준비 또는 구매대상 기계설비, 물적 설비에는 역시 계측기 · 장비 · 공구 · 재료 · 부품 등이 있다.

가) 기계계측기

① 가스누설 탐지기
② 후크미터
③ 표면온도계
④ 마이크로미터
⑤ 베어 칼리퍼
⑥ 표준온도계
⑦ 피치 게이지 등

나) 기계장비

① 전기용접기 세트
② 산소용 전기 세트
③ 휴대용 산소용접기

④ 휴대용 전기용접기
⑤ 파이프 머신 세트
⑥ 고압 세척기 세트
⑦ 수중 펌프
⑧ 전동 파이프 청소기
⑨ 휴대용 무전기
⑩ 고속절단기
⑪ 포목용 줄자
⑫ 고정작업대
⑬ 체인 브록크(1T 용)
⑭ 오일 잭(5t 용)
⑮ 핸드건
⑯ 알루미늄 사다리(1.5M · 2M · 3M · 5M 용)
⑰ 유압 사다리(11M) 등

다) 기계공구

① 소형 용접기
② 대저울
③ 드릴링머신
④ 압력식 파이프 클리너
⑤ 수동식 파이프 클리너
⑥ 코드릴
⑦ 기어 플러
⑧ 수압테스터 펌프
⑨ 윙펌프
⑩ 스크루잭
⑪ 스몰잭
⑫ 체인블록
⑬ 워트 펌프 플라이어
⑭ 플리퍼
⑮ 폰지
⑯ 마이크로미터
⑰ 핸들다이스

⑱ 다이스
⑲ 콤비네이션 프라이어
⑳ 줄(원, 반원, 각, 삼각, 평줄)
㉑ 판금가위
㉒ 탭렌치
㉓ 수동탭(1번, 2번, 3번탭)
㉔ 휠렌치
㉕ 오프셋렌치
㉖ 홈파기정
㉗ 코킹정
㉘ 직각자
㉙ 시크니스 게이지
㉚ 핸드리머
㉛ 평정
㉜ 축
㉝ 캘리퍼스
㉞ 드릴용 슬리브
㉟ 페이퍼 드릴(큰 지름용)
㊱ 스트레이트 드릴(작은 지름용)
㊲ 고정형 드릴
㊳ 매니퐁드 게이지
㊴ 고정용 그린드
㊵ 휴대용 그린드
㊶ 건 드릴
㊷ 휴대용 전동 등
㊸ 비상 라이터
㊹ 다단 pliers(6″ · 8″ · 10″ 일반, 8″ 평형)
㊺ 기어 pulley(2말, 3말)
㊻ 파이 프렌치(8″ · 10″ · 12″ · 14″ · 18″ · 24″)
㊼ 몽키 펜치(6″ · 8″ · 10″ · 12″ 용)
㊽ 함석가위(직선용, 곡선용)
㊾ 양변기 포수기

㊿ 기계공구 박스
51 드라이브 세트
52 각종 해머
53 철자(목수용, 철용)
54 수평(1M)
55 콤파스(산소절단용)
56 작업등
57 작업대
58 정(로비)
59 줄자
60 쇠톱틀
61 공업용 칼
62 세목줄
63 기리 세트
64 사이렌트 건
65 와이어 브러시
66 각종 탭(tap)
66 기계용 청진기
67 빠루
68 레이아웃 핀
69 그리스 건
70 휴대용 랜턴
71 휴대용 무전기 등

라) 기계부품

① 턴버클
② 나사못
③ 나사(사각, 6각, 접시, 둥근, 반둥근, 납작, 6각 구멍붙이 멈춤 나사)
④ 할핀
⑤ 둥근 와셔
⑥ 각 와셔
⑦ 스프링 와셔
⑧ 혀붙이 와셔

⑨ 볼트(전나사, 6각 구멍붙이, 토막내기)
⑩ 나비너트
⑪ 와이어 클립
⑫ 섀클
⑬ 목재활차
⑭ 철활차
⑮ 안경밴드
⑯ 턴버클용 밴드
⑰ 매입 다리붙이용 밴드
⑱ V풀리
⑲ 롤러밴드
⑳ 횡형 롤러 밴드
㉑ 입형 루프드레인
㉒ 양수기 박스
㉓ 코너형 루프드레인
㉔ 나사식 호스이음
㉕ 호스이음 등

마) 기계재료

① 슬루스 밸브
② 체크 밸브
③ 프랜지 밸브
④ 스톱 밸브
⑤ 그랜드 콕
⑥ 플러그 콕
⑦ 핸들 콕
⑧ 피 콕
⑨ 미터 콕
⑩ 드레인 콕
⑪ 볼메어링
⑫ 유니온 조인트
⑬ 사이펀 파이프
⑭ 오일캡

⑮ 그리스캡
⑯ 오일게이지
⑰ 횡수전
⑱ 동장수전
⑲ 자재수선
⑳ 핸들수전
㉑ 호스클럽
㉒ 볼탭
㉓ 오일러
㉔ 아마존 패킹(증기용)
㉕ 석면패킹(보일러 냉동기용)
㉖ 혼합수전 등

5) 건축관리분야 물적 설비

건축물관리를 위한 보수보강 작업에 있어서 갖추어야 할 물적 설비에는 장비·공구·재료 등이 있다. 건축재료에는 페인트·목재·타일 등 수백 종에 달하며 주요 물적 설비만 간략하게 기술하면 다음과 같다.

가) 건축장비

① 에어 컴프레서(도장·tucker 용)
② 힐터 건
③ 망원경
④ 무전기
⑤ 공구 박스
⑥ 고정 작업대
⑦ 알루미늄 사다리(1.5M·2M·3M·5M 용) 등

나) 건축공구

① 고정형 드릴
② 고정형 그린드
③ 에어 스프레이 건(도랑용)
④ 휴대용 그린드
⑤ 충전용 드릴
⑥ 해머겸용 건 드릴

⑦ 전동 원형틀
⑧ 진동대패
⑨ 휴대용 전동 샌드
⑩ 휴대용 톱
⑪ 고정용
⑫ 부탄가스용 터치 램프
⑬ 다단 플라이어스
⑭ 릴 콘센트
⑮ 몽키 렌치
⑯ 랫치 박스
⑰ 편구 렌치
⑱ L-렌치
⑲ 유리칼
⑳ 대패(막, 마감용)
㉑ 박력기
㉒ 드라이브 세트
㉓ 각종 해머
㉔ 수평자
㉕ 철자
㉖ 목욕용 자
㉗ 작업등
㉘ 벽돌 고정용 고대
㉙ 흙손(철재, 나무)
㉚ 정(노미)
㉛ 목수용 먹통
㉜ 타일 절단기
㉝ 방울 집게
㉞ 줄자
㉟ 함석가위
㊱ 쇠톱틀
㊲ 공업용 칼
㊳ 제목 줄

㊴ 줄
㊵ 공구 박스
㊶ 사이렌트 건
㊷ 곡괭이
㊸ 빠루
㊹ 휴대용 랜턴
㊺ 기계 청소용 에어컨
㊻ 나무용 톱(양날, 외날)
㊼ 추
㊽ 해머용 드라이브
㊾ 헤드용 랜턴 등

6) 관제관리분야 설비

관제용 물적 설비에는 계측기와 장비・공구 등이 있다.

가) 관제계측기

① 온도계
② 습도계

나) 관제장비와 공구

① 휴대용 무전기
② 펀셔(6″・8″)
③ 드라이버 세트(대・중・소)
④ 공구 박스
⑤ 휴대용 랜턴, 등

7) 제어 관리분야 물적 설비

제어용 물적 설비에는 계측기・장비・공구 등이 있다.

가) 제어 계측기

① 멀티 테스트기(디지털식・전자식・아날로그식)
② 전합 박스
③ 직류 전압・전류 발생기
④ 절연저항체
⑤ Rom・Writer・Eraser 세트

나) 제어장비

① 휴대용 무전기
② 조명 부착 고정 작업대
③ 해머겸용 건 드릴
④ 와이어 스트리퍼
⑤ 릴 콘센트
⑥ 몽키 렌치 세트
⑦ 다운 트랜스
⑧ 터미널 압착기
⑨ 전기 인두
⑩ 가스 인두
⑪ 핀셔
⑫ 림퍼
⑬ 롱 노스 필터(6″・8″)
⑭ 고압감전기 등

다) 제어공구

① 드라이버 세트(대・중・소)
② 주먹 드라이버
③ 시계용 드라이버
④ 작업등
⑤ 함석가위
⑥ 줄자
⑦ 쇠톱 틀
⑧ 공업용 칼
⑨ 납빨이
⑩ 휴대용 랜턴 등

8) 소방관리분야 물적 설비

소방관리분야 물적 설비에는 장비・공구・안전용품 등이 있다.

가) 소방장비

① 휴대용 무전기
② 알루미늄 A형 사다리(1.5M・2M・3M・5M 용)

③ 유압 사다리(11M)
④ 해머겸용 건 드릴
⑤ 릴 컨센트
⑥ 몽키 렌치
⑦ 연기감지기용 테스터
⑧ 열감지기용 테스터
⑨ 핀셔
⑩ 롱로즈 등

나) 소방공구
① 대 · 중 · 소 드라이브
② 작업 등
③ 줄자
④ 쇠톱 틀
⑤ 공업용 칼
⑥ 공구 박스
⑦ 휴대용 랜턴 등

9) 조명관리분야 물적 설비

조명관리분야 물적 설비에는 장비 · 공구 등이 있다.

가) 조명장비
① 휴대용 무전기
② 알루미늄 A형 사다리(1.5M · 2M · 3M · 5M 용)
③ 핸드카 등

나) 조명공구
① 해머겸용 건 드릴
② 릴 콘센트
③ 핀셔스
④ 림퍼
⑤ 롱 로즈
⑥ 대 · 중 · 소 드라이브 세트
⑦ 함석 가위
⑧ 줄자

⑨ 쇠톱 틀
⑩ 공업용 칼
⑪ 공구 박스
⑫ 휴대용 랜턴 등

10) 안전관리분야 물적 설비

소방 · 전기 · 기계 등의 안전관리용품은 다음과 같다.

① 비상구급 박스(구급 3호 의약품)
② 휴대용 산소 마스크
③ 들것
④ 화재피난용 방독면
⑤ 방연 마스크
⑥ 방연복
⑦ 담요
⑧ 도끼
⑨ 메가폰
⑩ 안전 벨트
⑪ 안전모
⑫ 절연 장화
⑬ 절연 장갑
⑭ 공구용 혁대
⑮ DS 조작봉
⑯ 고압 검전기
⑰ 검전기
⑱ 호루라기
⑲ 가스총 등

11) 현장사무실 관리분야 물적 설비

현장관리사무실 관리를 위한 물적 설비는 대체로 다음과 같다.

① 책상 및 의자
② 업무용 컴퓨터
③ 프린터 전화

④ 팩스
⑤ 복사기
⑥ 카메라
⑦ TV · 비디오 · 라디오
⑧ 책장
⑨ 금고
⑩ 캐비닛(5단)
⑪ 시계 칠판
⑫ 공구함
⑬ 냉장고
⑭ 음용수 정수기
⑮ 스캐너
⑯ 작업대
⑰ 둥근 일반 의자 세트
⑱ 사무용품
⑲ 양수기(소형 · 중형 · 대형)
⑳ 배관용 테이프
㉑ 고무판
㉒ 앙커 볼트
㉓ 너트
㉔ 철판
㉕ 함판
㉖ 기리 피스
㉗ 못(목재용 · 시멘트용)
㉘ 앵글
㉙ 스파이드 패킹(각종)
㉚ 유리관 퓨즈(각종)
㉛ 터미널(각종)
㉜ 용접봉
㉝ 온 · 냉수용 물호스
㉞ 에어 컴프레서용 에어 호스
㉟ 호스 밴드 등

12) 기타 구매대상

① 전기
② 가스
③ 유류
④ 수돗물
⑤ 운반차량(해당되는 경우)
⑥ 면장갑
⑦ 팬드 각종
⑧ 페인트 붓
⑨ 룰러
⑩ 팬턴 배터리
⑪ 각종 전선
⑫ 색소
⑬ 실밥
⑭ 세척제
⑮ 연결 콘센트
⑯ 강력접착제
⑰ 우의
⑱ 각종 전선
⑲ 콘센트
⑳ 플러그(1형, r형)
㉑ 샌드 페이퍼
㉒ 면 테이프(전기작업용)
㉓ 전기 비닐 테이프
㉔ 고무 절연 테이프
㉕ 각목
㉖ 쓰레기 수거용 손수레
㉗ 일반 자재 운반용 손수레
㉘ 짐운반용(엘리베이터 내) 담요
㉙ 급속응결 시멘트
㉚ 방수재 각종
㉛ 건축설비 매뉴얼

㉜ 건물관리 직무 매뉴얼
㉝ 건물관리 관계법령집
㉞ 부동산 세법
㉟ 샌드백
㊱ 오일확산 방지 분재
㊲ 제설작업 도구
㊳ 제설용 염산
㊴ 청관제, 제초제, 염산, 쿨링팩, 종초제 등의 약품
㊵ 휴대용 확성기
㊶ 조경시설물 도구(삽, 핸드삽, 곡괭이, 커트기, 잔디기계, 제초기 등)
㊷ 각종 설비부품(전기 · 기계 · 독신 · 소방 · 주차 · 제어 · 관제 · 터널 · 비상발전기 · 각종 펌프 · 기타 설비용품 등)

(2) 구매대상 용역

1) 구매대상 용역의 의의

용역이라 함은 일정한 대가를 받고 생산과 소비에 필요한 노무를 제공하는 것으로 서비스라 한다.

건물자산관리에는 공식적인 협의의 인적 구성체계(총괄관리자, 감독자, 근무자)만으로는 전체적인 관리가 불가능(전체용역 해당인원을 고용하는 경우 가능하나 비경제적, 비효율적임)하므로 사적 서비스를 제공하는 광의의 인적 구성체계의 용역이 필요하다. 따라서 건물자산관리에는 사설관리용역, 경비용역, 청소용역 등의 여러 가지 용역이 필요한 바 본란에서는 구매대상 용역의 종류를 기술하고 구매절차와 용역 사후관리에 대해서는 후술하고자 한다.

2) 구매대상 용역의 종류

가) 시설운영관리용역

① 자동제어 시스템 정밀검사 및 유지보수용역
② 조명제어 시스템 정밀검사 및 시스템 유지보수용역
③ T/T기계 자동제어 설비유지 보수용역
④ LED 전광판 시스템 유지보수용역
⑤ 터보 냉동기 유지보수용역
⑥ 흡수식 냉동기 유지보수용역

⑦ UPS 설비유지 보수용역
⑧ 발전설비 유지보수용역
⑨ 승강기 관리운영 보수용역
⑩ 방재 진동 제어 및 법정 점검용역
⑪ 보일러 운전 정비 및 유지보수용역

나) 환경관리용역

① 건물청소용역
② 쓰레기 분리수거용역
③ 소독 방역 관리용역
④ 조경시설물 관리용역
⑤ 악취제거용역
⑥ 바닥재 관리용역
⑦ 외벽 청소용역
⑧ 음식물 분리수거용역
⑨ 물탱크 청소용역
⑩ 정화조 청소용역
⑪ 저수조 청소용역

다) 안전관리용역

① 상주경비용역
② 기계경비용역
③ 보안순찰용역
④ CCTV 카메라촬영 대행용역
⑤ 안내용역

라) 주차관리용역

① 주차관제 설비용역
② 주차장운영 관리용역

마) 기타 관리용역

① 전기설비검사 대행용역
② 임대관리용역
③ 광고대행용역
④ 입주자관리 대행용역

⑤ 인력관리 대행용역
⑥ 소요인력 파견용역
⑦ 광고물관리 대행용역
⑧ 미술품 관리용역
⑨ 법률, 세무 등의 컨설팅 용역
⑩ 건물자산 경영개선 용역
⑪ 관리종사자 교육훈련 용역
⑫ 건축 보수공사 용역
⑬ 각종 검사용역
⑭ 안전진단 및 정밀안전진단 용역 등

제2절 구매기본계획

건물자산관리에 있어서 구매관리 담당자는 에너지와 물품 및 용역의 구매의뢰부서로부터 소요물품의 연간 사용량(수시발생물품 제외)과 용역의 종류별 소요판단을 미리 제출받아 최적의 구매계획을 수립하여야 한다. 가장 효율적인 구매를 위하여 작성되어야 할 기본 구매계획수립은 다음과 같은 내용을 포함하여야 한다.

편의상 구매기본계획은 건물관리에 필요한 구매물품(물건)을 중심으로 고찰해보기로 한다.

1. 구매물품의 품명

건물의 장착설비 기계종류는 매우 다양하고 제작회사는 각각 다를 수 있으므로 사용부품이나 자재의 규격・수치가 일정하지 아니하나 적어도 소요 부서의 사양서에 의하여 품명・규격・수치・수량・성능・강도・생산자 등의 표시에 맞는 품질의 물건(물품)을 구매할 수 있도록 하여야 하고, 기술시방서에 맞는 제품으로서 사용목적에 합당해야 하며, 가장 경제적인 것이어야 한다.

2. 구매물품의 수량

건물관리에 소요되는 물품은 에너지를 제외하고는 필요한 양만 구매하는 것이 원칙이므로 구매물품의 수량은 그리 큰 문제가 되지 아니한다.

그러나 비상시를 대비한 부속, 부품(스페어파트) 등은 사전에 미리 구매하고 재고물품으로서 보관하는 것이 편리하다.

계속적으로 소모되는 물품은 사용기간과 사용량을 계산하여 일시에 구매량을 정하는 것도 경제적인 방법이 될 수 있다. 구매물품의 수량문제는 가장 경제적인 주문량이 되도록 하거나 적정 주문량이 되게 하여야 한다. 구매물품의 종류나 수량은 관리의 성격·종류·내용 등에 따라 매우 차이가 있을 수 있다.

3. 구매물품의 가격

구매물품의 가격에 관한 계획은 구매의 기본계획에 있어서 매우 중요한 계획이다. 경험있는 관리자는 1년간 필요한 물품의 종류와 수량을 예측하고 관리예산서에 미리 반영하여 구매시점에 이를 근거로 구매가격을 산정하여야 한다. 구매품의 가격은 기술사양서에 맞는 제품을 시장에서 조사하여 경쟁가격으로 가장 유리한 가격조건이 되도록 하여 구매하여야 한다.

구매가격의 가장 중요한 것은 관리예산서에 반영된 기준가격의 범위 내에서 이루어져야 한다는 점이다. 그러므로 기준가격 설정시 충분한 시장조사 및 생산자에 대한 가격조사활동을 통하여 이루어져야 한다.

4. 구매시기

일반 제조회사의 경우에는 재고품에 따라 구매시기가 달라질 수 있으나 건물관리현장의 경우 그때그때 필요한 시기에 긴급구매하는 경향이 있다. 그러므로 구매시기는 납품서를 의뢰한 후, 즉시 또는 가장 짧은 시간 내에 관리현장에 도달하지 않으면 안 된다. 따라서 구매담당자는 당해 건물의 예상물품의 구입처나 구입물품에 대한 정보를 사전에 조사하여 충분한 정보를 미리 가지고 있어야 한다.

뿐만 아니라 인근 건물에서 긴급히 빌려 쓸 수 있는 공구·기기·부품 등이 있는지도 서로 정보를 교환해두었다가 유사시 긴급조달이 불가능한 경우 일시 빌려쓰고 후일 구매하여 돌려주는 지혜도 필요하다.

5. 구매처 또는 거래처

유리한 구매를 위해서는 좋은 구매처나 거래처가 필요하다. 좋은 구매처란 신용있는 생산자나 물품공급처로서 물품의 품질・가격・납기・거래조건・사후서비스 등이 양호한 거래처를 의미한다. 다시 말하면 품질이 기술사양서에 맞고 가격이 가장 경제적이며, 납기를 잘 맞출 수 있으며, 구매물건의 고장시 사후서비스를 잘 할 수 있는 조건을 의미한다.

기존 거래처는 미리 좋은 거래처인지 아닌지를 알 수 있으나 최초 거래처는 신용상태 등을 알 수 없으므로 초기의 시험거래를 통하여 확인해 두는 것이 현명하다.

6. 거래조건

물품의 구매에는 거래조건에 따라 구매가격이 달라질 수 있고 납기일이 단축될 수 있다. 예를 들면 대금결재방법이 현금으로 지급되는 경우 가장 유리한 조건의 구매가 가능해지고, 또 납기일도 단축된다. 거래조건의 주요 내용에는 대금지급방법, 가격인하, 전도급지급, 인도장소나 인도방법・인도시기・수송방법 등이 포함된다.

거래조건에 따라 경제적인 구매가 가능해지므로 상담시에 구매자는 가장 유리한 거래조건을 확보해야 한다. 종전의 구매개념은 회사자금의 소비자라는 인식이 팽배했으나 현재의 구매개념은 회사의 흑자경영에 지대한 영향을 주는 것으로 구매업무를 높이 평가하고 있다.

7. 구매방법

구매방법에는 수의계약 또는 경쟁입찰 계약방법이 있다.

회사 구매관리규정에 따라 일정금액을 초과하는 물품구입이나 용역은 경쟁입찰방법에 의하여 구매해야 한다.

8. 관리예산 검토

기본구매계획을 수립할 때 반드시 관리예산을 검토해야 한다. 관리예산에 없는 물품이나 용역 구매는 관리예산에 없거나 예산의 전용 역시 불가능할 경우, 긴급 구매물품 또는 용역이 아닌 경우 구매처리가 불가능하다.

따라서 구매기본계획 수립시 관리예산을 수립하고 관리예산의 범위내에서 집행하도록 해야 한다.

제3절 구매절차

건물자산관리에 소요되는 물품과 용역의 구매절차는 다소 상이하다. 물품(소요물품)은 표준 구매절차 또는 간이구매 방법(수의계약)에 의하여 구매처리가 가능하며 용역의 경우 역시 용역의 성격상 대부분 경쟁입찰에 의하여 처리되나 긴급한 보수공사 등은 수의계약 방법에 의하여 처리된다.

따라서 구매절차는 물품 구매절차와 용역 구매절차로 나누어 살펴보는 것이 현명하다.

1. 물품 구매절차

건물자산관리에 있어서는 제조회사와 같은 복잡한 구매절차보다 단순한 구매절차만으로 물품이 구매 가능하고, 회계처리 또한 가능한 특징이 있다.

건물자산의 특성에 맞는 물품 구매절차를 설명하면 다음과 같다.

(1) 구입신청

건물시설관리 각 부서로부터 물품구입서를 작성하여 구매담당자에게 제출하여 소요물품 구입을 신청한다. 구입신청서에는 필요 물품의 품명 · 규격 · 수량 · 소요시기 · 용량 · 시험성적서 등과 사양, 신청부서명을 기록하여 신청서를 제출하되 구입시간을 충분히 고려하여 구입신청서 2부를 작성, 사용 1개월 전에 구입을 의뢰하여야 한다.

구입신청서 1부는 신청부서에서 보관하고, 1부는 구매담당자에게 제출한다.

(2) 구입신청서 검토 및 견적자료 배포

구매담당자는 구매신청서에 기록된 구매신청 물품의 내용 · 납품조건 · 지불조건 · 규격 · 수량 · 단위 · 종류 · 납기일 · 납기장소 등을 상세히 검토하고 납품가능 거래처나 생산자들에게 송부하여 2~3개 거래처 또는 납품업체로부터 샘플과 실험서, 브로슈어와 함께 견적서를 접수받는다.

(3) 예산확인 및 구매결정

구매담당자는 접수된 견적서 등을 검토하고 예산을 검토한 후 구매물품의 내용을 대비하여 구매방법 등 구매의견을 첨부하여 구매결정권한이 있는 자의 승인을 받는다. 구매결정에 반드시 최유리구매가 될 수 있도록 사전에 납품업체와 협의하여 가격의 조정, 지불조건, 납기일 이행보장 등을 분명히 하여야 한다.

(4) 주문서 발송

제조회사의 경우 주문서는 주문서 원안, 주문카드, 주문보고서, 주문서 발주통지서 등을 작성하여 주문서 원안과 주문카드는 구매담당과로, 주문보고서는 경리과나 회계과로 송부하여 회계처리 또는 대금납부 지불계획에 활용하도록 하고, 발주통지서는 매수신청자에게 송부하고, 주문서는 거래처나 거래업자에게 송부한다.

그러나 이러한 절차는 제조회사에서는 매우 좋은 절차이나 긴급을 요하는 건물관리현장에서는 다소 맞지 않는 절차이므로 주문구매결정서(구매품의서)는 구매담당자가 보관하고, 주문서는 거래업자에게 송부하며, 발주통지는 구매신청자에게, 구매결정서 사본은 경리과에 통보함으로써 구매신청자는 구매물품의 수령과 사용에 대비하게 하고, 경리담당자는 구매물품의 대금지불을 준비한다.

이러한 주문서 등의 서류는 가능한 한 행정업무 간소화에 맞추어 전산처리하나 서류작성시간 단축을 위하여 한번에 작성되는 것이 바람직하다. 주문서 발급부서는 거래처의 납기를 관리하여 예정된 납기일에 납품되도록 사후관리를 해야 한다.

(5) 물품의 납품검수 및 재고대장 기록

납품업자는 주문받은 물건의 현품과 지정납품서와 접수처, 검수서 원안을 물품에 첨부하여 납품하면 구매담당자는 지정납품서만 접수하고 물품과 납품서, 검수서, 검수서 원안을 구매신청자 및 창고담당자에게 보낸다.

구매의뢰자와 창고담당자는 납품서와 발주통지서를 확인하여 주문물품 여부, 수량의 부족이 없는지, 기술사양에 맞는 물품인지 확인하고, 납품서는 구매담당자에게, 물품수령서는 수령날인 후 납품업자에게 교부한다. 제조회사의 경우 창고담당자의 물품수령 후에 별도의 검수과정을 두어 창고 담당자가 검사표・구매표・검수통지서・구입보고서・조달전표 등을 구입물품에 첨부하여 검사과에 보내고, 이를 검사과에서 수령받아 검수하는 절차를 밟게 되나, 건물관리현장의 사정상 이러한 표준구매절차 이행이 쉽지 않다.

따라서 창고담당자와 물품구매 신청자는 함께 검수하고 수령하여 수령대장에 등재한 후 행정절차에 따라 사용하고 재고대장만 정리하도록 하여야 한다.

(6) 대금지불

구매담당자는 물품의 수령과 동시에 외상매입원장에 등재하고 지불기일 전에 지불청구서를 작성, 경리과에 송부하고, 경리과는 지불청구서를 지불계획서와 확인하여 지정기일에 지불한다. 영수증을 받아두는 것은 물론이다.

경리과는 지불결과를 구매담당자에게 통보하여 외상매입원장을 정리하게 하고, 경리과는 회계처리함으로써 구매절차는 모두 끝나게 된다.

2. 용역 구매절차

건물자산관리에 필요한 용역은 매우 다양하다. 따라서 양질의 용역을 제공받아 적절하게 사용함으로써 경제적 방법으로 관리가 가능할 뿐 아니라 관리업무의 효율성을 얻을 수 있다.

용역구매 역시 대부분의 용역의 경우 경쟁입찰방법에 의하여 처리되나, 긴급보수나 단기용역이나 금액이 경미한 용역의 경우 수의계약에 의하여 구매된다.

(1) 경쟁입찰 계약에 의한 용역업자 선정 절차

장기 용역 또는 일정한 금액을 초과하는 용역은 경쟁 입찰계약방법에 따라 다음의 절차에 의하여 처리된다.

경쟁입찰 절차는 대체로 다음과 같다.

① 용역상황 발생
② 용역 검토 및 계획 수립(시방서, 내역서 작성 및 비용산출)
③ 시행 내부품의 및 승인
④ 공고
⑤ 입찰 등록 및 현장 설명
⑥ 입찰 실시
⑦ 예정 낙찰자 결정 및 계약서류 접수
⑧ 낙찰자 선정 및 계약방법 등 품의
⑨ 계약 체결
⑩ 현장 투입

⑪ 용역업체 사후관리(대금 정산 등)

(2) 수의계약 방법에 의한 용역업체 선정절차

긴급보수나 단기용역 또는 경비한 용역은 사전에 등록된 협력업체 중에서 선정하고 내부 품의를 받아 약식으로 수의계약하는 바 그 절차는 다음과 같다.

① 긴급보수상황 발생
② 상황보고 및 긴급보수작업 승인
③ 해당 협력업체(2, 3개 업체)통보, 현장설명
④ 견적서 접수 및 대비
⑤ 보수업체 선정 및 계약방법 품의
⑥ 계약 체결
⑦ 공정표 접수 및 보수작업 수행, 작업일지 작성, 감독
⑧ 용역검사 실시, 용역검사조서 작성
⑨ 용역대금 지불

제6장 건물자산보험관리

제1절 건물보험의 기초개념

1. 건물보험의 개요

건물보험(building insurance)이란 건물소유자가 소유하고 있는 건물자산이 화재 · 폭발, 비행물체나 차량 충돌, 태풍, 군중시위 등과 같은 각종 재해요소와 건물을 상대로 제기될 수 있는 소송으로부터 보호받기 위해 일정액의 보험료를 지불하고 재해요소(risk)를 보험회사에 전가시키는 제도이다. 이런 점에서 보험을 risk management라고 하기도 한다.

일반적으로 건물보험이라고 하면 건물구조(structure)에 대한 보상(coverage)으로만 이해되는 경우가 있으나, 관리대상 건물에 영구적으로 부속되어 있는 시설물, 즉 냉동시설, 배기시설, 냉방시설, 주방시설, 식기세척시설, 카펫, 주차장 등과 같은 부속시설물에 대한 보상을 포함한다는 것으로 인식하여야 한다.

건물보험은 크게 building(일반적으로 화재보험이라고 함)과 liability(상해보험)의 두 요소로 이루어져 있다. 앞에서도 언급했듯이 각종 재해요소로부터 건물소유자를 보호해주는 liability로 구성되어 있다. 이 요소 중 어느 하나만을 가입할 경우 mono line이라고 하고 이를 함께 가입할 경우 package라고 한다.

건물보험의 보험료를 결정하는 요소는 다음과 같다.

첫째, 화재와 상해의 보상범위
둘째, 가입하고자 하는 보험유형
셋째, 건물구조 급수
넷째, 건물의 위험업종

이를 분설하면 다음과 같다.

① 보험가입자가 화재, 상해 부분의 보상범위를 얼마로 할 것인가에 따라 보험료가 결정된다.

② 건물보험 policy는 basic, broad, special 등 3가지 유형으로 구성되어 있다. basic form은 화재, 폭발, 태풍, 매연, 비행물체나 차량 충돌, 군중시위나 데모 등과 같은 기본적인 위험요소로부터 보호해주며, broad form은 basic form

에 유리파손, 모든 공중 낙하물로 인한 손실, 눈, 진눈깨비 등의 무게로 인한 손실, sprinkler, heating system 등에서 새어나온 손실 등을 첨가시킨 형태이며, special form은 몇 가지 위험요소를 제외하고는 다른 모든 위험요소로부터 보호한다.

③ 건물이 벽돌, 목재 건물이냐에 따라 보험료가 결정된다. 목재건물이 화재 등과 각종 위험요소로부터 노출이 크므로 보험료가 높다.

④ 건물의 크기, 즉 연건평이 얼마인지와 아파트 건물의 경우는 가구수에 따라 보험료가 결정된다.

건물보험을 가입하고자 하는 건물소유자는 전술한 4가지 정보를 정확히 판단하여 가입하여야 한다.

건물보험을 가입하고자 하는 건물소유자는 적은 보험료를 지불하기 위해 실제 건물가보다 훨씬 낮은 보상범위를 가입하려고 하는 반면, 보험회사는 보다 많은 보험료를 부과시키기 위해 보험가입자들이 많은 보상범위 보험을 가입하기를 원한다. 여기서 적용되는 개념이 Co-Insurance의 개념이다.

Co-Insurance의 개념은 보험료를 적게 지불하기 위해 보상범위를 낮추려는 보험가입자와 이에 반해 보상범위를 높여 높은 보험료를 부과시키려는 보험회사 사이에 합의점을 바탕으로 보험가입자는 최소한 건물 value의 80% 이상의 보상범위를 가입해야 한다는 것이다. 건물보험은 건물보험 중 보험료결정요소를 참고하여 화재보험과 배상책임보험에 가입하고 관리종사자를 위하여 사회 4대 보험에 가입해야 한다.

2. 보험의 일반개념

보험을 한마디로 정의하기란 쉽지 않다. 그러나 보험이란 일반적으로 동일한 우발적인 사고와 같은 위험에 처해 있는 다수인이 사고(재해)로 인하여 발생되는 경제적인 수요를 충족하기 위하여 대수법칙(과학적 기초)에 따라 다수가 공동으로 갹출한 공동준비재산에서 일정금액을 급여하는 제도를 의미한다. 즉, 보험은 불확실성을 확실성으로 전환시켜 실제손실을 평균손실로 대체하여 위험으로부터 손실을 최소화하는 제도라 할 수 있다.

그러므로 건물자산관리에 있어서 보험은 매우 중요하고 필요한 제도이다.

3. 보험의 필요성

보험은 다음과 같은 이유로 건물자산관리에 반드시 필요하다.

① 건물관리현장에는 기술위험 · 경영위험 · 법률위험 · 환경위험 · 보안위험 등 여러 가지 크고 작은 위험이 잠재되고 있거나 생성되고 있다.
② 이상과 같은 위험이 사고로 나타나고 사고로 인한 재해가 발생되므로 인적 · 물적으로 손실의 최소화와 이들 재해의 피해를 보상할 수단과 제도가 필요하다.

4. 보험의 기능

보험은 건물자산관리와 관련하여 본질적 기능과 부수적 기능을 가지고 있다.

(1) 본질적 기능

① 잠재적 위험에 대한 불안제거 또는 경감
② 개인 · 사회 · 국가의 안정 도모

(2) 부수적 기능

① 신용보완적 기능
② 사회적 기능
③ 금융적 기능
④ 국제적 기능

5. 보험의 특성

보험에는 다음과 같은 특성이 있다.

① 사고의 불확실성과 우연성
② 위험의 동질성
③ 위험의 다수성
④ 보험료 및 보험금의 산정

6. 보험법의 개요

(1) 보험법의 의의

보험법이란 넓은 의미로 보험에 관계되는 법규 전체를 의미한다.

우리나라의 보험법은 여러 개의 법으로 광범위하게 분류되고 구성되어 있다. 즉, 산업재해보상법, 군인보험법, 자동차손해배상보험법, 선원보험법으로 구성되어 있는데 이를 이원적으로 구분하면 다음과 같다.

① 보험공법(공보험, 보험사업규제, 감독)
② 보험사법(보험계약법, 보험기업의 주체)

(2) 보험법의 특성

좁은 의미의 보험법은 보험계약법을 의미한다. 보험법의 특성은 다음과 같다.

1) 단체성

같은 위험(동종의 위험)을 느끼는 다수의 사람이 위험단체를 구성, 보험료의 총액과 보험금의 총액이 균형을 이루어야 한다는 단체성의 특성을 가지고 있다.

2) 기술성

보험제도는 사람들이 우발적으로 특정의 사고위험을 당하는 다수인의 집단을 형성, 대수의 법칙(과학적 기초)에 의해 산출된 보험료를 징수·납부하게 함으로 인하여 위험을 분산함으로써 수리적(수학적) 계산에 의해서 산출된 것이다. 그러므로 기술적인 토대(구조)를 가지고 있다는 특성이 있다.

3) 강행 법규성

보험은 보험당사자가 그 내용을 임의로 정하나 특약에 의해서도 보험계약자나 피보험자·보험수익자들에게 불이익이 되도록 변경·수정하지 못하는 강행 법규성이 있다. 그러나 반(半)면적 강행 법규성이다.

4) 사회성과 공공성

보험제도는 산업사회의 필수적 이용제도로 사회성과 공공성을 가지고 있다.

(3) 보험계약

1) 보험계약의 의의

보험계약이라 함은 계약당사자 중 일방이 계약내용상의 불확정한 사고를 당하였을 때 그로 인한 손해를 보상 또는 일정한 금액(약정 금액)을 지급하는 계약을 의미한다.

상법 제638조에서는 보험계약자는 당사자 일방이 보험금액을 지급하고 상대방이 재산 또는 생명, 신체에 관하여 불확정한 사고가 생길 경우에 일정한 보험금액 또는 기타 급여를 지급할 것을 약정함으로써 효력이 생긴다고 규정하고 있다.

2) 보험계약의 성질

보험계약은 다음과 같은 성질이 있다.

① 낙성 계약성
② 유상 계약성
③ 쌍무 계약성
④ 불요식 계약성
⑤ 영업적 상행위성
⑥ 사행 계약성
⑦ 선의 계약성
⑧ 계속 계약성
⑨ 부합 계약성
⑩ 독립 계약성

3) 보험계약자

보험계약자는 협의의 보험계약자와 광의의 보험계약자 두 가지로 나누어진다.

가) 협의의 보험계약자

① 보험자
② 보험계약자
③ 피보험자와 보험수익자(보험계약 이해관계자)

나) 광의의 보험계약자

① 보험목적물의 소유자
② 물상담보권자
③ 보험중개인

④ 보험대리점
⑤ 보험의(醫)
⑥ 보험금채권의 질권자
⑦ 보험모집인

4) 보험사고의 의의

손해보험에 있어서 보험사고란 계약서상에 규정되어 있는 보상의무를 구체화한 사고를 의미한다. 보험사고에는 자연적 사고와 인위적 사고가 있다.

5) 보험의 성립요건

보험사고가 성립이 되려면 다음과 같은 요건이 충족되어야 한다.

① 우연성
② 불확실성
③ 발생가능성
④ 한정성
⑤ 대상의 필요성

6) 보험의 목적

보험의 목적이란 보험사고 발생의 객체를 의미한다.
즉, 사람의 생명·신체와 경제상의 재화를 보험의 목적이라 한다.

7) 보험료

보험료란 보험사고에 대하여 보험자가 책임을 부담하는 데 대한 상대방의 보수를 의미한다.

8) 보험금액

보험금액이란 보험자가 보험사고 발생시에 피보험자 또는 보험수익자에게 지급하는 금액을 말한다.

9) 보험기간

보험금 지급은 일정한 기간 내에 발생한 보험사고에 대하여 지급하는데 이와 같은 일정한 기간을 보험기간·위험기간·책임기간이라 한다.

10) 보험료기간

보험료를 산출하기 위하여 표준이 되는 기간을 의미한다.

11) 보험약관

보험약관이란 보험계약 내용을 미리 정하고 보험계약의 내용을 이루는 것으로 표준적·보편적·일반적인 내용을 정형화한 계약조항을 의미한다.

특약이나 반대의사표시가 없는 한 그대로 계약내용으로 유효하다.

보험약관에는 다음과 같은 것이 있다.

① 보통보험약관
② 특별보통보험약관(부가약관)
③ 특별보험약관

12) 보험증권

보험증권이란 보험계약 성립 후 보험자가 보험계약 상대방(보험계약자)의 청구에 따라 보험계약 내용을 증명하기 위하여 발생하는 증권을 말한다. 보험증권의 법적 성질은 다음과 같다.

① 증거증권성
② 면책증권성
③ 불완전 유가증권성(일부 유가증권성)
④ 유인증권성
⑤ 상환증권성

제2절 화재보험

1. 화재보험의 의의

화재보험이란 화재로 인하여 발생할 우려가 있는 인명피해와 재화의 손실 등 경제생활의 불안을 제거하거나 경감하기 위하여 각 개인의 재해위험을 합리적 계산에 의해 분담하여 단체적인 경제준비를 마련하는 보험이다.

공동주택의 입주자들이나 일반임대용 건물이나 오피스텔 등과 같은 다중이 모이는 곳에서는 항상 예기치 않은 갖가지 사고를 고려하여 보험에 대비하여야 한다.

이러한 보험가입은 화재·폭발, 기타 재해사고가 발생하였을 때 보험료를 배상받아 경제적 만족을 얻거나 또는 손해를 최소화할 수 있기 때문이다.

2. 화재보험의 법적 근거

건물의 화재보험의 법적 근거는 상법 제4편 손해보험편과 화재로 인한 재해보상과 보험가입에 관한 법률이다.

3. 특수건물 소유자 화재보험 의무가입

화재로 인한 재해보상과 보험가입에 관한 법률(보험가입법) 제5조에 의하면 특수건물 소유자는 소유권 취득일로부터 30일 이내, 신축건물의 경우 사용승인일로부터 30일 이내에 손해보험회사에 의무적으로 신체상해배상특약부화재보험 가입을 강제하고 있다.

특수건물의 범위는 다음과 같다(건물의 규모는 동법 시행령 참조).

① 국유건물
② 교육시설
③ 백화점
④ 시장
⑤ 의료시설
⑥ 흥행장

⑦ 숙박업소
⑧ 공장
⑨ 공동주택
⑩ 다수인이 근무하고 있거나 출입하는 건물로서 대통령령이 정한 건물

또한 특수건물 소유자는 매년 특약부 화재보험을 갱신해야 하고, 신규계약 체결시 또는 갱신할 때 반드시 한국화재협회로부터 안전점검을 의무적으로 받아야 한다.

4. 화재보험의 특징

화재로 인한 재산손해를 담보하는 보험으로서 보험가입대상으로는 빌딩, 구축물, 시설, 기계, 공구・기구, 가재, 집기비품, 차량, 재고자산 등이 있다.

5. 가입대상

주택・사무실・상가・공장 등의 일반건물과 특수건물 및 이에 수용된 모든 자산이 가입대상이 된다.

6. 상품의 종류

건물화재보험에는 다음과 같은 보험의 종류가 있다.

① 주택화재보험
② 일반화재보험
③ 공장화재호험

7. 담보내용

화재보험의 담보내용은 기본계약에 따르면 대체로 다음과 같다. 즉 기본계약에 따라 보상되는 손해를 말한다.

① 화재(벼락 포함)에 따른 손해
② 화재(벼락 포함)에 따른 소방손해

③ 화재(벼락 포함)에 따른 피난손해(피난지에서 5일 동안 생긴 화재·소방 손해)
④ 폭발·파열위험 : 주택화재는 보통약관에서 담보, 일반 및 공장화재에서는 특별약관으로 담보 가능
⑤ 특약으로 담보 가능한 손해 : 전기위험, 풍수재, 소요, 노동쟁의 등으로 인한 손해

8. 보상 안 되는 손해

화재보험에서 보상되지 않는 손해는 다음과 같다.

① 보험계약자·피보험자 등의 고의 및 중과실
② 피보험자와 세대를 같이하는 친족 및 고용인의 고의
③ 화재시의 도난·분실·폭발·자연발화 및 발효 등의 손해
④ 화재 당시 연기로 인한 손해
⑤ 완전히 타지 않았으나 그을린 손해
⑥ 피난행위로 인한 손해
⑦ 화재진화 등으로 파손 및 유실손해
⑧ 타버린 물건

9. 보험가입방법

화재보험 가입방법은 보험가입자의 신청→보험사접수 및 심사→다음의 사항을 확정한 후 계약체결순으로 진행된다.

① 건물 가입금액 확정(보통 평당 건축비의 시세로 결정)
② 보상받고자 하는 동산 등의 가입금액 확정(현금은 가입대상 제외)
③ 기본담보 이외의 추가위험이 있는지 추가위험담보 확정

10. 보험료의 결정

① 보험료는 가입하고자 하는 목적물의 업종 위험도에 따라 보험요율이 결정된다.
② 한 건물 내에 다수의 업종이 있으면 제일 위험한 업종으로 보험요율이 결정된다.
③ 건물의 구조급수에 따라 보험요율이 결정된다. 대체로 2층 이상의 콘크리트

슬라브 건물에는 1급요율이 적용되어 저렴하다.

④ 특수건물에는 특수건물 할인이 적용되어 보다 저렴하게 가입할 수 있다.

11. 지급보험금의 결정

① 계약자가 결정한 가입금액과 계약자의 실제보험가액(건물가·동산가) 일치시 지급보험금은 손해액×보험가입금액/보험가액으로 지급된다.

② 손해발생시 지급보험금은 손해액에 대하여 보험가액에 대한 보험가입금액의 비율로 보상하는 비례보상원칙이 적용되므로 보험계약 체결시 보험가액의 정확한 평가와 더불어 이에 대응한 적절한 보험가입금액의 설정이 매우 중요하다.

12. 보험료 부담

보험료의 부담은 건물의 성격에 따라 다음과 같이 부담한다.

① **분양공동주택** : 소유권자, 즉 입주자 부담

② **임대공동주택** : 소유권자, 즉 사업주체 부담

③ **일반건물** : 소유권자, 즉 소유자체 부담

13. 보험료 지급청구

화재사고 발생 후 보험지급청구서를 손해보험회사에 청구해야 한다.
청구서의 기재사항은 다음과 같다.

① 청구자의 주소, 성명

② 사망자에 대한 청구는 청구자와 사망자의 관계

③ 피해자와 보험계약자의 주소, 성명

④ 사고발생 일시, 장소, 그 개요.

⑤ 청구금액과 산출 기준

⑥ 진단서·검안서, 기타 증빙서류

14. 보험료 지급

손해보험회사는 보험신청이 있는 경우 정당한 사유가 없을 때는 지체없이 보험금을 지급해야 한다.

제3절 영업배상 책임보험

1. 의 의

기업의 시설이나 업무수행과 관련한 사고로 인해 피보험자가 제3자에게 지게 되는 법률상의 배상책임을 담보한다.

2. 담보내용

시설소유관리, 각종 공사, 생산물의 하자, 건설기계 운행 및 작업수행 등 각종 시설 및 업무에 따른 사고로 인한 배상책임을 담보한다.

3. 종 류

건물영업배상 책임보험에는 다음과 같은 것이 있다.

① 시설소유(관리)자 배상책임보험
② 도급업자 배상책임보험
③ 화재 및 임차자 배상책임보험
④ 주차장 배상책임보험
⑤ 곤도라운영자 배상책임보험
⑥ 생산물 배상책임보험
⑦ 창고업자 배상책임보험
⑧ 선박수리업자 배상책임보험

⑨ 경비업자 배상책임보험
⑩ 가스사고 배상책임보험
⑪ 도로운송업자 배상책임보험
⑫ 체육시설업자 배상책임보험 등

4. 시설소유(관리)자 배상책임보험

(1) 특 징

피보험자가 소유·사용·관리하는 시설 및 그 시설의 용도에 따른 사무활동으로 발생한 우연한 사고로 제3자의 신체적·물적 손해를 보았을 경우 법률상의 배상책임 손해를 보상해주는 보험이다. 또한 시설소유(관리)자 배상책임보험은 영업배상책임보험의 일종으로서 형식적으로 보면 영업배상책임보험의 특별약관으로서 첨부되는 내용이다.

(2) 가입대상

1) 일반시설

상점(백화점·도소매시장 등), 음식점, 병원, 약국, 한약방, 사무용 빌딩, 목욕탕, 안마시술소, 숙박시설, 예식장, 사설강습소, 운전학원, 극장, 영화관, 독서실, 도서관, 박물관, 전시장, 교회, 성당, 사찰, 노래방, 비디오방, 오락실, 이용원, 미장원, 사진관, 세탁소, 모델하우스, 광고판, 엘리베이터, 에스컬레이터, 자동보도, 케이블카, 자동세차기 등이 가입대상이 된다.

2) 놀이시설

유아놀이시설, 낚시터, 주유소, 유원지, 스키장, 눈썰매장, 서울대공원 같은 위락시설 등 다양한 형태의 시설을 소유 또는 임차한 경우 시설소유(관리)자 배상책임보험의 가입대상이 된다.

(3) 가입 필요성

가입 필요성은 다음과 같다.

① 배상책임사고에 대한 경제적 위험전가
② 이미지 제고 효과
③ 사고처리 관련시간 절약(보험자 소송대행)

(4) 보상하는 손해

보상하는 손해는 다음과 같다.

1) 손해배상금

한도액 내에서 피해자에게 지급한 법률상 배상금

2) 손해방지비용

사고가 발생한 후 손해의 방지 또는 경감을 위하여 회사의 동의를 받아 지급한 필요 또는 유익하였던 비용, 단 사고시 인명피해에 대해 계약자가 취한 응급처치, 긴급후송비용

3) 소송비용

사전 회사의 동의를 받아 지급한 소송비용, 변호사비용, 중재화해 또는 조정에 관한 비용

4) 공탁보증료 보험

증권상 보상한도액 내의 금액에 대한 공탁보증보험료, 그러나 보증을 제공할 책임, 피보험자 협력비용

(5) 보상하지 않는 손해

① 보험계약자 또는 피보험자의 고의로 생긴 손해에 대한 배상책임
② 보험계약자 또는 피보험자가 소유・점유・임차・사용하거나 보호・관리・통제하는 재물이 손해를 입음으로써 그 재물에 대하여 정당한 권리를 가지는 사람에 대한 손해배상책임(보관시설을 갖추고 고객으로부터 받은 수탁물건 또는 임차한 물건에 대한 손해는 특약으로 담보됨)
③ 피보험자의 근로자가 피보험자의 업무에 종사중 입은 신체장해에 대한 손해배상책임
④ 시설의 수리・개조・신축 또는 철거공사로 생긴 손해에 대한 배상책임(단 통상적인 유지・보수작업으로 생긴 손해에 대한 배상책임은 보상한다)
⑤ 피보험자가 소유・점유・임차・사용 또는 관리하는 자동차・항공기・선박으로 손해에 대한 배상책임(주차장 배상책임의 경우는 제외됨)

(6) 가입시 필요사항

① 시설내용과 규모(면적, 영업시설 개수, 좌석수, 매출액, 이용인원 수 등)

② 사업자등록증 사본

5. 주차장 배상책임보험

의의 및 담보범위는 다음과 같다.

피보험자가 소유・사용・관리하는 주차시설과 그 시설의 용도에 따른 주차업무의 수행 중 주차를 목적으로 수탁받은 차량이나 타인에게 입힌 법률상 배상책임손해를 담보로 하는 보험을 말한다. 담보범위는 다음과 같다.

① 주차장에 주차한 차량이 도난되는 경우
② 주차관리인이 주차차량을 정리하다 타 차량과 충돌하여 손해를 입힌 경우

6. 가스사고 배상책임보험

(1) 의 의

가스사고로 인한 제3자에게 지게 되는 배상책임을 담보하는 보험을 말한다.

(2) 담보내용

가스폭발・파열・화재・누출로 일어난 사고로 인하여 발생한 신체장해, 재물손해

(3) 기 타

의무보험

(4) 다른 의무보험과의 관계

가스폭발로 인한 화재발생으로 상해사고 발생시 다른 의무보험인 화재보험으로 보상하고 초과손해에 대해서만 가스배상책임보험으로 보상한다. 그러나 사망의 경우는 타보험과 상관없이 전액 지급한다.

제4절 사회4대보험

사회4대보험에는 산업재해보상보험, 국민연금, 국민건강보험, 고용보험 등이 있다.

1. 산업재해보상보험

(1) 의 의

산업재해보상보험이란 산업재해보상보험법에 의하여 사용자(관리주체)가 근로자의 업무재해에 대한 재해보상책임을 보험화한 것으로 보통 산재보험이라고 한다. 관리주체는 근무자의 관리업무상 재해에 대하여 공정하고 신속한 보상을 위하여 산재보험에 가입해야 한다.

(2) 적용범위 및 보험가입

1) 적용범위

모든 사업 또는 모든 사업장을 적용범위로 한다(다만, 위험률 규모 및 사업장소 등을 참작하여 일정한 사업은 그러하지 아니한다).

2) 보험가입

가) 당연가입

사업주는 당연히 산재보험의 가입자가 된다(법 제7조제1항). 일정한 경우에는 사업의 사업주는 근로복지공단의 승인을 얻어 보험에 가입할 수 있다(법 제2항).

나) 의제가입

당연가입자가 되는 사업의 사업규모의 변동으로 인하여 일정한 사업에 해당하게 되는 경우에는 당해 사업주는 그 해당하게 된 날부터 근로복지공단의 승인을 얻어 보험에 가입한 것으로 본다(법 제8조).

3) 보험관계 성립과 소멸일

가) 성립일(동법 제10조)

① 당연가입자, 당해 사업이 개시된 날

② 근로복지공단의 승인, 사업주가 승인을 얻은 다음날

나) 소멸일

① 사업이 폐지된 날, 또는 종료된 날의 다음날

② 사업주가 보험계약을 해지한 경우에는 그 해지에 관하여 근로복지공단의 승인을 득한 날의 다음날

③ 근로복지공단의 보험관계의 소멸을 결정·통지한 날의 다음날

4) 보험관계 등의 신고

사업주는 보험의 가입자가 되거나 사업의 폐지·종료로 인하여 보험관계가 소멸한 때에는 각각 사업일 또는 보험관계 소멸일로부터 14일 이내에 이를 근로복지공단에 신고하여야 한다(법 제12조).

5) 보험료

가) 보험료의 산정

산재보험료는 사업주(관리주체)가 전담하여 사업의 임금총액을 동종 사업에 적용되는 보험률을 곱한 금액으로 사정한다. 이때 보험요율은 각 사업종류별 재해율을 기초로 하여 노동부 장관이 정한다.

즉, 보험료는 임금총액 보험요율의 산식으로 보험료를 정한다. 이때 보험요율의 기초란 매년 9월 30일 현재 과거 3년간의 임금총액에 대한 보험급여총액의 비율을 의미한다.

나) 계산보험료의 신고와 납부

보험가입자(관리주체)는 매 보험연도마다 1년간 사용할 모든 근로자에게 지급할 임금 추정액에 보험요율을 곱하여 산정한 보험료를 보험연도 초일 또는 보험관계 성립일로부터 70일 이내에 공단에 신고·납부하여야 한다. 납부방법은 일시납부가 원칙이나 분할납부도 가능하다.

다) 확정보험료 신고와 납부

① 보험가입자는 매 보험연도 말일, 또는 보험관계가 소멸하는 날까지 사용한 모든 근로자에게 지급한 임금총액에 보험요율을 곱하여 산정한 확정보험료를 대통령령이 정하는 바에 의하여 다음 보험연도 그날부터 70일 이내에 공단에 신고하여야 한다(소멸한 사업은 30일 이내).

② 계산보험료와 확정보험료의 금액간의 초과액은 반환하여야 하며, 부족액은 다음 연도 초일부터 70일 이내 납부하여야 한다.

라) 보험의 청구

근로자는 업무상 재해를 당하여 부상하거나 사망한 경우 보험급여를 받을 수 있는 수급권자가 보험급여를 청구하게 되면 노동부 장관은 이를 지급한다. 보험급여에는 요양급여 · 휴업급여 · 장애급여 · 유족급여 등이 있다.

마) 소멸시효

보험료를 징수하거나 그 반환받을 권리 및 보험급여를 받을 권리는 3년간 행사하지 아니하면 소멸시효가 완성된다(법 제96조).

(3) 적용범위

전국민을 대상으로 하며 대통령령으로 정하는 사업장의 근로자는 당연히 직장의료보험조합의 보험자가 되나 다음은 제외된다.

① 일용근로자(2개월 초과해서 계속 사용되는 경우에는 그러하지 아니하다)
② 3개월 이내의 기간을 정하여 사용되는 근로자(그 기간을 초과하여 계속 사용할 때는 그때부터 그러하지 아니하다)
③ 소재지가 일정하지 아니한 근로자
④ 비상근 · 시간제근로자 등 사업장에서 상시 근로에 종사할 목적으로 사용된 자가 아닌 자
⑤ 지역의료보험조합의 상임 · 대표이사와 그 직원

한편 임의계속 피보험자의 범위는 다음과 같다.

① 사용관계가 종료된 때에 의하여 피보험자의 자격을 잃은 자가 그 자격을 잃은 날로부터 14일 이내에 신청을 하는 때에 피보험자가 계속하여 소속되어 있던 조합의 피보험자가 될 수 있는 기간은 6개월 이내로 한다.
② 임의계속 피보험자가 될 수 있는 자는 피보험자가 자격을 잃은 날의 전날까지 계속하여 3개월 이상 소속조합의 피보험자이었던 자라야 한다.

(4) 직장 피보험자 자격의 취득 및 상실

① 피보험자는 사업장에 사용된 날 그 자격을 취득하며 반면에 사망, 국정상실, 사용관계 종료, 의료보호 대상자가 될 때에는 그 자격을 상실한다.
② 자격을 상실 · 취득한 자는 그로부터 7일 이내에 조합에 신고하여야 한다.

(5) 보험료

1) 부담자

직장보험의 보험료는 사용자와 근로자가 각각 100분의 50을 부담한다(단 임의계속 피보험자는 자신이 전액 부담한다).

2) 보험료액

직장조합의 요액은 각 월에 대하여 피보험자의 표준 월 보수액에 보험요율을 곱하여 얻는다.

3) 보험요율

1,000분의 20 내지 1,000분의 80 범위 내에서 조합정관으로 정한다.

4) 납 부

직장 피보험자의 보험료는 사용자가 매월 납부하되 사용자는 직장 피보험자가 부담하여야 할 당월분의 보험료를 그 보수로부터 공제하여 그 다음날 10일까지 납부한다.

(6) 보험급여의 제한

① 피보험자 자신의 범죄행위나 고의로 사고가 발생했을 때
② 보험자, 요양취급기관의 지시를 따르지 않는 경우는 전부나 일부를 받지 못한다.
③ 다른 법령에 의하여 요양을 받거나 요양비를 지급받을 때에는 그 한도 내에서 보험급여를 받지 못한다.
④ 다른 보험급여나 보상을 받을 경우 보험금은 받지 못한다.

2. 국민연금

(1) 관련법령

1) 회사설립신고

국민연금법 제8조제1항 및 동법 시행규칙 제3조에 따라 회사설립 후 약 7일 이내에 신고해야 한다.

2) 피보험자 자격취득신고

국민연금법 제11조제1항 및 동법 시행규칙 제10조제1항에 따라 입사 후 7일 이내에 자격취득신고를 해야 한다.

(2) 피보험자 자격취득신고절차

피보험자 자격취득신고절차는 다음과 같다.

신고서제출→신고서접수 및 확인→신고서처리→자격취득 및 확인통지(소속회사)(국민연금관리공단)→수령(소속회사, 보험자)

(3) 필요서류

국민연금관리공단의 소정양식인 피보험자 자격취득신고서를 제출하면 된다.

(4) 보험료 납부

보험료 납부금액은 다음 방법에 따라 계산된다.

총 월급(식대 중 50,000원 공제)×보험요율(회사 : 50% 부담, 보험자 : 50% 부담)

(5) 피보험자 자격상실신고

1) 관련법

국민연금법 제12조제1항 및 동법 시행규칙 제11조제1항

2) 필요서류

사업장가입자 자격상실신고서(국민연금관리공단 소정양식)

3) 신고절차

취득신고절차와 동일하다.

3. 국민건강보험

(1) 관련법령

국민건강보험법 시행규칙 제3조가 국민건강보험의 근거법령조항이다.

(2) 신고절차

국민건강 신고절차는 다음과 같다.

신고서제출→신고서접수 및 확인→신고서처리→자격취득 및 확인통지(소속회사) (국민건강보험공단)→수령(소속회사, 보험자)

(3) 필요서류

피보험자 자격취득신고서(국민건강보험공단 소정양식)

(4) 보험료 납부

보험료 납부 금액은 다음과 같이 산정된다.

총 월급(식대 중 50,000원 공제)×보험요율(회사 : 50% 부담, 보험자 : 50% 부담)

(5) 피보험자 자격상실신고

1) 필요서류

직장가입자자격상실, 퇴직시 보수총액통보서(국민건강보험공단 소정양식)

2) 신고절차

취득신고절차와 동일하다.

4. 고용보험(실업급여, 고용안정, 직업능력개발, 임금채권부담금)

(1) 관련법령

1) 회사설립신고

고용보험법시행령 제5조 및 동법시행규칙 제6조제1항 또는 동법시행령 제6조제1항 및 동법시행규칙 제7조제1항

2) 피보험자(직원) 자격취득신고

고용보험법시행령 제10조제1항 및 동법시행규칙 제12조제1항

(2) 신고절차

신고절차는 다음과 같다.

신고서제출→신고서접수 및 확인→신고서처리→자격취득 및 확인통지(소속회사) (지

방노동사무소장)→수령(소속회사, 보험자)

(3) 필요서류

필요서류는 다음과 같다.
신고서(지방노동사무소 소정양식)

(4) 보험료 납부

1) 관련법

① 고용보험법 제60조제2항, 제61조제1항, 동법시행령 제72조제1항, 동법시행규칙 제70조제1항, 제73조제1항
② 산업재해보상보험법 제65조제1항, 제2항, 제67조제1항(임금채권보장법 제14조)

2) 보험요율

① 보험자(직원) : 총 월급×보험요율
② 소속회사 : 연간 직원 총 급여×사업성격에 따른 요율 적용
(매년 초 당해 연도 보험료 개산 및 전년도 보험료 확정신고)

(5) 피보험자 자격상실신고

1) 고용보험(실업급여, 고용안정, 직업능력개발)

가) 관련법

고용보험법시행령 제10조제1항, 제2항 및 고용보험시행규칙 제12조제1항 또는 동법시행령 제10조제3항 및 동법시행규칙 제12조제2항

나) 필요서류

고용보험 피보험자 자격상실(이직확인서)신고서(지방노동사무소 소정양식)

다) 신고절차

취득신고절차와 동일하다.

제7장 건물자산관리종사자 인사노무관리

제1절 인사관리 기초개념

1. 인사관리의 의의

인사관리란 조직목표를 달성하기 위한 원동력이 되는 인간능력에 관한 과제들을 인식하고 조직의 장기 전망에 맞추어 이들을 연구하고 관리하는 분야라고 할 수 있다.

피고스(Paul Pigors)와 마이어스(Charles A. Myers)는 "훌륭한 인사관리란 각자의 능력을 최대한으로 발휘시켜 개인이 그 자신의 직무에서 최대의 만족을 얻고, 집안의 일원으로 만족을 얻을 수 있도록 조력하는 것이다."라고 정의하였다.

인사관리의 의의를 좀더 구체적으로 표현하면 "인사관리란 조직의 목표달성을 위한 인적 자원의 확보・개발・보상・통합・유지・이직에 관한 것을 환경조건(요소), 즉 조직목표 달성능력에 영향을 미치고 있는 조직 내・외의 조건과 분위기, 예컨대 조직이 처해 있는 문화환경, 정치적・경제적 환경, 노동시장의 성격, 경영자와 종업원의 가치관 등과 관련하여 제정책을 계획・조직・지휘・조정・통제하는 관리체제"라고 정의할 수 있다.

다시 말하면 건물자산관리에 있어서 인사관리는 건물경영관리조직의 한 구성요소로서 조직의 목표달성에 이바지할 수 있도록 관리되어야 한다.

조직에 참가하는 구성원들에게 가장 적합한 직무를 부여하고 종업원 스스로 자신의 직무에서 최대의 성과를 발휘할 수 있도록 인간적 만족도를 극대화시키고 다양한 환경조건과 균형을 이루면서 생산성이 향상되도록 제반정책이 수행되어야 한다.

따라서 인사관리자는 조직이 필요로 하는 인적 자원을 최적으로 확보 유지하고, 이를 활용하기 위하여 계획→실행→통제→조정의 과정을 피드백(feedback)하는 일이 일상화되어야 한다.

한편 건물자산관리에 있어서 인사관리란 건물의 효율적인 관리를 위해 필요한 인적 자원을 선발・채용・교육・배치, 업무의 분장, 훈련・승진・포상・징계・퇴직 등 일련의 과제를 해결하기 위한 인사규범 체계를 의미한다.

건물자산관리업무에 있어서 인사관리는 매우 중요한 관리분야이다. 왜냐하면 관리업무는 선발된 인적 자원이 자격과 능력을 갖추었을 경우, 즉 양질의 유능한 인력인 경우 건물자산관리업무는 성공적으로 진행될 것이나 반대로 선발된 인력이 우수하지 못하여 무능한 인력의 수준인 경우 건물관리효과는 매우 불량한 결과만 나타내기 때문이다.

건물자산관리업무를 담당하기 위해서는 관계법이 정한 자격증을 소지한 자로서 기술능력을 겸비하고 근무경력과 경험이 일정수준인 자를 선발대상으로 하여야 한다. 건물자산관리업무를 담당하기 위해서는 사무능력과 해당 분야의 전문성을 가진 자로서 성실한 인력을 선발대상으로 하여야 한다.

건물자산관리 인력은 채용으로 끝나는 것이 아니라 미리 준비된 직무교안을 가지고 배치 전 일정기간 직무교육을 거친 후에 평가시험을 실시하여 일정수준에 도달한 자에 한하여 배치하고, 그렇지 못한 경우에는 재교육을 실시하여 일정수준까지 끌어올린 후에 배치해야 한다.

배치된 관리요원은 적절한 대우와 사기를 높여 일의 성취감을 느낄 수 있도록 충분히 지원해주어야 한다. 이렇게 했을 때 인사관리의 문제점은 나타나지 않을 뿐 아니라 효율적이고 생산적인 인사관리가 될 수 있을 것이다. 특히 최근에는 인사의 관리방침이 변화조짐을 보이고 있는바 그 대표적 변화경향은 다음과 같다.

첫째, 채용방법의 변화이다. 신규채용보다 경력자 채용방식으로 변화되고 있다. 이는 조직환경과 사회·문화적 환경변화는 물론 제도적 변화에 탄력적·신축적으로 대응하기 위해서이다.

둘째, 소수 정예주의에 입각한 능력위주의 관리체제로의 전환이다.

셋째, 능력있는 인재의 조기발굴 육성이다.

넷째, 승진제도 개념의 변화이다. 즉 과거의 연공서열제도에서 능력위주의 승진제도로의 전환이다.

다섯째, 수평경영, 팀 운영제의 도입이다. 그 결과 권한위임 확대와 신속한 의사결정을 통한 경쟁력 확보를 추구하는 경향이다.

여섯째, 능력급·연봉제 등 능력과 실적에 따른 처우의 확대이다.

일곱째, 제안제도의 적극활용 등이 최근의 조직 인사제도의 경향이라고 할 수 있다.

특히 이와 같은 인사의 관리방침이 변화될 수 있었던 요인으로는 정보화사회의 도래를 맞이하면서 인적 자원을 활용하면 할수록 잠재능력이 신장되어 그 사용가치가 증대된다는 사실과 그 개발여하에 따라 능력을 무한히 증대시킬 수 있다는 점을 고려하기 시작했다는 점들이다.

2. 인사관리의 중요성과 필요성

건물자산관리에는 건물의 특성상 건물의 정상적인 기능과 성능을 나타내기 위해서는 반드시 관리종사자의 손이 필요하다. 왜냐하면 건물은 타율성의 특성으로 인하여 아무리 첨단 건물이라 하더라도 스스로 작동, 운전되어 건물의 기능이나 성능을 정상적으로 나타낼 수 없기 때문이다. 특히 건물자산관리에 있어서는 관리종사자 등의 사람이 필요하다. 그러나 건물자산관리에 사람이 필요하다고 해서 자격이나 능력 또는 경험이 전혀 없는 사람을 고용하거나 배치해서는 건물자산의 경영이나 시설의 관리는 성공할 수 없으며, 오히려 자산관리현장에 크고 작은 여러 가지 문제가 발생하기 쉽다. 그러므로 건물자산관리를 성공적으로 수행하려면 능력있는 유능한 인재와 적합한 인재를 개발하고 고용해서 배치하는 것이 무엇보다 중요하다.

그러나 유감스러운 점은 건물자산관리 시장이 오늘날과 같이 거대시장을 형성하고 있으면서도 또한 건물시설관리 용역회사가 수천개사에 달하고 있음에도 불구하고 이에 소요되는 각종의 인력을 교육하거나 양성하는 제도권의 교육기관이 얼마전까지만 해도 전무하였던 점이다(현재는 국내 수개 대학에서 건물자산관리학을 교육하고 있음).

건물자산관리는 전술한 바와 같이 첨단시설이나 지능건물(첨단건물 ; 정보화 건물 또는 스마트건물)이라 할지라도 반드시 사람의 손에 의하여 관리될 때 비로소 건물의 정상적인 기능과 성능을 얻을 수 있으며, 그때 비로소 건물 소유자, 사용자, 이용자 모두가 건물로부터 만족을 얻게 된다. 그러므로 건물자산관리를 위한 인력관리는 대단히 중요하고 필요하다. 특히 자산관리에 필요한 인재를 교육을 통하여 양성하고 개발하는 노력이 그 어느 때보다 필요한 시점이라 판단된다. 왜냐하면 건물자산시장이 계속 늘어나고 있으나 건물자산경영관리자와 시설관리자가 부족하고 있기 때문이다.

다음에서 건물자산관리에 필요한 인력에는 어떤 직종의 어떠한 자격이 필요하며 그와 같은 자격을 갖춘 유능한 인력의 계획, 모집절차, 교육, 배치, 인사고과 임금관리, 노사관리, 안전보전관리 등의 순서로 설명하여 인력관리 실무에 일조하고자 한다.

3. 건물자산관리 소요인력과 법정자격

건물자산관리는 크게 건물자산경영관리와 건물시설관리로 대별된다. 건물자산경영관리는 건물자산을 경영하기 위한 의사결정, 정책결정, 영업방침 결정 등 포괄적이고 거시적인 경영방침을 정하는 업무로서 주로 top-management 계층에서 이루어지고 있다. 이와 같은 경영관리는 건물의 소유자나 대리경영자 또는 임원 등이 건물자산의 AM(투자자산의 재무적 관리)과 PM(투자자산의 수익관리) 등을 담당하고 있다.

또한 건물시설의 관리는 관리소장이나 관리감독자, 관리근무자 등에 의하여 관리된다. 또한 건물자산관리를 위해서 필요한 직종에는 총괄관리직, 기술직, 안전직, 환경직, 행정직, 기능직, 노무직 등이 있으며 직책으로는 관리자(관리소장), 관리감독자, 관리근무자 등이 필요하다.

건물시설관리를 위해서는 기술직 또는 안전직, 환경직 등이 필요하며 관리관계 법령에서 선임을 강제하는 법정자격자가 있으나 총괄관리직이나 행정직의 경우 법정자격은 없다(단 아파트 관리소장과 일정한 경우 경비지도사는 법정자격임이 필요함).

다음에서 기술직, 환경직, 안전직 법정자격에 대하여 기본시설, 전체시설 관리분야 건물시설관리와 관련 법정자격에 관하여 ① 기본시설 관리분야 법정자격, ② 전체시설 관리분야 법정자격, ③ 의무관리대상 아파트 관리소장과 경비지도자의 법정자격에 대하여 차례대로 기술하고자 한다.

(1) 건물시설 관리분야 법정자격

규모있는 건물의 경우 공통적으로 설치되고 활용되는 시설은 규모나 용량·성능·종류·제작사 등에는 차이가 있으나 공통적으로 다음과 같은 기본시설들이 존재한다.

① 보일러 시설
② 전기 시설
③ 도시가스 시설
④ 승강기 시설
⑤ 통신기기 시설
⑥ 위험물 시설
⑦ 정화조 시설
⑧ 냉동기 시설

이상과 같은 건물기본시설의 유지관리를 위해서 관계법령에서는 다음과 같은 건물시설관리 법정자격자 선임을 강제하고 있다. 건물시설의 관리분야 법정자격은 <표 7-1>과 같다.

<표 7-1> 건물시설관리분야 법정자격

대상시설	선임자 명칭	자격기준	인력수	관계법령	소관청
보일러 시설	검사기기 조종자, 도시가스 안전관리자	보일러 취급기능사, 고압가스 양성교육 이수자	1	에너지이용 합리화법 시행규칙 제50조	에너지 관리공단
전기 시설	전기안전 관리자, 전기안전 관리원	전기기사 2년 이상, 전기산업기사 4년 이상	1	전기사업법, 시행규칙 제45조	전력기술인 협회
도시가스 시설	도시가스 안전관리자	도시가스 양성 교육이수자	1	도시가스 사업법	구청 산업과
소방 시설	방화관리자	소방설비 산업기사	1	소방법 시행령 제6조, 제9조	소방서
승강기 시설	승강기 안전관리자	승강기안전 교육이수자	1	승강기 제조 및 관리에 관한 법률	자체 선임
통신기기 시설	무선통신선로 관리자	무선통신 교육이수자	1	전기통신법 제199조제1항	자체 선임
위험물 시설	위험물 관리자	위험물취급 기능사 2급 (3년 이상)	1	소방법 시행령 제19조	소방서
정화조 시설	정화조 관리자	수질환경 산업기사	1	폐기물안전관리법 제27조	구청 청소과
냉동기 시설	안전관리자 (PAC 왕복동식 100R/T 이상)	고압가스 냉동기계기사 2급 이상, 안전관리원 양성교육 이수자	1	고압가스 안전관리법 제15조	구청 산업과

(2) 건물 인적 설비의 법정자격

건물전체 인적 설비에 대한 법정 근무자 등에 대하여 관계법령에서는 법정자격자를 선임하여 배치하도록 규정하고 있다. 건물 인적 설비가 담당해야 하는 건물자산관리는 다음과 같으며 건물 인적 설비의 법정자격은 <표 7-2>와 같다.

① 공동주택
② 산업안전 보건분야
③ 소방안전 가스분야
④ 에너지 관리분야
⑤ 냉동공조 관리분야
⑥ 환경위생 관리분야
⑦ 전기통신 관리분야
⑧ 경비 관리분야

<표 7-2> 건물 인적 설비의 법정자격

관리영역	선임직종	관련분야	자격증	관련법규	관리처	세부내용
공동주택관리분야	관리책임자(소장)	공동주택 총괄관리	주택관리사(보)	주택법시행령 제72조	건설교통부	500세대 이상–주택관리사 500세대 미만–주택관리사 또는 주택관리사보
경비분야	경비지도사	경비지도 및 감독	경비지도사	경비업법 제12조	경찰청	경비원 200명까지 경비지도사 1인, 초과 100인당 1인씩 추가배치, 경비원배치 근무하고 있는 지방경찰청 관할구역별 1인
산업안전보건분야	안전관리자	산업안전	산업안전 지도사 산업안전 기사 1급 2급 이상 건설안전기사 2급 이상 등	산업안전보건법 제15조 동법시행령 제12, 14조	노동부	상시근로자 1,000명 이상 : 4명 상시근로자 500~1,000명 미만 : 3명 상시근로자 50~300명 미만 : 3명
	보건관리자	보건위생	의사, 간호사 산업위생관리기사 2급 이상 환경기사 1,2급 산업보건환경위생관리학과를 졸업한 자 등	산업안전보건법 제16조 동법시행령 제16조	노동부	상시근로자 1,000명 이상 : 3명(의사 1인 포함) 상시근로자 300~1,000명 미만 : 2명(의사, 간호사 중 1인 포함)
소방안전가스분야	방화관리자	소방시설물	-1급방화관리대상 소방시설관리자, 소방시설기사 2급 이상, 산업안전기사 1급	소방시설설치유지및안전관리에관한법률 제20조	소방서	1급대상 : 연면적 10,000㎡ 이상
			-2급방화관리대상 1급대상 자격자, 건축기사, 전기기사, 방화관리자 강습과정 수료자			2급대상 : 연면적 2,000㎡ 이상 판매시설 : 1,000㎡ 이상 자탐시설 설치대상
	위험물 안전 관리자	유류설비(탱크) 위험물 소비	위험물취급 기능장 위험물취급 기능사 2급 이상 위험물취급자	위험물 안전관리법 제15조	소방서	-위험물 취급주임 : 정수량의 10배 이상 -위험물 취급지 : 지정수량의 10배 미만 난방용으로 사용시 수량에 관계없이 취급자로 선임가능(호텔 제외) 각각의 지정수량을 더하여 지정수량 결정

관리영역	선임직종	관련분야	자격증	관련법규	관리처	세부내용
소방안전가스분야	안전관리자	LPG사용신고시설	가스기사 2급 이상 고압가스급기능사 2급 이상 고압가스기계기능사 2급 이상 고압가스화학기능사 2급 이상 안전관리원 양성교육자 이수자	액화석유가스의안전관리및사업법 제14조 동법시행령 제7조	구청 산업과	-저장량 250kg 이상 안전관리 총괄자 1명, 안전관리책임자 1명 -저장량 250kg 미만, 안전관리 총괄자 1명 · 총괄자 : 당해 사업운영의 최고 상급책임자 · 책임자 : 해당 기술자격자 중 1명 선임
소방안전가스분야	안전관리자	도시가스(LNG)(특정가스사용시설)	가스기사 2급 이상 고압가스취급기능사 2급 이상 고압가스화학기능사 2급 이상 고압가스기계기능사 2급 이상 안전관리원 양성교육 이수자	도시가스사업법 제29조 동법시행령 제5조, 제6조	구청 산업과	－단일건물 4,000m/원 초과 안전관리 총괄자 1명 안전관리 책임자 1명 －단일건물 4,000m/원 이하 안전관리 총괄자 1명 · 총괄자 : 당해 사업운영의 최고상급 책임자 · 책임자 : 해당 기술자격자 중 1명 선임
에너지분야	에너지관리자	열분야	열관리기능사 2급 이상 보일러기능사 2급 이상	에너지용합리화법 제2조제4항	에너지관리공단 각지부	열관리사 : 석유환산 250톤/년 이상(사용량) 1명 선임 전기관리사 : 1백만kW/년 이상(사용량) 1명 선임
		전기분야	전기기사 2급			
	검색대상기기조종자	보일러 열교환기 압력용기 취사기	열관리기능사 2급 이상 원동기취급기능사 1급 인정검사기기조종자	에너지이용합리화법 제59조	에너지관리공단 각 지부	검사대상기기 : 강철 및 주철제 보일러 1,2종 압력기기, 인정검사대상기기 조장자로 선임 가능범위 -관류보일러 : 전열면적 10㎡ 이하 -증기보일러 : 7kg/㎠, 5㎡ 이하 -보일러출력 : 50만kcal/h 미만 가스버너 부착시는 고압가스 자격 포함한 동일인이어야 함 · 안전검사 : 연 1회 · 성능검사 : 3년 경과 후 1년에 1회(난방용 5톤 이상) 해당 기술자격증 1인 선임

관리영역	선임직종	관련분야	자격증	관련법규	관리처	세부내용
냉동공조분야	안전관리자	냉동제조 고압가스 왕복동 냉동기	공기조화 및 냉동기계기사 2급 이상 고압가스 냉동기계기능사 2급 이상 안전관리원 양성교육이수자(프레온 100톤 이하 해당)	고압가스 안전관리법 제15조 동법시행령 제12조 제13조	구청산업과	냉동능력 50톤 이하 (프레온 100톤 이하) 안전관리 책임자 : 1명 냉동능력 50~100톤 (프레온 100~250톤) 안전관리 총괄자 : 1명 안전관리 책임자 : 1명 안전관리원 : 1명 냉동능력 100~300톤 (프레온 200~600톤) 안전관리 총괄자 : 1명 안전관리 책임자 : 1명 안전관리원 : 1명 자체검사 : 1회/6개월 정기검사 : 1회/2년
환경위생분야	환경기술인	대기분야	1종 : 환경기사 1급 2종 : 환경기사 2급 (실무 5년) 4, 5종 : 업무종사자	대기환경 보전법 제24조	환경지청구청 산업과	· 1종사업장 : 고체환산연료 10,000톤/1년 · 2종사업장 : 고체환산연료 2.000 ~ 10.000톤/1년 · 3종사업장 : 고체환산연료 1,000 ~ 3,000톤/1년 · 4종상업장 : 고체환산연료 200 ~ 1,000톤/1년
	환경 기술인	수질분야 (폐수)	1, 2종 : 환경기사 1급 3종 : 환경기사 2급 이상 4, 5종 : 업무종사자	수질환경 보전법 제23조	구청 청소과	· 1종사업장 : 폐수배출량 3,000톤/일 이상 · 2종사업장 : 폐수배출량 1,000톤~3,000톤/일 · 3종사업장 : 폐수배출량 500 ~1,000톤/일 · 4종사업장 : 폐수배출량 50~500톤/일
		소음진동 분야	환경기사 2급 이상 업무종사자	소음, 진동 규제법 제21조	구청 산업과	국토이용관리법상 공업지역 업무종사자, 도시계획법 규정의 일반 및 전용공업지역 : 업무종사자 상기내용 이외의 5,000HP 미만인 사업장 : 업무종사자 상기내용 이외의 5,000HP 이상인 사업장 : 환경기사 2급 이상

관리영역	선임직종	관련분야	자격증	관련법규	관리처	세부내용
환경위생분야	공중위생 감시원 명예공중 위생감시원	공중이용 시설	위생사, 위생시험사, 환경기사 2급 이상, 화공기사 2급 이상, 수의학, 약학, 화학, 위생학 전공(대졸 및 전문대졸 경력 1년)	공중위생관리법 제15조 동법시행령 제8조	구청 청소 행정과 건축 지도과	· 연면적 3,000㎡ 이상의 사무용 건물 · 연면적 2,000㎡ 이상의 복합동건물 · 연면적 3,000㎡ 이상의 지하상가 *해당 기술자격증 1인 선임
전기통신분야	전기안전 관리자 (전기안전 관리사) 전기 안전관리 보조원 (전기안전 관리원)	수변전 설비 수변전 설비	수전용량 2,000kW 이상(안전관리사) -기사 1급 취득 후 실무 3년 이상 -기사 2급 취득 후 실무 5년 이상(안전관리원) -전기기능사 2급 이상 수전용량 2,000kW 미만(안전관리사) -기사 2급 취득 후 실무 2년 이상 (안전관리원) 기능사 2급 이상	전기사업법 제73조	전기 기사 협회 경유 구청 산업과 시.도 산업과	· 수전용량 50kW~2,000kW 미만 : 안전관리사 1명 2,000kW~1,000kW : 안전관리사 1명, 안전관리원 2명 10,000kW 이상 : 안전관리사 1명, 안전관리원 3명 *수전 1,000kW 이상 (발전기 포함) : 법적 선임자 상주 *수전 1,000kW 미만 (발전 포함) : 선임대행 가능
	무선종사자	무선설비	무선설비기사 2급 이상 전파통신기능사 2급 이상	전파법 제71조	정통부 무선국	무선설비의 통신조작 : 전파통신사 2급 이상

제2절 인력관리계획

1. 인력관리계획의 의의

건물자산관리에 있어서 인력관리계획이란 건물자산관리주체나 경영관리조직이 자산관리목표를 달성하기 위하여 유능한 경영관리자를 확보하는 과정을 의미한다.

자산관리의 내부의 여건과 외부환경을 고려하여 자산관리목표를 설정하고 추진계획을 수립하고 건물자산시장의 요구 서비스에 대한 수요예측을 한 후 인력계획을 수립해야 한다.

2. 인력수요계획과 공급계획

(1) 인력수요계획

인력수요계획은 거시적 수요예측과 미시적 수요예측을 거쳐 인력수요계획이 수립된다. 거시적 수요예측은 건물자산 투자경영회사나 건물시설 용역회사 등이 회사 전체나 각 현장별 인력을 예측하고 인력수요를 예측하여 계획을 수립하는 것을 말한다.

1년 또는 3년, 5년 등의 장래소요인력의 장기적 수요인력 예측은 회사가 각 사업 단위현장의 수요인력을 먼저 예측하고 이를 토대로 수요인력 총원을 결정한 다음 적정한 인원 비율에 의해 직종별, 직급별 소요인력으로 분류한다.

미시적 수요예측은 건물자산관리 현장에서 특정 직업이나 업무 또는 경영관리활동에 있어서 시간을 요구하는 활동의 총연간 인원을 계획하고 이를 평균근로시간으로 나누어 소요인력을 예측한다. 다시 말하면 각 현장 중심으로 그 현장의 특정업무에 요구되는 근로시간을 총계하고 인력의 근무시간을 나누어 소요인력의 인원수를 산정한다.

특정업무의 총성과를 같은 활동기간의 1인당 능률로 나누어 소요인력을 계산하면 된다. 미시적 소요예측은 각 현장 단위별로 계산된 인력을 합산하여 소요인력을 집계하는 방식을 의미한다.

전자(거시적 인력예측)는 하향식 집계방법이라 하고, 후자(미시적 인력예측)는 상향식 집계방법이라 한다.

미시적 인력예측은 각 현장을 중심으로 소요인력을 예측하고 집계하므로 하향식 목표

인력소요와 일치하지 아니하고 편차를 상회하는 것이 상례이다. 따라서 미시적 소요예측은 거시적 소요예측 인력목표와 일치하도록 조정해야 한다.

조정방법은 대체로 다음과 같다.

① 시설이나 작업도구의 개선 교육훈련을 통해 작업 순행 능률 기준 단축방법
② 재산관리조직의 개선, 관리활동 및 활동하는 일의 흐름개선, 활동방법의 개선을 통하여 활동시간수나 인원의 절감방법
③ 근로시간 분배율(노동 분배율)을 자체 변경하여 목표인력수 수정방법

(2) 인력공급계획

건물자산관리현장 특히 건물시설 관리현장에서 실시되고 있는 설비관리, 청소경비, 주차관리 등의 소요인력의 공급은 항상 소요계획과 일치하지 않는다.

그러므로 전술한 인력 소요계획에서 거시적 소요예측과 미시적 소요예측을 통하여 산출된 소요인력을 목표인력으로 조정하여 다음과 같은 방법으로 인력공급계획을 수립해야 한다.

1) 내부인사 정보시스템 활용방법

이미 고용하고 있는 회사내부 인력을 전산처리하여 소요인력을 적재적소에 배치, 공급하는 방법이다.

2) 외부인력 고용방법

외부인력의 현황을 항상 파악해 두고 필요한 경우 모집, 선발, 고용하여 공급하는 방법이다. 시설관리의 경우 법정기술자격을 가진 자의 인력을 현재의 인력공급 측면에서 차질이 있으나 향후 계속해서 교육훈련이 이루어지지 않는 경우 상당한 공급차질이 예상된다. 따라서 인사담당자는 공업고등학교, 건설회사, 직업소개소, 기술관련 협회 등을 통하여 필요인력자원의 현황을 사전에 알아두어야 한다.

(3) 건물자산관리 직책별 업무내용과 요구경력

건물자산관리 소요인력 계획에 있어서 효과적인 건물시설관리를 위하여 기본적으로 필요한 직종과 직책의 담당자는 일정한 해당 업무와 경험(경력)이 있는 자를 고용해야 하는 바 업무와 요구경력은 대체로 다음의 <표 7-3>과 같다.

<표 7-3> 건물시설관리 직책별 업무내용과 요구경력

직 책	업무내용	요구경력
총괄관리직 (관리소장)	① 대외적으로 관리사무소 대표 ② 대내적으로 관리업무의 총괄과 지원 ③ 건물 소유자 및 경영자 보좌 ④ 안전관리업무 총괄	① 건물종합관리 : 5년 이상의 근무경력 ② 건물관리 장기교육 이수자나 대학에서 건물자산관리학 전공자 ③ 공동주택의 경우 : 주택관리사(보)의 자격소지자로서 5년 근무경력
기술감독직 (기술과장, 시설관리책임자)	① 관리소장을 기술관리분야에서 보좌 ② 전기설비, 냉난방설비, 이동설비, 위생설비, 소방설비, 통신설비의 운전과 유지관리 및 정비보수와 시설의 영선 ③ 위험설비 안전관리 ④ 기술작업감독	① 기술관련분야 : 3년 이상 근무경력자 ② 기술관리분야 : 기술교육 이수자 및 대학에서 기술관리분야 전공자
행정감독직 (업무(관리)과장, 행정관리업무책임자)	① 행정관리분야 소장 보좌 ② 회계, 세무, 임대, 구매, 보험, 인사, 노무, 사무문서, 입주자 관리 및 용역 관리감독	① 경영(행정)관리분야 3년 이상 근무경력 유경험자 ② 건물행정관리분야 : 대학에서 법률, 행정, 경영 또는 건물자산관리학 전공 또는 교육이수자 또는 전공자
경리회계직 (경리 및 회계근무자)	① 관리과장과 관리소장 보좌 ② 문서수발, 회계, 행정지원, 전산업무, 기타 서무업무 담당	① 관련분야 1년 이상 근무경력 소지자 ② PC 및 경리실무 자격소지자
기계설비직 (기계기사)	각종 기계 운전관리, 점검보수, 자동제어, 고압가스, 환경관리, 방화관계 업무수행	① 관련분야 유자격자 ② 실무경력 1년 이상
전기설비직 (전기기사)	전기시설, 운전감시, 방송설비, 통신설비, 승강설비관리 업무수행	① 관련분야 유자격자 ② 실무경력 1년 이상
경비직 (경비원)	출입자 차량통제, 건물 내 안전관리, 순찰업무, 차량정리 및 주차장 관리업무수행	① 운전면허소지자 ② 만 25세~60세 ③ 관련분야 1년 이상 경력자 ④ 일정한 경우 경비지도사 자격소지자 ⑤ 정신적 · 육체적으로 건강한 자 ⑥ 신원이 확실한 자
환경미화직 (환경미화원)	내외부 일반청소, 대청소 및 왁스 등 세척작업, 기타 청소 정리정돈 등	① 관련분야 1년 이상 경력자 ② 신체건강한 자 ③ 만 20세~60세 ④ 용모단정한 자

제3절 소요인력의 모집과 선발

건물자산관리에 있어서 소요인력이 요구되면 소요인력의 계획에 따라 소요인력을 채용해야 한다.

채용은 모집과 선발의 두 과정을 거치게 된다. 이 두 과정을 거쳐 필요한 우수한 인재를 확보하게 되는데 조직 내에서 인재 제일의 경영원리가 정착하기 위해서는 ① 우수한 직원을 채용, ② 채용된 직원을 교육·훈련을 잘 시켜 우수한 능력과 자질을 보유하도록 하며, ③ 우수하다고 인정되는 직원들이 그 직장을 떠나지 않도록 관리하는 것이다.

모집과 선발은 <표 7-4>에서 보는 바와 같이 각기 상이한 목표와 수단을 내포하고 있다.

<표 7-4> 소요인력의 모집과 선발

채 용	목 표	수 단
모 집	· 합리적인 인력계획을 전제로 모집원천 파악 · 필요한 인재는 최대한 응모하도록 유인 · 최소의 비용	· 광고활동 · 인턴사원제 · 학교의 추천 · 회사장학생 · 교육훈련기관(직업훈련소) · 직원안내소 · 채용박람회 · 연중수시모집 · 종업원의 추천
선 발	· 필요한 인재의 정확한 선별 · 최소의 비용	· 서류심사(전공, 성적, 학교생활기록부) · 시험(전공, 어학, 상식) · 적성, 흥미, 지능검사 · 신체검사 · 면접

1. 소요인력의 모집

(1) 모집의 의의

조직은 인력수급계획에 의해서 인력을 가장 효과적인 방법에 의해서 조직 내·외에서 유능한 인재를 확보하고자 노력해야 한다.

이러한 과정에서 조직 내부의 충원은 승진 또는 재배치에 의해서 조직 외부로부터의 충원은 모집·선발에 의해서 수행된다. 따라서 모집은 조직의 선발방침과 밀접하게 연관되어 있다. 즉 모집은 선발을 전제로 하여 양질의 인력을 조직으로 유인하는 과정이라고 할 수 있다.

(2) 모집방법

모집에는 크게 내부모집과 외부모집으로 나누어진다. 내부모집은 모집의 자원이 조직내부에 있는 내부원천을 대상으로 하고 있고, 외부모집은 모집의 자원이 조직외부에 있는 외부원천을 대상으로 하고 있다.

1) 내부모집

내부모집은 조직 내부에서 적격자를 찾는 방법으로 외부모집보다 간편하고, 기존 조직구성원의 인사기록 등을 보유하고 있어 이를 유용하게 활용하여 적합한 인물을 선발할 수 있으며, 구성원들의 사기에 좋은 영향을 미칠 수 있다는 장점을 가지고 있다. 그러나 모집범위가 제한되어 있고 사내승진과 같은 성격을 띠고 있어 승진을 위한 과다경쟁을 유발시킬 우려가 있다.

사내모집 우선의 경우 사내승진 형식으로 우선 인력이 충원되고, 그 다음에 빈 자리는 사외모집을 통해서 채운다. 내부모집은 주로 다음과 같은 방법이 채택된다.

가) 기술목록 또는 관리자목록의 사용

각종 기술목록 또는 관리자 인사기록카드를 참고하여 적격자를 찾는 방법이다. 기술목록은 기능직에 적합하고, 관리자 인사기록카드는 관리직에 적합하다. 컴퓨터에 입력된 인사기록카드를 활용하여 조직이 요구하는 기술과 능력 프로필을 중심으로 자격요건을 갖춘 내부인력을 빠짐없이 선정하고 모집에 응하도록 한다.

나) 내부추천

내부 구성원, 특히 부서장의 추천에 의해 유능한 인재를 확보한다. 이 경우 특정 개인의 개입 또는 부서장의 압력으로 특정인물이 선정될 가능성이 있음을 주의해야 한다.

다) 사내공개모집제도

사내 게시판에 공개적으로 모집공고를 내어 자격이 있고 관심이 있는 구성원으로 하여금 응모하게 하는 방법이다. 직무게시는 공석이 있음을 공개적으로 알리는 것이고, 직무응찰은 공석에 응모할 자격자로 하여금 응모를 허용하는 것을 말한다.

직무게시의 경우 공석에 대한 공고를 하고, 직무 타이틀과 직무번호, 급여수준, 기본직무개요, 그리고 직무수행 자격요건 등을 명시한다. 공석에 대한 공개임용을 조직의 모든 구성원이 알도록 게시하거나 회람을 돌려 관심있는 구성원으로 하여금 직접 인사담당부에 응모하도록 한다.

2) 외부모집

외부모집은 외부의 인력시장을 대상으로 공개모집·현장모집·광고·직업소개소·학교·단체·친지 등 다양한 방법을 사용한다. 외부원천들로서는 고등학교·직업훈련소·대학·다른 기업, 자발적 응모자 등 다양하다. 일반적으로 고급기술인력이나 관리인력일수록 관련 학교와 기능단체의 추천이 중요한 모집방법으로 사용되고 있으며, 하위계층의 인력일수록 광고와 직업소개소가 비교적 많이 사용된다.

외부모집은 모집범위가 넓고 외부의 유능한 인물을 확보할 수 있는 장점이 있지만 모집과 인력개발 비용이 들고 부적격자를 채용할 위험이 있으며, 기존 조직구성원의 사기를 떨어뜨리는 단점이 있다. 외부모집의 방법은 다음과 같다.

가) 광 고

신문이나 잡지, TV 등에 광고를 하여 모집한다. 중앙일간지에 광고를 할 경우 미래의 잠재적 지원자들에게 조직 이미지를 부각시키는 효과가 있다. 우리나라 기업들은 사원모집 광고에 치중하는 반면 외국회사의 광고는 자격요건과 인센티브 등에 초점을 맞추고 있음은 주목해볼 필요가 있다.

나) 직업소개소

직업소개소는 모집에 있어서 조직을 돕는 기관으로 공공직업소개소와 영리를 목적으로 하는 사설직업소개소가 있다. 사설직업소개소는 취업이 되었을 경우 급여에 따라 일정한 소개료를 받는다.

다) 전문모집요원

조직에서 전문모집요원을 두어 대학원과 대학교, 그리고 고등학교 등을 대상으로 모집활동을 한다. 학교의 취업보도실의 도움을 얻어 회사자료의 배포·모집·면접을 하여 적임자를 모집한다. 교육기관은 다양한 교육수준과 기술능력을 갖춘 인력을 조직이 원하는 방향으로 모집할 수 있다는 장점이 있다.

라) 특별행사모집

단일조직 또는 여러 조직들의 대표가 함께 특정 장소에서 일정기간 수많은 인터뷰 응모자들을 상대로 관심을 갖도록 한다. 모집직종에 대한 설명과 인터뷰 접수 등을 하는 잡페어(job fair)와 조직에 대한 일반공개, 그리고 조직체 방문 등의 방법을 주로 사용한다. 이 방법들은 응모자들을 한 곳에 모을 수 있고, 그들 또한 여러 조직들의 모집사정을 한 곳에서 알아볼 수 있는 장점이 있다.

마) 실습제도

현장경험이 없으나 잠재능력을 가진 학생들에게 여름 또는 정규수업 기간에 정시제로 직무수행 기회를 주어 학생 실습자로서 경험을 축적한 다음 자격이 되면 정식으로 채용하는 것을 말한다. 미국의 코압 제도(co-op-system)가 이 범주에 속한다. 이 제도는 산학협동제도에 기반을 둔 것으로 산업체와 공고부문 등에서 많이 활용되고 있다. 코압제도에 따르면 직무를 수행하는 학생의 현장직무 성적이 학점에 반영된다. 이 학생을 가리켜 코압 학생(co-op-student)이라 부른다.

바) 고위직종 조사기업

기업은 경험이 있는 전문요원이나 최고관리층을 모집함에 있어서 다른 자원 충당방법으로는 충원이 어려울 경우 이러한 수준의 자격자들을 전문적으로 조사하고, 자원자료를 제공할 수 있는 고위직종 조사기업을 때로는 이용하기도 한다.

사) 전문기관

조직이 필요로 하는 산업공학자와 심리학자, 그리고 기능면허 소지자들의 인력확보를 위해 이를 해당 전문기간에 의뢰하는 방법이다. 수급의 불균형이 심한 과학·기술분야의 인력확보를 위해서는 주로 이 방법을 사용한다.

아) 노동조합

노동조합도 구성원의 공급원이 되고 있다. 노조는 노조원을 가지고 있을 뿐만 아니라 기업과 행정기관과의 연계를 가지고 있고, 전문기관과 전문가들의 지원이나 자문을 받고 있기 때문에 조직이 바라는 인사의 공급문제를 비교적 용이하게 해결해주고 있다. 노조를 통해 모집하는 경우 비용이 절감되고, 산업별·직업별 노조에 소속된 사람 가운데서 추천 또는 선발하므로 안정된 공급원을 갖는 이점이 있다.

자) 연고모집

현재의 구성원으로 하여금 자기의 친구나 소속집단 가운데서 적합한 인물을 추천하도록 하는 방법이다. 특정의 기능영역에서 인적 자원이 부족할 경우 이 방법은 효과를 거두고 있다. 그러나 이 방법은 구성원들의 사기와 공헌 의욕도를 높일 수는 있지만 조직안의 분위기에 따라서는 반대의 효과를 가져올 수도 있다.

차) 개별 또는 수시모집

공식적 모집 이외에 개별적으로 찾아오거나 서신을 통하여 채용을 원하는 사람들을 대상으로 모집하는 것이다.

카) 연고자 등용

개인기업의 경우 불가피한 모집방법으로서 친인척을 채용하는 것을 말한다. 이것은 실력이나 공적이 채용기준이 되지는 않지만 기업에 대한 그들의 관심도와 충성심이 상대적으로 높다는 이점이 있다.

타) 리스계약 채용

단기적으로 인력이 필요한 경우 모집하는 것으로 특히 임시사무직 채용에 주로 이용되고 있다. 이들에게는 퇴직금과 연금, 각종 보험, 그리고 부가금 등을 고려할 필요가 없다. 이것은 주로 채용 이전의 대안책으로서 활용되고 있다.

2. 소요인력의 선발

소요인력의 채용에 관하여 모집의 단계가 마무리될 즈음에는 인력을 선발할 차례이다.

선발방법에는 ① 시험에 의한 선발방법, ② 서류전형 및 면접에 의한 선발방법, ③ 앞의 ①과 ②의 방법을 혼용한 종합적 선발방법 등이 있다.

현장의 특성과 규모・시설・종류 등을 감안하여 위의 방법 중 한 가지를 선택하여 직원을 선발할 경우 관련법규에 명시된 규정에 준하여 선발하여야 한다.

이 경우 자격과 능력은 물론 품성을 갖춘 자를 선발하기 위해서는 ① 서류전형, ② 시험, ③ 면접 등을 경유하여 선발하는 것이 바람직하다.

(1) 관리직원 선발 판단기준

① 직무분석에 따라 담당업무의 성격・자격・업무내용 등을 감당할 수 있는 경험과 경력・기술성・전문성・연령 등이 해당 직종과 적합한지 여부

② 관련법규에 정한 자격증 소지여부

③ 금치산자・한정치산자 등 관리직원으로서의 결격사항 존재여부

④ 관리의 객체인 대상건물과 주요 설비 및 부대 시설물에 대한 관심의 정도와 이해 정도

⑤ 행정・사무직종인 경우 사무처리 능력과 관련 직종의 관리수행 방법에 대한 지식의 정도

⑥ 직무에 대한 애정과 사명감의 정도

⑦ 성실성・책임감・근면성

(2) 관리직원이 될 수 없는 자

① 금치산자·한정치산자
② 파산자로서 복권되지 아니한 자
③ 금고 이상의 형을 받고 그 집행이 종료되거나 집행되지 않기로 확정된 후 3년이 경과되지 아니한 자
④ 금고 이상의 형을 받고 그 집행기간이 완료된 날로부터 1년이 경과되지 아니한 자
⑤ 금고 이상의 형을 받고 선고유예 기간 중에 있는 자
⑥ 징계 해직의 처분을 받고 2년이 경과되지 아니한 자
⑦ 법에 의하여 공권력이 박탈되거나 정지된 자
⑧ 병역의무를 기피한 자
⑨ 의사능력이 없는 자
⑩ 재정보증·신원보증을 할 수 없는 자

(3) 관리직원 소요인원 산정기준

건물관리는 효율성·경제성이 강조되는 분야이므로 소수의 인원으로 많은 업무를 감당할 수 있어야 한다. 필요관리직의 산정기준은 학문적으로 입증된 기준은 없으나 관계기관의 입찰조건과 유력 발주처의 인력기준에 따라 산정하는 것이 바람직하다. 따라서 과학적 산정기준이 시급히 연구되어야 할 것으로 사료된다. 관리직원의 필요인원 수는 행정관리직, 기술관리직, 보안관리직, 청소미화관리직 등을 포함한다.

제4절 인력배치

1. 배치의 의의와 방법

선발절차에 따라 유능한 인재가 선발되면 조직의 목적과 직무내용에 맞추어 인원을 배치하여야 한다. 즉 배치란 조직활동에 필요한 직무를 담당하는 사람을 할당하는 것을 의미하며, 이 배치를 어떻게 합리적으로 행해야 할 것인가 하는 것이 배치의 내용이다.

한편 적정배치는 적재적소가 기초적인 원리라고 할 수 있다. 여기에서 적재는 곧 직무를 수행하여야 할 사람을 뜻하며, 적소는 적재가 수행하여야 할 직무를 의미한다. 그러므로 적재적소에 입각한 배치를 하려면 이 양자가 합치될 수 있는 점을 발견하기 위한 노력이 있어야 할 것이다.

(1) 직무요건

직무요건이란 직무를 올바르게 수행함에 있어서 근로자에게 요구되는 신체적 · 정신적 특징을 의미한다. 이를 구체적으로 살펴보면 다음과 같다.

① 직무가 요구하는 능력수준
② 직무가 요구하는 인격 특성
③ 직무수행이 구체화될 직장환경
④ 직무의 조직상의 지위

(2) 사람의 요건

사람의 요건이란 근로자가 맡은 바 직무를 수행할 수 있는 신체적 · 인격적 특징을 파악하는 것이다. 이에 관해서 기셀리(E.E. Ghiselli)와 브라운(C.W. Brown)은 다음과 같이 제시하고 있다.

1) 신체적 특징

① 건강
② 역량과 내핍성
③ 신체적 조건

2) 정신적 특성

① 감각과 정확성
② 기능이나 특수경력
③ 기질, 성격상의 특성

3) 배경

① 일반적 교육수준
② 경력
③ 직무상의 훈련

한편 직무의 요건을 규명하기 위해서 발전된 기술로서는 직무분석, 직무평가, 시간 및 동작 연구 등의 직무를 중심으로 한 여러 연구가 있으며, 사람의 요건을 규명하기 위하여 발전된 기술로서는 인사고과·적성검사 등이 있다.

2. 부적격자의 조치

(1) 재교육훈련

현재 배치되어 있는 직무에 대해 검토하여 문제와 초점을 명백히 하여야 한다. 그런 다음에 의욕의 환기, 인식의 시정, 체력의 재훈련을 고려하여야 한다.

(2) 생활지도

부적격자 중에는 직무에 대한 불만족 혹은 불평, 상사·동료와의 인간관계가 좋지 않은 경우가 많다. 따라서 그 원인을 조사하여 적절한 보완조치를 취하는 것이 필요하다.

(3) 직장환경의 개선

재교육훈련, 생활지도 등의 방법 이외에 본인의 성격이나 신체상황에 의한 경우 또는 환경이 원인이 되는 경우가 있으므로 이것은 명암·온도·기계공구와 같은 것을 개선조치하여 그 원인을 제거하는 방법이다.

(4) 배치전환

업무의 내용을 변경하는 것과 업무내용은 같으면서 직장만을 변경하는 것이 있다. 이 경우 직무내용, 각 직무간의 공통성·연관성을 고려하여 당사자에 대한 납득·이해 혹은 주위의 사람에 대한 영향을 충분히 고려하여 실시하는 것이 중요하다.

3. 건물자산관리직원의 배치

직원의 배치는 선발된 인력을 배치하는 것이므로 관련 자격증을 토대로 한 서류로만 선임하는 방식의 배치는 삼가야 한다.

오늘날 건물관리현장에는 특정직종(예 방화관리자)의 경우 아직도 서류로만 선임계를 관계기관에 제출하고 해당 직원이 현장에 배치되지 않는 경우가 있는데 앞으로는 더이상 서류전형에 따른 형식적 인사배치 문제는 없어져야 할 현상이라고 판단된다.

선발된 직원을 배치할 때 또 한 가지 고려할 사항은 정실배치를 삼가야 한다는 점이다. 거듭 강조하거니와 건물관리업무는 위험하고 인명과 재산을 보호하는 중요한 업무이므로 선발된 인원을 적재적소의 정실에 관계없이 임명함으로써 건물의 경영관리목표 달성은 물론 건물의 안전에도 도움이 되리라 판단된다.

다시 말하면 고도의 기술성을 요하는 곳에 능력있는 기술자를, 법에 정한 자격증이 필요로 하는 곳에는 자격증 소지자 중 전문가를 배치함으로써 성공적인 건물관리 업무가 이루어질 것으로 판단된다.

4. 배치기준

① 전기직 : 고압변전실수×1인×2교대(단, 보수기사는 규모에 따라 증감)

② 기계직 : 보일러수×2인×2교대(단, 기계보수기사는 기계 규모에 따라 증감)

③ 경비원

- 공동주택인 경우 단지 출입구 또는 고층인 경우 현관수 : 1인×2교대
- 공장, 학교, 공공건물 등 경비 사무실 또는 출입구 수위실 : 1인×2교대
- 일반건물인 경우 : 정문, 후문×1인×2교대
- 순찰경비원 : 10,000평×1인×2교대(야간일 경우 5,000평×1인×2교대)

④ 환경미화원 : 1,000평×1인×1교대(단, 24시간 업무나 영업이 진행되는 곳은 2교대 또는 3교대)

⑤ 주차관리원 : 출입구+주차장층수+요금정산소×1인×1교대(단, 24시간 영업인 경우 2교대 또는 3교대, 주차장 규모, 주차기계, 자동식·수동식 주차요금 관리방식에 따라 증감)

⑥ 행정직 : 5000평당×1인×1교대(단, 경리·전산 분야 별도 산정)

이상에서 언급한 배치기준 등은 현재 공동주택이나 대형빌딩 등의 현실을 감안하여 산정된 기준이나 건물의 층수, 연건평, 특성, 설비의 종류와 관리업무의 난이도, 동수의 거리, 난방방법, 전기설비의 종류, 건물의 주된 사용용도, 사용시간 수(이용시간 수) 등을 복합적으로 검토하여 배치기준을 산정하여야 할 것이다.

제5절 교육훈련

1. 교육훈련의 의의

선발된 직원이 배치된 후 직원들에 관하여 교육훈련의 기회가 주어져야 한다. 처음 선발된 직원을 대상으로 건물의 시설개요와 주요설비의 종류 및 작동방법과 주의할 점, 그리고 관련법규와 관련 행정절차, 관리업무 지침, 경영목표, 그리고 건물의 준공도면, 보수공사 내역, 관리조직 구성원의 업무분장과 업무의 성격, 협조방법, 비상연락망 등 제반사항에 관하여 미리 작성된 교안을 가지고 일정기간 오리엔테이션 형식의 교육이 필요하다.

왜냐하면 처음 채용되는 경우 관리현장의 적응시간을 단축하고 관리효과를 단기간에 얻을 수 있게 하기 위해서이다.

배치 후에는 직원들에 대한 정기적인 교육과 훈련이 필요하다. 오늘날 건물의 설비종류와 기술수준은 첨단 그 자체이므로 첨단장비와 기기들을 작동하고 정비하기 위해서는 끊임없는 연구와 교육이 필요하다.

또한 현재로서는 건물관리 이론이나 연구성과가 일천하고 초보단계에 있으나 향후 관계 전문가나 학자들에 의해 관리이론과 관리기술, 관리기법이 획기적으로 발전할 수 있을 것으로 전망된다. 따라서 건물관리현장에 종사하는 근무자에게는 끊임없는 교육과 훈련에 도움이 될 것으로 판단된다.

관리직원에 대한 교육과 훈련은 관리직원에게 전문지식과 기술을 익히게 하여, 전문가·기술자로서의 관리능력을 보다 향상시킬 수 있을 것이다. 안전사고의 유형과 사고원인, 사고예방 방법, 사고처리 절차 등을 설명하고 안전사고가 얼마나 무섭고 위험한 것인가를 주지시킴으로써 사고를 미연에 방지하여 재산과 인명 보호에 만전을 기하도록 해야 할 것이다. 안전교육은 관리직원만을 대상으로 할 것이 아니라 모든 입주자나 이용자에게 정기적인 교육을 실시함으로써 건물의 전체적인 안전을 도모할 수 있을 것이다.

보수공사는 특수한 분야를 제외하고는 자체 기술인력으로 커버할 수 있도록 보수공사의 내용과 보수방법, 기자재의 선택요령 및 보수공사를 시작하기 전 준공도면 파악에 대한 요령 등을 교육을 통하여 익히게 함으로써 적은 비용으로 짧은 기간 내에 고장이나 훼손된 부분을 정상화하여 편리하게 다시 이용할 수 있을 것이다.

다음은 정신교육이다. 우리나라 사람들 중에는 내 집은 관리하나 내 집 밖의 관리에는 관심이 없는 경우가 종종 있다. 건물에 있어서 공공이 쓰는 서비스 면적이나 공유면적의 관리상태가 불량한 것은 내 집 밖이기 때문이다. 내 집, 내 차, 내 물건은 관리가 되나 남의 것, 회사의 것, 공공의 것은 관리가 잘 되지 않는 것은 참으로 고쳐야 할 폐습이 아닌가 싶다.

관리현장의 건물의 소유자, 권한 있는 자, 관리조직의 전 구성원들은 건물관리는 위험할지라도 인명과 재산을 보호하는 보람있고 중요한 일임을 스스로 확신하고 이에 자부심을 가져야 할 것이다.

붕괴사고나 안전사고 재해는 언제나 일어날 수 있으므로 이를 관리·예방하는 업무 자체가 얼마나 보람있고 사회나 국가에 봉사하는 일인지를 관리자 스스로 인식해야 한다. 이런 확신이야말로 성공적인 건물관리 업무를 창출할 수 있을 것이다. 이런 정신은 교육을 통하여 얻을 수 있는 경험이다.

2. 교육과 훈련의 종류

교육과 훈련의 종류는 대체로 다음과 같다.

(1) 교육의 종류

① 건축설비 기술교육
② 건물관리 행정교육
③ 건물안전관리교육
④ 건물보안교육
⑤ 건물환경 위생교육
⑥ 관리종사자 정신교육
⑦ 건물보수관리교육
⑧ 컴퓨터 정보화 교육

(2) 훈련의 종류

① 소방방재훈련
② 안전사고 대응훈련
③ 비상대피훈련

(3) 교육훈련 방법

교육훈련 방법에는 라인 중심의 OJT방법, 스태프 중심의 OFF JT방법, 본인 중심의 SD방법 등의 교육방법이 있다.

1) OJT교육방법

OJT(On Job Training) 방식은 직장훈련, 직무상 훈련으로 직장에서 구체적인 직무에 관하여 직장상사가 부하직원에게 직접 개별지도하고 교육시키는 방법이다.

① 장 점

- 교육훈련이 실제적이다.
- 교육훈련이 용이하다.
- 직원의 동기유발 효과가 있다.
- 상사 · 동료직원 · 부하직원간 협조정신을 강화시킨다.
- 저비용으로 교육시킬 수 있다.
- 훈련과 근무를 병행할 수 있다.

② 단 점

- 근무하면서 훈련을 병행하므로 양쪽 모두 완벽하게 효과가 나타나지 않는다.
- 우수한 상사가 언제나 우수한 교사는 아니므로 교육훈련에 차질이 있을 수 있다.
- 한꺼번에 많은 인원을 교육시킬 수 없다.
- 체계적인 훈련을 할 수 없다.
- 전문적인 고도의 지식과 기술을 가르칠 수 없다.

2) OFF JT교육방법

OFF JT(Off Job Training) 방식은 보통 직업 외 교육훈련을 말한다. 이는 현장의 작업과는 직접적인 관련이 없는 보편적인 내용과 일반적인 작업에 대한 사고방식이나 직업의 개선방식 및 인간관계, 정신교육 등을 교실에서 교육하는 데 적합하다. 현장작업과 관계없이 예정된 계획에 따라 훈련할 수 있는 장점이 있다. 그러나 그 결과를 현장에서 직접 활용하기 어렵다는 단점도 있다.

3) SD교육방법

SD(Self Developing) 방식은 자기 책임하에 자기 이해와 평가에 의해서 자기개발의 의욕을 가지고 자주적으로 자기 훈련을 하는 것을 의미한다.

자기개발 과정은 ① 문제의식·목표설정, ② 해결하고자 하는 의욕의 신장, ③ 부족한 능력 개발, ④ 문제해결, 목표달성 과정으로 진행된다.

우수한 관리효과를 기대하려면 우수한 관리조직이 필요하고 우수한 관리조직이 되기 위해서는 유능한 관리자가 있어야 하는데, 이러한 유능한 관리자가 되기 위해서는 조직 내에서 교육훈련이 필요하고, 스스로 자기개발의 노력도 필요하다.

제6절 관리직원의 신분보장과 해직

1. 관리직원의 신분보장

관리직원은 관리업무의 성격상 계속성과 전문성이 요구되므로 담당하고 있는 관리업무를 안심하고 안정적으로 계속해서 담당하지 않으면 안 된다. 따라서 정당한 사유 없이 해고하거나 정직·휴직, 또는 전직 등 기타 불리한 대우를 받지 않도록 신분을 보장하여야 한다.

또 업무상 부상과 질병의 요양을 위한 휴업 보상과 여성의 경우 산전·산후 휴업기간과 그 후 30일간의 휴직은 금지됨을 지켜줘야 한다. 관리직원의 남녀차별 대우는 물론 금지되며, 국적·신앙 또는 사회적 신분을 이유로 근로조건에 대하여 차별적 대우를 하지 말아야 한다.

그러므로 관리직원은 공공건물 관리공무원에 대한 법으로 정한 공무원의 정년제도는 별도로 하고서라도 일반건물이나 공동주택에서 근무하는 관리자에게도 근무정년제도를 도입하여 근무자로 하여금 업무나 건강에 잘못이나 질병이 없는 한 정년시까지 계속해서 안심하고 근무할 수 있도록 관계법규의 제정이나 사회적 인식이 필요한 것으로 판단된다.

관리소장 등 책임자의 정년은 만 65세로 하고, 기술직·행정직 기타 일반용역 노무직은 만 60세를 정년으로 하는 것이 건물자산관리 특성상 바람직한 것으로 생각된다.

2. 관리직원의 해직

관리자의 해직은 법에 정한 사유나 규약 또는 근로기준법에 위반하는 사유가 발생되는 경우를 제외하고는 정당한 이유없이 해직하여서는 아니된다. 해직의 사유에는 다음과 같은 것이 있다.

① 본인의 사망이나 휴직기간 종료 후에 복직명령이 없을 때, 휴직자로서 허가없이 타직종에 종사하였을 때의 자연해직
② 관리자가 일신상의 이유로 사직원을 제출하는 경우의 의원해직
③ 관리자의 나이가 정년에 달하여 해직하는 정년해직
④ 관리자의 채용의 결격사유가 발생했거나 또는 발견되었을 때
⑤ 징계처분으로 해직이 결정되었을 때
⑥ 정신 또는 신체적으로 업무를 감당할 수 없을 때
⑦ 근무성적이 아주 불량할 때
⑧ 대기발령 3개월이 경과하여도 직위 또는 직무를 부여받지 못했을 때
⑨ 무단결근이 월간 3회 이상일 때
⑩ 시말서가 연간 3회 이상 제출되었을 때
⑪ 관리사무소 또는 관리주체에 부득이한 사유가 발생되었을 때

이상과 같은 정당한 해고사유 외에는 어떤 형태로든 관리자에게 불리한 해고나 대우를 해서는 아니된다.

제7절 관리인력 노무관리

1. 노무관리의 필요성

건물의 규모나 성격에 따라 건물관리자의 수가 수명에서 수백명에 이르는 규모이므로 다수가 근무하는 현장에서는 공공건물을 제외한 일반건물이나 공동주택을 관리하는 관리직원에 대하여 노사문제에 대한 대처의 준비와 함께 노사관리가 시급히 요청됨은 주지의 현실이다.

수천 세대가 거주하고 있는 공동주택이나 국가보안상 또는 국익상 매우 중요한 국가시설이나 공항과 수백 명의 환자가 입원하고 있는 대형병원의 병동 등이 노사문제로 냉난방 설비운전이 중단되고 전기공급이 중단되거나 가스공급이 중단된다면 크나큰 사회문제가 아닐 수 없다.

따라서 이러한 사회문제가 발생되지 않도록 건물관리자는 노사문제를 철저히 관리하고 대비해야 하며, 건물관리업무 전반에 관련되는 사항을 유의하여 관리해야 한다.

2. 근로계약

(1) 근로계약의 의의

근로계약이란 건물관리업무에 종사하는 근로자가 사용자에게 건물관리에 관한 노무를 제공하고, 사용자는 이의 대가로 임금을 지급할 것을 목적으로 체결된 계약을 의미한다.

근로기준법 제11조에서 "근로자의 기본적 생활을 보장·향상시키며 균형있는 국가경제발전을 기함을 목적으로 한다."라고 규정하고, 동법 제5조에서 "사용자는 근로자의 남녀차별적 대우를 하지 못하며 국적·신앙·사회적 신분을 이유로 근로조건에 대한 차별적 대우는 하지 못한다."고 규정하고 있음을 볼 때 경제적 약자인 근로자 보호를 위하여 국가가 노력하고 있음을 보여주고 있다. 또한 근로계약의 체결은 사용자와 근로자간에 동등한 위치에서 자유의사에 의거하여 체결되어야 한다.

근로계약은 법률행위이므로 계약당사자의 의사능력이 필요하므로 금치산자나 한정치산자는 법정대리인의 동의없이 계약을 체결할 수 없다. 다만 근로기준법에서 행위무능력자로 분류된 미성년자는 법정대리인의 동의없이도 단독으로 의사능력이 있는 것을 전제로 근로계약을 체결하거나 임금을 청구할 수 있도록 규정하고 있다(근로기준법 제65조 및 제66조).

(2) 근로계약서

근로자와 사용자는 근로기준법 제22조 내지 동법 제24조의 규정에 따라 근로계약을 체결하도록 의무화하고 있으며, 의무를 위반할 시는 형사처벌을 받도록 되어 있다.

근로계약기간을 정함이 없는 것과 일정한 사업완료에 필요한 기간을 정한 것을 제외하고는 그 기간은 1년을 초과하지 못한다.

1) 근로조건에 명시될 내용

① 임금은 반드시 기본금을 정함이 원칙이다.
② 근로시간은 반드시 기본근로시간으로 정함이 원칙이다.
③ 취업의 장소나 종사해야 할 업무
④ 기숙사에 기숙하는 경우 기숙사 규칙에 정한 사항
⑤ 취업규칙에 정한 사항

2) 근로계약 관계서류 보존

다음과 같은 근로계약 관계서류는 3년간 보존해야 한다.

① 근로계약서
② 근로자명부
③ 임금대장
④ 임금의 결정 · 지급방법 및 임금계산의 기초서류
⑤ 고용 · 해고 · 퇴직에 관한 서류
⑥ 승급 · 감급에 관한 서류
⑦ 휴가에 관한 서류
⑧ 해고 등의 제한, 해고의 예고 등에 관한 적용 제외의 인정 · 승인 · 인가에 관한 서류
⑨ 연소자 증명에 관한 서류
⑩ 탄력적 · 선택적 근무시간에 관한 서면합의 서류

3) 근로자명부 기재사항

근로계약 관계서류 중 하나인 근로자명부의 기재사항은 다음과 같다.

① 성명
② 성별
③ 생년월일
④ 주소
⑤ 이력
⑥ 종사하는 업무의 종류
⑦ 고용 또는 갱신년월일, 계약기간, 기타 고용에 관한 사항
⑧ 해고·퇴직 또는 사망의 경우 그 연월일과 사유
⑨ 기타 필요한 사항

4) 임금대장 기재사항

임금대장은 근로기준법 제47조 및 동시행령 제22조에 의하여 사용자는 작업장별로 임금대장을 작성하고 임금지급과 수당지급의 기초가 되는 사항을 정하여 작성하고 3년간 보관하여야 한다. 임금대장 기재사항은 다음과 같다.

① 성명
② 고용년월일
③ 종사하는 업무
④ 임금 및 가족수당의 계산기초
⑤ 근무일수
⑥ 근로시간수
⑦ 연장근무 시간수, 휴일근무 시간수, 야간근무 시간수
⑧ 기본급수당 기타 임금의 종류 및 그 금액

5) 유급휴가

사용자는 1월에 대하여 개근한 자에게 1일을 유급휴가를 주어야 하고, 근로자의 자유의사에 따라 1년간에 한하여 유급휴가를 적치하여 사용하거나 분할하여 사용할 수 있다.

6) 퇴직금

근로기준법 제34조 규정에 따라 1년 이상 계속 근무한 퇴직자에게 1년에 대하여 30일분 이상의 평균임금을 지급한다. 평균임금이란 퇴직사유가 발생한 날 이전 3개월간에

그 근로자에게 지급한 임금총액을 그 기간의 일수로 나눈 금액을 퇴직금의 산정조건으로 상시근로자 5명 이상, 근로연수가 1년 이상이면 퇴직금의 산정은 평균임금으로 하도록 되어 있다.

7) 취업규칙

근로기준법 제96조 규정에 따라 상시 10인 이상의 근로자를 사용하는 사용자는 취업규칙을 작성하여 노동부 장관에게 신고하여야 하며, 변경시에도 신고하여야 한다.

취업규칙에 명시할 사항은 다음과 같다.

① 시각, 휴식시간, 휴일, 휴가 및 교대 근로에 관한 사항
② 임금의 결정, 계산, 지급방법, 임금의 산정기간, 지급시기 및 승급에 관한 사항
③ 가족수당의 계산, 지급방법에 관한 사항
④ 근로자의 식비, 작업용품 등 부담에 관한 사항
⑤ 퇴직에 관한 사항
⑥ 근로자를 위한 교육시설에 관한 사항
⑦ 안전과 보건에 관한 사항
⑧ 업무상과 업무 외의 재해부조에 관한 사항
⑨ 표창과 제재에 관한 사항
⑩ 기타 당해 사업 또는 사업장의 근로자 전체에 적용될 사항

취업규칙 신고서류는 다음과 같다.

① 취업규칙(변경시 변경내용 기재서류)
② 근로자의 과반수를 대표하는 노동조합 또는 근로자 과반수의 동의를 얻었음을 입증하는 자료
③ 근로자에게 불이익하게 변경되는 취업규칙의 근로자 과반수를 대표하는 노동조합 또는 과반수의 의견을 들었음을 입증하는 자료

3. 노동조합과 노사관계

(1) 의 의

노동조합이라 함은 근로자가 주체가 되어 자주적으로 단결하여 근로조건의 유지・개선, 기타 근로자의 경제적・사회적 지위의 향상을 도모함을 목적으로 조직하는 단체 또

는 그 연합을 의미한다.

(2) 노동조합의 목적

노동조합의 목적은 근로자의 자주적인 단결과 단체교섭권 · 단체행동권을 보장하며, 근로자의 근로조건을 유지 · 개선하고 근로자의 복지를 증진함으로써 경제적 지위향상과 국민경제 발전에 기여함을 그 목적으로 한다.

(3) 노동조합의 성립

① 노동조합을 설립하고자 할 때에는 일정한 사항을 기재한 신고서에 규약을 첨부하여 연합단체인 노동조합과 2개 도(서울특별시 · 광역시 포함) 이상에 걸치는 단위노동조합을 노동부 장관에게, 그 이외의 노동조합은 서울특별시장 · 광역시장 · 도지사에게 제출해야 한다.

② 근로자는 자유로이 노동조합을 조직하거나 이에 가입할 수 있으며, 다만 공무원과 교원에 대해서는 따로 법률로 정하도록 되어 있다.

③ 노동조합은 균등하게 그 노동조합의 모든 문제에 참여할 권리와 의무를 가지며, 조합비를 납부하지 않는 조합원은 규약으로서 그 권리를 제한할 수 있다.

④ 단위노동조합은 매년 1회 이상, 연합단체인 노동조합은 3년마다 1회 이상 총회를 개최하여야 한다. 조합비는 쟁위비 · 기금 · 장학금 및 공제회비 등 명칭여하에 불문하고 징수하는 모든 금품을 포함하나 분회지부는 별도로 조합비를 징수할 수 없다.

⑤ 노동조합의 해산은 다음과 같은 해산사유가 발생하면 해산하고, 그 대표자는 해산한 날로부터 15일 이내 행정관청에 이를 신고하여야 한다.

- 규약에 정한 해산사유 발생
- 합병 또는 분할로 인한 소멸
- 조합원 또는 대의원 3분의 2 이상의 출석과 출석한 조합원 또는 대의원 3분의 2 이상의 찬성으로 행한 총회 또는 대의원회의의 해산결의
- 노동조합에 임원이 없고 노동조합원으로서 2년 이상 활동을 하지 아니한 경우

⑥ 사용자는 다음과 같은 부당노동행위를 할 수 없다.

- 근로자가 노동조합에 가입 또는 가입하려고 하였거나 노동조합을 조직하려고 했을 때 또는 노동조합업무를 위한 정당한 행위를 한 것을 이유로 그 근로자를 해고하거나 그 근로자에게 불이익을 주는 행위

- 어느 노동조합에 가입하지 아니할 것 또는 탈퇴할 것을 고용조건으로 하거나 특정한 조합의 조합원이 될 것을 고용조건으로 하는 행위. 다만 노동조합이 당해 사업장에 종사하는 근로자의 3분의 2 이상을 대표하고 있을 때에는 근로자가 그 노동조합의 조합원이 될 것을 고용조건으로 하는 단체협약의 체결은 예외로 하며, 이 경우 사용자는 근로자가 당해 노동조합에서 제명된 것을 이유로 신분상 불이익한 행위를 할 수 없다.
- 노동조합의 대표자 또는 노동조합으로부터 위임을 받은 자와는 단체협약체결 기타 단체교섭을 정당한 이유없이 거부하거나 해태하는 행위
- 근로자가 노동조합을 지배하거나 조직 또는 운영하는 것을 지배하거나 이에 개입하는 행위와 노동조합의 전임자에게 급여를 지원하거나 노동조합의 운영비로 원조하는 행위. 다만 근로자가 근로시간 중에 사용자와 협의 또는 교섭하는 것을 사용자가 허용하는 것은 무방하며, 근로자의 후생기금 또는 경제상의 불행, 기타 재해의 방지구제 등을 위한 기금의 기부와 최소한의 규모의 노동조합 사무실의 제공은 예외로 한다.
- 근로자가 정당한 단체행위에 참가한 것을 이유로 하거나 기타 행정관청에 증거를 제출한 것을 이유로 그 근로자를 해고하거나 그 근로자에게 불이익을 주는 행위 등은 부당노동행위로 법으로 금하게 되어 있다. 우리나라 전체 건물관리분야에서 아직은 노동조합의 출현이 나타나지 않고 있으나 불원장래에 노동조합 결성문제가 대두될 전망이다. 인천국제공항의 일부현장과 경기도 분당의 삼성프라자현장 등에서 일부 노동조합에 가입하는 사례가 발생하였다. 따라서 지금부터라도 사용자・근로자는 노사문제와 노동조합 문제를 함께 연구해야 할 것이다.

제8장 건물자산 사무문서관리

제1절 사무관리

1. 사무관리의 개념

건물자산관리의 관리영역은 크게 경제관리·행정관리·법률관리·기술관리·환경관리·위험관리를 관리영역으로 규정하고 있다. 이와 같은 6개 관리영역의 관리대상을 종합적으로 관리하는 관리개념을 최광의 관리개념이라 한다. 전술한 관리영역에 해당되는 관리업무의 성질을 크게 대별하면 건물관리행정 분야와 건물관리기술 분야로 대별할 수 있다.

사무관리는 건물관리행정 분야의 한 관리종목으로서 문서에 관련된 업무 또는 그 업무수행을 하는 행위를 말한다. 즉, 문서를 통한 기록행위를 의미한다. 이러한 문서관리 이외에 관리직원을 선발·채용·교육·배치하는 인사관리, 관리사무소 등 조직관리 대관업무 등의 사무가 있다. 그러나 이 절에서는 인사관리가 건물의 행정관리상 매우 중요한 분야이므로 독립된 절로 편성하여 설명하도록 하고, 좁은 의미의 사무관리, 즉 문서를 중심으로 한 사무관리 업무에 관하여 설명하고자 한다. 다시 말하면 건물행정관리 분야는 기술관리 분야를 제외한 거의 대부분의 업무이므로 그 범위가 넓고 관리업무 종류 역시 매우 다양하다. 그 내용을 살펴보면 다음과 같다.

① 인사사무관리
② 문서사무관리
③ 회계사무관리
④ 세무사무관리
⑤ 노무사무관리
⑥ 보험사무관리
⑦ 관리사무소 등 조직사무관리
⑧ 계약사무관리
⑨ 입주자사무관리
⑩ 사후관리업무 사무관리
⑪ 유관기관업무 사무관리
⑫ 자산사무관리
⑬ 물품구매사무관리

⑭ 보험사무관리
⑮ 임대사무관리

사무관리는 이처럼 광범위한 내용을 가지고 있는 분야이나 이 절에서는 자산관리행정 업무분야 중 사무관리에 관해서만 살펴보고자 한다.

2. 사무관리의 목적

건물관리에 있어서 사무관리는 사용자나 입주자를 위하여 관리주체와 관리종사자로 하여금 전문성과 효율성을 발휘하여 업무를 수행, 사용자나 입주자의 건물 사용수익을 효율적으로 돕는 데 있다. 관리의 책임을 지고 있는 관리주체의 장은 관리현장의 규모와 내용을 파악하여 적정의 업무수행 계획과 조직 · 예산 · 인사 · 회계 등 행정관리업무를 수행하여야 하는데 이러한 업무수행 등이 주로 문서를 통하여 이루어지므로 사무관리의 주된 내용은 문서관리라 할 수 있다.

따라서 일반 임대건물이나 공동주택 등은 관리업무를 위해 필요한 문서를 정리하여 비치해야 하고, 필요에 따라 언제든지 활용할 수 있도록 하여야 한다. 한걸음 더 나아가 문서를 전산처리하는 것도 매우 중요한 사무관리의 한 방법이고 개발해야 할 연구과제이다.

3. 사무관리의 기능

사무관리는 다음과 같은 기능을 나타낸다.

① 회계업무의 근거자료 제공 : 건물관리행정 업무 중에서 예산회계 관계철, 관리비 관계철 등의 문서를 합리적으로 분류 · 보존함으로써 정확한 회계업무를 도모할 수 있고, 회계업무의 근거자료를 제공할 수 있게 된다.
② 관리업무의 전문성 · 효율성 제고
③ 관리업무의 계속성 · 일관성의 유지
④ 감사 및 감독의 근거자료 제공

제2절 문서관리

1. 문서관리의 의의

문서란 관리기구의 내부 또는 대외적으로 작성・시행되는 문서・그림・도면과 관리기구가 접수한 모든 문서를 말한다. 건물관리에 있어서 문서관리란 위와 같은 문서를 일정한 원칙에 따라 분류・보존하는 관리행위를 말하며, 협의의 사무관리는 문서관리만을 의미한다.

2. 문서분류의 원칙

문서를 분류하는 데는 반드시 지켜야 할 원칙이 있는데 이를 문서분류의 원칙이라 한다. 문서분류의 원칙에는 다음과 같은 것이 있다.

(1) 종합의 원칙

세분해서 나누는 것이 아니라 서로의 내용이나 성질이 비슷하고 처리상 편의도에 따라 같은 것끼리 묶는 것을 말한다.

(2) 일관성의 원칙

분류의 종류에 따라서 무엇에 구분할 것인가에 따라 명확하게 정한 다음 그 기준에 입각하여 통일성있게 분류하는 것을 말한다.

(3) 점진의 원칙

문서분류시 간단한 것에서부터 복잡한 것으로 묶어가는 방법을 말한다.

(4) 상호배제의 원칙

문서를 분류할 때 애매한 것을 없애고 중복시키지 않으면서 어디에 서류를 넣어야 할 것인가를 분명하게 하는 것을 말한다.

(5) 병치의 원칙

문서의 분류는 모든 단위를 포함하는 것으로 병치를 채용하는 방법을 말한다. 큰 범주에 종속된 부분이 없도록 문서를 병열하게 정리·비치함으로써 그 분류가 모든 문서를 대등하게 구분할 수 있어야 한다.

3. 건물관리에 필요한 문서

건물관리를 효율적으로 관리하고 관리능률을 높이기 위하여 각종 문서대장(문서접수대장, 서류발송대장, 내부결재 서류대장 등)과 필요문서를 비치하여 사무능률을 향상시켜야 한다.

(1) 필요문서 서류관계철

1) 필요문서

① 서무관계철 : 일상적인 보고관계 공문
② 관리관계철 : 입주나 입주회사 등의 민원사항, 안내문, 방송, 원고 등 관리현장 관계문서
③ 인사관계철 : 인사명령 서류 등
④ 예산회계관계철 : 예산 및 회계·세무 관계 공문 등
⑤ 예규철 : 주요지침, 규정화된 지침, 예산회계 예규, 관리규정 등
⑥ 조정관계철 : 관리비조정 관계 문서 등
⑦ 보수관계철 : 하자보수·일반보수 관계 문서 등
⑧ 조달관계철 : 물품구매 등
⑨ 용역관계철 : 소독·청소·경비 등 용역계약서
⑩ 감사관계철 : 감사자료, 처리지시, 전말서 등
⑪ 급여관계철 : 급여관계 서류
⑫ 관리비관계철 : 청구·징수·현황·미납자 등
⑬ 임대료관계철
⑭ 영수증철
⑮ 부동산자산관계철 등

2) 문서대장

① 문서접수대장

② 문서발송대장
③ 내부결재 서류대장
④ 문서폐기대장
⑤ 비품대장
⑥ 고정자산대장
⑦ 유가증권대장
⑧ 적립금대장
⑨ 인사기록대장
⑩ 입주자관리대장
⑪ 특별수선충당금 관리대장(집합건물 · 아파트) 등

3) 각종 일지

① 관리업무일지
② 경비일지
③ 청소일지
④ 전기점검일지
⑤ 엘리베이터 점검일지
⑥ 위생시설 점검일지
⑦ 냉온수기 운전일지
⑧ 비상발전기 운전일지
⑨ 공사작업일지
⑩ 순찰일지
⑪ 방화관리 점검일지
⑫ 소방훈련일지
⑬ 저수조 점검일지
⑭ 기계작업 점검일지
⑮ 일일가스보일러 운전일지 등

4) 각종 기록부

① 출근부
② 외출기록부
③ 교통비 수불부
④ 시간 외 근무명령

⑤ 창고 입고물품 사용기록부
⑥ 공구・기구 비품대장
⑦ 시간 외 근무 및 휴일근무명세표
⑧ 민원사무처리부
⑨ 비밀관리기록부
⑩ 검수대장
⑪ 소화기관리대장
⑫ 고정자산대장
⑬ 수입・지출 기본대장
⑭ 비품대장 및 인감사용기록부
⑮ 유가증권대장 및 적립금대장
⑯ 열쇠사용기록부
⑰ 원천과세징수부
⑱ 근로소득징수부
⑲ 부가가치세원장
⑳ 부가가치세매출장
㉑ 현금출납장
㉒ 예금출납장 등

(2) 문서 보존기간

문서 보존기간은 영구보존, 30년, 20년, 10년, 5년, 3년, 1년 보존 등의 종류가 있다. 보존기간이 종료된 서류는 폐기할 수 있으나 반드시 문서폐기대장에 기록을 남겨야 한다.

1) 영구보존

① 예산안
② 결산보고서
③ 위탁용역계약서
④ 준공도면
⑤ 부동산권리 서류

2) 10년 보존

① 현금출납장
② 예금출납장

③ 수입·지출 기본대장
④ 비품대장
⑤ 고정자산대장
⑥ 유가증권대장
⑦ 적립금대장
⑧ 영수서
⑨ 기타 필요한 서류

3) 5년 보존

① 수입전표
② 지출전표
③ 전표의 부속서류
④ 기타 필요하다고 인정되는 서류

(3) 보유인장

1) 필수 보유인장

① 직인 및 계인
② 은행거래인감
③ 사용인
④ 문서발송인 및 접수인
⑤ 입금인 및 출금인

2) 기타 필요인장

① 관리소인
② 결재인
③ 소인 및 사본인
④ 원본대조필인
⑤ 인감대조필인
⑥ 광고 부착물 확인인

4. 문서와 장표

관리정보를 표현하는 수단과 방식으로서 문서의 종류에는 보고서·기안서·조사서·

계약서 · 증거서류 등이 있고, 장표에는 장부 · 전표 · 사무용지(서식) 등이 있다.
문서와 장표의 차이점은 다음과 같다.

① 장표는 일정한 양식이 특정되나 문서는 원칙적으로 특정되지 않는다.
② 장표는 기록방법이나 경로가 일정하나 문서는 기록방법이나 경로가 일정하지 않다.
③ 장표는 목적이 규정되어 있으나 문서는 목적이 규정되지 않는다.
④ 장표는 계속 사용이 가능하나 문서는 필요할 때만 작성된다.

5. 문서기안법

(1) 문서기안의 의의

건물의 관리는 기술적 관리 외에 행정적 관리의 개념이 병행되어야 하므로 행정관리에 필요한 문서의 작성은 필수적으로 요청된다.

문서의 작성란 관리주체가 관리객체를 관리함에 필요한 의사나 관리방침을 결정하기 위한 문안을 작성하는 것을 의미하며, 기안용지를 사용하는 일반기안 · 일괄기안 · 공동기안과 기안용지를 사용하지 아니하는 수정기안 서식에 의한 처리 등이 있다.

문서의 작성은 의사를 결정하기 위한 것이므로 문서의 기안이라고 한다.

따라서 의사결정을 요소로 하지 아니하는 참고자료의 정리나 통계표나 성과를 나타내는 도표 등은 기안의 작성 또는 문서의 작성과는 차이가 있다. 특히 외부에 관련기안에 대하여 의사를 표시하거나 보고요청 · 건의 등 관리주체의 의사전달에 앞서 작성되는 외부발송용의 기안은 신중하게 처리되지 않으면 안 된다.

(2) 기안자

문서의 기안자란 의사결정을 위한 최초의 문서작성자를 의미하며, 문서의 기안자의 범위에 대해서는 별다른 제한이 없다. 그러므로 관리조직의 분장표에 소속되어 있는 관리자는 관리를 위한 의사결정을 위하여 그 업무를 담당하는 자는 누구나 기안자가 될 수 있다. 대외기관으로부터 작성되고 접수된 문서내용을 처리하기 위하여 결재권자가 지정한 자도 문서의 기안자가 될 수 있다.

(3) 기안의 발생요인

문서기안의 발생요인에는 접수된 대외문서를 처리하기 위한 경우와 상급자나 결재권자의 지시에 의한 경우, 분장받은 업무의 개선이나 창안을 하기 위한 경우, 관계법령 기타 행정명령 · 처분규칙 등에 근거하여 작성되는 경우가 있다.

(4) 문서기안 형식

문서기안의 형식은 사무처리규정에 따르는 국가나 공공기관의 공문서인 경우 사무처리규정 제14조에 따라 정기보고, 수시보고, 경미한 사항의 허가, 인가, 증명서 교부 등 기타 관례적인 사무에 관한 문서 등을 제외하고는 일정한 기안용지에 의하도록 하고 있다. 그러나 일반기업에서 사용하고 있는 문서기안의 서식은 일반적으로 통일되어 있지 아니하고 각 회사의 규정에 따라 준비된 서식에 의하나, 주로 갑지와 을지로 된 서식에 따라 기안되고 품의되어 결재권자의 결재를 득한 후에 집행된다.

(5) 기안의 준비

건물관리자는 기안에 앞서 다음 사항을 검토하여 문서기안을 준비하도록 한다.

① 건물관리자와 관계되는 문서의 기안자는 기안에 앞서 안건에 관련된 내용을 완전히 숙지하고 회사의 관계규정이나 사례를 파악하고 있어야 한다.

② 문서를 기안하는 목적과 문제를 파악하고 참고자료를 수집 · 분석하여야 하며, 필요한 경우 관계자의 의견을 청취하거나 회의를 통하여 관계자의 의견을 수렴하여야 한다. 근무자의 업무개선을 위하여 창안하는 경우에는 기안 전에 관계근무자의 의견을 청취하는 것이 중요하다.

③ 복잡한 내용을 기안하는 경우 다른 용지에 기안 초안을 작성하여 논리의 일관성을 해치는 내용이나 빠지는 사항이 없도록 검토한 후에 작성하도록 한다.

④ 문서기안자는 당해 업무에 대한 책임의식을 가지고 문서를 기안하고 문서수신자의 관계 및 입장을 충분히 고려하여야 한다.

(6) 기안문 작성 유의사항

문서의 기안자는 기안문 작성에 있어서 다음 사항을 유의하여야 한다.

1) 정확성

① 바른 용어를 사용하여 애매한 표현이나 과장된 표현을 피한다.

② 의문이 발생하지 않도록 육하원칙에 의하여 작성한다.

2) 신속성

① 이해가 빨리 가는 문자나 문장을 사용하여야 하며, 문장은 가능한 한 짧게 끊

어서 개조식으로 쓴다.

② 가급적 먼저 결론을 강조하고 그 다음에 이유 또는 설명을 달도록 한다.

3) 용이성

① 쉬운 글을 사용하여 읽기 쉽고 알기 쉬운 말을 사용하여야 한다.

② 한자나 영어 등 어려운 전문용어는 가급적 피하도록 하고, 한자나 영어 및 전문용어를 부득이 사용해야 하는 경우에는 괄호( )를 통하여 한자나 영어를 쓰거나 전문용어에는 해설을 붙인다.

③ 문서를 받는 수신자의 수준과 정도를 고려하여야 한다.

④ 사안을 다루기 쉽도록 1건 1매 주의로 하는 것이 현명하다.

4) 경제성

① 서식을 통일하여 사용하도록 한다.

② 일상적으로 반복하여 일어나는 업무는 표준기안문을 활용한다. 업무분담자의 의견을 들은 후 검토·결재 등을 받도록 하여야 한다.

③ 관리주체의 총괄책임자는 관리소장에 해당되는 부서장을 의미하며, 업무분담자는 기술과장 또는 관리과장을 의미한다.

④ 기안문의 내용이 다른 부서 또는 보조부서나 보좌부서와 관련이 있을 때에는 그 부서의 협조를 받는다. 협조의 내용이 간단한 때에는 기안문의 협조란을 이용하고, 내용이 복잡하여 충분한 검토를 요하는 때에는 회사의 규정에 따른다. 건물관리주체의 편제와 업무분장이 각 회사마다 차이가 있는 관계로 일반적인 용지를 규격화한다.

⑤ 문자를 부호화하거나 업무내용 표시를 기호화한다.

(7) 기안문의 검토 및 협조

1) 일반사항

① 문서의 기안자는 기안문에 대한 형식·내용을 최종적으로 확인한 후 결재권자의 결재를 받기 전에 보조부서 또는 보좌부서의 검토를 받는다.

② 업무분장상 수개의 업무를 통괄하는 책임자(이하 총괄책임자, 예 관리소장)가 있는 경우 그 소관업무를 분담하고 있는 자(이하 업무분담자, 예 기술과장, 관리과장)가 기안하였을 때에는 총괄책임자의 검토를 거친다. 총괄책임자가 기안하였을 경우 기안문의 검토 및 협조의 절차를 소개하면 <표 8-1>과 같다.

<표 8-1> 기안문의 검토 및 협조 절차

(기안)		(검토)		(결재)
기안자	→	과장 — 소장	→	부사장 · 사장
협 조	→	다른 과	→	다른 과
		담당		과장

③ 관리조직의 편제상 기술과에서 관리과장의 협조를 미리 받은 경우 관리자의 업무담당자와 미리 협의 후 관리과장의 협조를 받는 것이 현명한 방법이다.

2) 다른 의견의 표시

① 기안문을 검토 또는 협조함에 있어서 그 내용과 다른 의견이 있을 때에는 당해 문서 또는 별지에 의견을 표시하여 결재권자가 결재할 때 참고하도록 하여야 한다.

② 검토 또는 협조과정에서 기안자 · 검토자 · 협조자 상호간에 의견이 다를 경우 가능한 방법을 동원하여 의견을 조정하여 합의되도록 하여야 하며, 합의되는 경우 수정하거나 재작성이 가능하므로 의견의 표시는 불필요하게 된다.

③ 기안문을 결재함에 있어서 기안내용의 일부를 수정 또는 변경하고자 하는 때에는 그때마다 기안문서를 작성할 것이 아니라 원래의 기안문에 수정 · 변경사항을 기재하여 그대로 검토 · 결재함으로써 불필요하게 같은 문서를 재작성하지 않도록 한다.

(8) 기안자 · 검토자 · 협조자의 표시

① 문서를 기안한 자는 기안문에 이름을 쓰고 서명하여야 한다.

② 기안문의 내용에 대하여 검토 또는 협조한 자는 기안문의 해당란에 직위를 쓰고 서명하되, 다른 의견을 표시할 때에는 서명란에 의견첨부라 쓰고 의견을 표시한 곳에 서명한다. 총괄책임자 또는 업무분담자가 기안문에 검토 등을 한 때에는 그 기안문의 검토자의 서명란에 서명하되, 그 내용과 다른 의견이 있을 때에는 기안문의 해당 직위 또는 직급 다음에 '의견 있음'이라고 표시하고 해당 서명란에 서명하여야 한다. 이 경우 그 의견을 당해 문서의 본문의 마지막에 표시하거나 별지에 표시하여야 한다.

③ 서명이란 자필로 본인의 성명을 다른 사람이 알아볼 수 있도록 한글로 표시한다.

(9) 검토사항

문서기안의 기안자는 문서를 기안함에 있어서 검토해야 할 사항은 형식면과 내용면으로 구분하여 검토하여야 하고, 내용면에 있어서는 법률적 검토, 행정적 검토, 경제적 검토 등 세분하여 검토하여야 한다.

<표 8-2> 문서기안의 검토사항

형식면의 검토사항	내용면의 검토사항
• 명령의 형식요건을 구비하고 있는지 여부 • 소관사항 여부 • 결재권자 표시의 적정 여부 • 협조부서의 합의 여부 • 사무절차의 정확성 여부 • 수신자 및 발신자의 표시정확 여부	• 법률적 검토 – 명령이나 회사의 규정 · 규칙 및 대표자의 지시사항에 위반되지 않는지 여부 – 회사의 의결기관의 의결사항이 아닌지 여부 – 기안의 내용이 허가승인 등을 받기 위한 기안인 경우 법정요건을 충족하고 있는지 여부 • 행정적 검토 – 행정적으로 권한있는 업무의 기안인지 여부 – 행정적인 관계나 선례는 어떻게 되어 있는지 여부 – 처리가 지연되었는지의 여부 – 필요사항 누락 여부 • 경제적 검토 – 과다한 비용투입을 요하는 사항인지 여부 – 예산의 범위 내 업무인지 여부 – 경비절약 방안을 강구한 기안인지 여부

(10) 기안의 방법

1) 기안의 의의

일반기안이라 함은 하나의 안건을 처리하기 위하여 규정에 의하여 정해진 하나의 기안용지에 문안을 작성하는 것을 의미한다.

기안문을 간단하고 명료하게 작성하되 가능한 1면만으로 처리할 수 있도록 작성하여야 한다. 본문의 내용이 같거나 복잡한 사안으로 1면만으로 처리가 불가능할 경우에는 뒷면을 이용하거나 기안용지와 같은 규격 및 지질의 백지(을지)를 사용하여 문안을 완성해야 한다.

2) 기안서식

사무관리규정에 명시하고 있는 국가기관의 기안서식은 <표 8-3>과 같다.

<표 8-3> 기안용지 작성방법의 예

(기 관 명)

수신자

(경유)

제 목

1.*(본문내용)○○○ ·(×는 2타(한글1자),*는 1타(숫자1자)를 띄움.

가.*○○○ · · · · · · · · · · · · · ○.

1)*○○○ · · · · · · · · · · · · · ○.

(가)*○○○ · · · · · · · · · · · · · ○.

(나)*○○○ · · · · · · · · · · · · · ○.

2)*○○○ · · · · · · · · · · · · · ○.

나.*○○○ · · · · · · · · · · · · · ○.

2.*○○○ · · · · · · · · · · · · · ○.

붙임× ○○○ · ○.× 끝.

발 신 명 의 [인]

기안자(직위/직급) 서명 검토자(직위/직급) 서명

결재권자(직위/직급) 서명 협조자(직위/직급) 서명

시행 처리과명-일련번호(시행일자) 접수 처리과명-일련번호(접수일자)

우편번호 · 주소 / 홈페이지 주소

전화 ( ) 전송 ( ) / 기안자의 전자우편주소/공개구분

3) 기안용지작성 처리요령

기안용지작성 처리요령은 다음과 같다(자료 : 개정 사무관리규정).

① 기관명 : 그 문서를 기안한 부서가 속한 기관명을 기재한다.

② 수신자 ( ) : 수신자명 또는 수신자기호를 먼저 쓰고, 이어서 괄호 안에는 처리할 자(보조기관 또는 보좌기관을 말한다)의 직위를 쓰되, 처리할 자의 직위가 분명하지 아니한 경우에는 ○○업무담당과장 등으로 쓰며, 수신자가 많아 본문의 내용을 기재할 난이 줄어들어 본문의 내용을 첫 장에서 파악하기 곤란한 경우는 두문의 수신자란에 '수신자 참조'라고 쓰고, 결문의 발신명의 밑의 왼쪽 기본선에 맞추어 수신자란을 설치하여 수신자명 또는 수신자기호를 표시한다.

③ (경유) : 경유문서인 경우에 (경유)란에 "이 문서는 경유기관의 장은 ○○○(또는 제1차 경유기관의 장은 ○○○, 제2차 경유기관의 장은 ○○○)이고, 최종 수신기관의 장은 ○○○입니다."라고 표시하고, 경유기관의 장은 제목란에 '경유문서의 이송'이라고 표시하여 순차적으로 이송하여야 한다.

④ 제목 : 그 문서의 내용을 쉽게 알 수 있도록 간단하고, 명확하게 기재한다.

⑤ 발신명의 : 합의제 행정기관 또는 행정기관의 장의 명의를 기재하고, 보조기관 또는 보좌기관 상호간에 발신하는 문서는 그 보조기관 또는 보조기관의 명의를 기재한다.

⑥ 기안자 · 검토자 · 협조자 · 결재권자의 직위 · 직급 : 직위가 있는 경우에는 직위를 온전하게 쓰고, 직위가 없는 경우에는 직급을 온전하게 쓴다. 다만, 기관장과 부기관장의 직위는 간략하게 쓴다.

⑦ 시행 처리과명-일련번호(시행일자)접수 처리과명-일련번호(접수일자) : 처리과명(처리과가 없는 기관은 10자 이내의 기관명의 약칭)을 기재하고, 일련번호는 연도별 일련번호를 기재하며, 시행일자와 접수일자란에는 연월일을 각각 온점(.)을 찍어 숫자로 기재한다. 다만, 민원문서인 경우로서 필요한 경우에는 시행일자와 접수일자란에 시 · 분까지 기재한다.

⑧ 우편번호 · 주소 : 우편번호를 기재한 다음, 기관이 위치한 도로명 및 건물번호 다음에 괄호하여 주소를 기재하고, 사무실이 위치한 층수와 호수를 괄호 안에 기재한다[예 우110-034 서울특별시 종로구 효자로 39(창성동 117) (2층 208호)].

⑨ 홈페이지 주소 : 기관의 홈페이지 주소를 기재한다(예 www.mogaha. go.kr).

⑩ 전화 ( ) 전송 ( ) : 전화번호와 모사전송번호를 각각 기재하되, ( ) 안에는 지역번호를 기재한다. 기관 내부문서의 경우는 구내 전화번호를 기재한다.

⑪ 기안자의 전자우편주소 : 행정기관에서 공무원에게 부여한 전자우편주소를 기재한다.

⑫ 공개구분 : 공개 · 부분공개 · 비공개로 구분하여 표시한다.

⑬ 직인생략 등 표시 : 발신명의의 오른쪽에 관인생략 또는 서명생략을 표시한다.

※ 기안자 · 검토자 및 결재권자 (직위/직급) 서명 : '기안자 · 검토자 및 결재권자'의 용어는 표시하지 아니하고, 기안자 · 검토자 및 결재권자의 직위/직급을 쓰고 서명한다.

※ 협조자(직위 · 직급) 서명 : '협조자'의 용어를 표시한 다음, 이어서 직위/직급을 쓰고 서명한다.

※ 전결 및 서명표시 위치 : 결재권이 위임된 사항을 전결하는 경우에는 기관장의 결재란을 설치하지 아니하고 전결하는 자의 서명란에 '전결' 표시를 한 후 서명한다.

※ 전결 · 대결 및 서명표시 위치 : 위임전결사항을 대결하는 경우에는 기관장의 결재란을 설치하지 아니하고 전결하는 자의 서명란에 '전결' 표시를 한 후 대결하는 자의 서명란에 '대결' 표시를 하고 서명하며, 위임전결사항이 아닌 사항을 대결한 경우에는 기관장의 결재란을 설치하지 아니하고 대결하는 자의 서명란에 '대결' 표시를 하고 서명한다.

※ 발의자(★) · 보고자(◉)의 표시는 직위 또는 직급 앞 또는 위에 한다.

※ '수신자'는 '받는 자'로 사용할 수 있다.

건물자산관리에 있어서 현재의 전산시스템의 역할은 각종 설비의 자동제어, 소방방제 방법, 관리비의 청구나 급료정산 등 다양한 용도로 사용되고 있으며 향후 모든 자산관리 경영분야와 기술분야에 혁명적으로 작용할 것으로 판단된다. 따라서 건물자산관리자는 반드시 전산시스템을 깊이 있게 연구하고 최대로 활용해야 한다.

참고문헌

1. 김일효, 「건물자산관리학총론」, 남두도서
2. 김일효, 「건물자산법률관리론」, 남두도서
3. 김일효, 「건물자산임대관리론」, 남두도서
4. 김원규, 「사무관리」, 남두도서
5. 김식현, 「인사관리론」, 무역경영사
6. 김종희, 「행정학원론」, 범론사
7. 김주수, 「민법총칙」, 삼영사
8. 김근식, 「경제학」, 고시계
9. 이광병, 「민법총칙강좌」, 법령출판사
10. 김종재, 「인간관계론」, 박영사
11. 김일효 외, 「관리소장 양성과정 Ⅰ, Ⅱ, Ⅲ」, 한국건축물관리교육원
12. 신현걸 외, 「밀레니엄 회계원리」, 탐진
13. 신창식, 「노동법해설 법률지식」, 청림출판
14. 정수영, 「경영학대사전」, 박영사

찾아보기

저자 소개

• 김 일 효

• 약 력

· 건국대학교 행정대학원(부동산경영 전공) 졸업(행정학 석사)
· 극동대학교 대학원 박사과정(빌딩경영학 전공)
· 풍림빌딩 관리사무소 소장(사옥관리부장) 역임
· 건국대학교 기성회장 역임
· 한양대학교 · 경원대학교 · 경민대학 강사 역임
· (사)한국건물관리학회 회장(현)
· 극동대학교 경영행정대학원 건물자산관리학 교수(현)

• 저 서

· 《건물자산관리학총론》 (남두도서)
· 《건물자산경영관리론》 (남두도서)
· 《건물자산법률관리론》 (남두도서)
· 《건물자산위험관리론》 (남두도서)
· 《건물자산임대관리론》 (남두도서)
· 《건물관리실무용어》 (남두도서)

• 김 원 규

• 약 력

· 충남대학교 졸업(공학사)
· 건국대학교 행정대학원 졸업(행정학석사 : 부동산학 전공)
· 건국대학교 대학원 수료(행정학박사 : 부동산학 전공)
· 건국대학교 · 강남대학교 등 7개 대학 강사 역임
· 동해대학 조교수 역임
· (사)한국건물관리학회 이사 겸 부회장(현)
· 동원대학 부동산컨설팅과 교수(현)

• 논문 및 저서

· 《한국의 지구계획제도에 관한 연구》,
· 《도로교통 운용에 대한 시민의 의식과 만족도 연구》,
· 《현대사회의 정보체계이해》, 남두도서
· 《사무관리》, 남두도서
· 《부동산학개론》, 남두도서
· 《건물경영관리론》, 남두도서

• 유 수 정

• 약 력

· 상명여자대학교 졸업(경영학사)
· 상명대학교 대학원 수료(경영학 박사)
· 상명대학교 · 한양여대 · 경민대학 · 전북과학대 · 상명대 강사 역임
· 협성대학 강사(현)
· 한국세무학회 이사(현)
· 경영지도사(현)
· 오산대학 디지털경영과 겸임 교수(현)

• 논문 및 저서

· 《전략적 회계정보시스템에 관한 연구》
· 《통합적인 호텔정보시스템 설계에 관한 연구》
· 《할동기준원가 시스템의 구축에 관한 연구》
· 《ABC에 의한 마케팅예산시스템에 관한 연구》
· 《핵심 세법개론》
· 《전산회계실무》

건물자산경영관리론

1판 1쇄 발행　2006년 9월 1일

저　자　김일효·김원규·유수정
발행인　남　　승　　우

발행처　남두도서

서울특별시 동작구 사당3동 220-43
TEL : (02)595-1692~4
FAX : (02)595-1394
E-mail : namdoo6@unitel.co.kr
신고 : 5-76호 (1998. 11. 4)

정가 26,000 원

ISBN 89-5780-051-4 13320
ISBN 978-89-5780-051-5 13320
ISBN 89-5780-039-5 (세트)